高等学校数字媒体专业系列教材

U0156468

用户体验设计

创新实践十二课

李四达　编著

清華大學出版社
北　京

内 容 简 介

本书是一本采用课程教学的形式，深入论述用户体验设计理论、方法、历史和课程实践的教材。全书共 12 课，重点关注用户体验设计、心智模型、情感设计、文化体验、原型设计和用户界面设计等概念与实践，特别关注智能时代下的多重用户体验以及用户体验和用户界面设计过程中所涉及的心理学和行为学原则，同时全面介绍了用户体验设计师的职业特征、用户体验与用户界面设计软件工具、设计方法与工作流程等。

全书内容丰富、资料新颖、条理清晰、图文并茂，内容切合实际并和课程教学紧密联系，简答题与实践题可供读者复习与参考，可作为高等院校"用户体验设计""交互设计""智能设计"等课程的教材，也可作为设计爱好者的自学用书。

本书还提供超过 16GB 的教学资源，内容包括电子教案、教学视频、教学案例、用户界面设计组件和素材包等。

图书在版编目（CIP）数据

用户体验设计：创新实践十二课 / 李四达编著 . —北京：清华大学出版社，2023.1
高等学校数字媒体专业系列教材
ISBN 978-7-302-60382-5

I.①用… II.①李… III.①人机界面 – 程序设计 – 高等学校 – 教材 IV.① TP311.1

中国版本图书馆 CIP 数据核字（2022）第 047601 号

责任编辑：袁勤勇
封面设计：李四达
责任校对：郝美丽
责任印制：丛怀宇

出版发行：清华大学出版社
    网 址：http://www.tup.com.cn, http://www.wqbook.com
    地 址：北京清华大学学研大厦 A 座   邮 编：100084
    社 总 机：010-08470000   邮 购：010-62786544
    投稿与读者服务：010-62776969, c-service@tup.tsinghua.edu.cn
    质量反馈：010-62772015, zhiliang@tup.tsinghua.edu.cn
    课件下载：http://www.tup.com.cn, 010-83470236
印 装 者：小森印刷（北京）有限公司
经 销：全国新华书店
开 本：210mm×260mm   **印 张**：22.5   **字 数**：576 千字
版 次：2023 年 1 月第 1 版   **印 次**：2023 年 1 月第 1 次印刷
定 价：79.90 元

产品编号：092996–01

前　言

回想一下你上次外出用餐的情形吧。那里提供了什么菜肴？是什么促使你选择那家餐馆？第一印象如何？有没有停车位或者需要等位？上菜够快吗？口味怎样？服务如何？环境吵闹吗？价格怎么样？下次会不会再去？……这一系列问题其实都是围绕这家餐馆带给顾客的用户体验而展开的。早在1930年，美国哲学家、教育学家约翰·杜威在他的著作《艺术即体验》中，从哲学角度详尽地探讨了体验这个既抽象而又内涵复杂的概念。不过人们现在使用这个术语时，通常是指数码科技产品或服务带给消费者的感受。这也意味着用户体验是可以被设计的，而且还可以根据大家的反馈进一步设计或改善。

如今，用户体验设计已经成为一门重要的设计学科，而且还在继续成长和演化。21世纪人类进入新纪元，新技术带来了新的场景和新的产品与服务，用户体验从未像今天这样如此丰富多彩，这也给设计师带来了全新的机遇与挑战。而在新冠疫情的大背景下，更深入地理解人的需求，理解人与技术、人与环境的关系成为最迫切的问题。早在2010年，苹果公司前总裁史蒂夫·乔布斯就指出："我们所做的事情要讲求商业效益，但这从来不是我们的出发点。一切都从产品和用户体验开始。"由此可以看出用户体验设计的重要性。今天，用户体验设计已经成为设计界最关注的话题之一；它的影响力堪比历史上的包豪斯、极简主义、功能主义、国际主义等著名设计理论。可以看出，用户体验设计的价值观与方法论会成为设计所遵循的标准之一，无论任何产品或者服务的设计都需要考虑用户的感受，都需要从消费者和利益相关者的角度来看待。对于高校来说，无论是学科建设、专业建设以及课程建设，高水平教材仍然是不可或缺的内容。本书是国内首次采用课程教学的形式，深入论述用户体验设计理论、方法、历史和课程实践的教材，重点关注用户体验设计、心智模型、情感设计、文化体验、原型设计和用户界面设计等理论与方法。本书还介绍了包括心流体验理论、KANO需求分析模型、设计思维、用户旅程地图、服务蓝图、定量与定性、卡片分类法、移情地图与用户画像等多个知识点，特别是关注智能时代的多重用户体验以及通过数字产品设计与创新服务来提升消费者的情感与文化体验的方法，以及所涉及的心理学和行为学的原则。

习近平主席指出："当今世界正经历百年未有之大变局。"后疫情时代，全球政治、经济与社会生活正在发生重大转向，全人类正面临着逆全球化、极端气候、生存危机与西方霸权主义、民粹主义的影响。另一方面，新一轮科技革命也带来了前所未有的激烈竞争。这一切不仅会重构全球创新版图、重塑全球经济结构，而且将深刻改变人类社会的生产生活方式。面对今天这个百年未有之大变局，艺术教育工作者更要担当起时代的重任。艺术与科技的联姻是改善用户体验的核心，也是推动用户体验设计不断发展的动力。最后，本书的完成还要感谢吉林动画学院的郑立国董事长兼校长和罗江林副校长，正是由于他们的支持以及学校的立项，这部教材才能最终和大家见面。

作　者

2022年10月于北京

目　　录

第 1 课

用户体验设计基础

/////////

美国认知心理学家唐纳德·诺曼指出：用户体验是你感受生活和服务的方式，也是感知世界的方式。21 世纪人类进入新纪元，人工智能润物无声，5G 应用崭露头角。新时代带来了新的技术、新的场景和新的用户。用户体验从未像今天这样如此丰富多彩，给设计师带来了全新的机遇与挑战。而在新冠疫情的大背景下，更深入地理解人与技术、人与环境的关系成为最迫切的问题。本课将从用户体验设计的定义、范畴、对象、意义和价值等几个方面，深入探索用户体验设计在新时代的特征与影响。用户体验是一场旅程。本课通过可视化路线图的形式帮助读者清晰地了解用户体验设计的知识图谱。随着科技进步，万物互联会全面赋能各行业并极大提升用户体验。一个新的用户体验设计时代即将到来，这为用户体验设计师、全链路网络设计师、动画师和影视特效师等职业带来新的发展机遇。

1.1 什么是用户体验

"体验"通常指人们通过亲身实践所获得的经验或感悟，也是指能够激发出情感的心理活动。体验具有以下特征：①体验是人与环境（产品、工具或与他人对话）相互作用的结果，这种交互可以是直接的（如操作手机）或间接的（如观察别人操作手机）。②体验具有强烈的主观性，而且往往是因人而异的。③体验也是人们在交互行为过程中的感知、评价或情绪的总和，包括可用性、有用性、情感、审美、认同感、自豪感、意义与价值等，这些感知可以延伸成为更广泛的文化体验和个人经验。因此，用户体验模型包括文化体验、价值体验、情感体验、社交体验、功能体验与感官体验 6 个层面（图 1-1，左）。"用户体验"（user experience, UX）一词最早是由美国认知心理学家唐纳德·诺曼在 20 世纪 90 年代中期提出的。唐纳德·诺曼认为，用户体验涵盖了人对系统感知的所有方面，包括工业产品、图形、界面和物理交互等。他认为产品的设计语言，如造型、材质、表面处理和色彩以及功能、操作性、格调和品位等都属于用户体验。随后，经济学家约瑟夫·派因与詹姆斯·吉莫尔在 1998 年的《哈佛商业评论》杂志上首先提出了"体验经济"的概念（图 1-1，右），进一步印证了"用户体验"的巨大影响力。从唐纳德·诺曼提出用户体验概念到进入"体验经济"时代，关于用户体验的研究呈现不断加强的趋势。近年来，情感化设计、以用户为中心的设计（user centered design, UCD）、用户体验设计、可用性研究等领域都成为了热点。

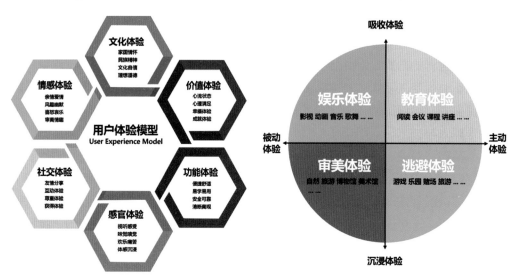

图 1-1 用户体验模型（左）和体验经济模型（右）

如何定义用户体验？国际标准化组织（ISO）在 2010 年给出了一个权威的解释："用户体验是用户在使用一个产品、系统或服务之后的观点和做出的反应。"该定义的补充说明还解释了用户体验包括用户所有的情感、信仰、偏好、认知、心理和生理反应、行为以及用户使用产品或服务前、中、后的心理结果。该定义同时列出了影响用户体验的三个因素：系统、用户和使用环境。这意味着用户体验和使用有关，相比一般意义的"体验"，这个概念主要聚焦于用户界面的交互，涵盖了一个人对系统实用性、易用性和效率等方面的感知。用户体验专业协会（User Experience Professional Association, UXPA）认为：用户体验是用户与产品或服务的交互过程中产生的观点或感悟。用户体验设计具有跨学科和多层次的特征，与交互设计、建筑学、视觉传达、工业设计、认知心理学、人机工程学和界面设计等学科存在交叉或重叠。著名交互设计专家、斯坦福大学教授丹·塞弗还专门绘制了一张学科关系图（图 1-2）来说明用户体验设计（user experience design, UXD）与上述诸多学科之间的复杂关系。因此，用户体验设计所涵盖的是一个具有多学科特征的、高度交叉与融合的理论与实践领域，也是一个处于动态的、不断发展的前沿设计领域。

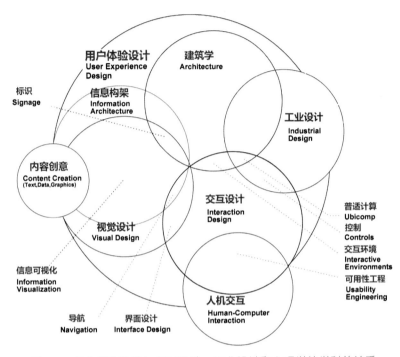

图 1-2　用户体验设计与交互设计、工业设计和心理学等学科的关系

　　因此，用户体验设计（简称 UX 设计）是以增强用户体验为核心的设计活动，是一项包含了交互、产品、服务、活动与环境等诸多因素的综合性设计活动。用户体验设计之所以包含多个学科或领域，说明了当代人、技术与环境之间的复杂关系。今天的交互系统越来越多地由许多相互连接的设备组成，如桌面计算机、智能手机、智能路由器、智能音箱、平板电脑、智能手环等，还有则嵌入建筑环境的控制系统，如智能家居中。设计师需要考虑各种环境因素和人的因素，考虑整体人机生态环境。用户体验设计必须吸取多个学科的知识，如心理学、建筑与环艺、交互设计、产品设计、信息设计、人类文化学、社会学、管理学、信息技术、数据科学等。用户体验的多学科特征导致了用户体验的复杂性，如用户体验理论、用户体验现象、用户体验研究以及用户体验实践领域。本书将重点放在针对创新实践体系的用户体验设计。

　　唐纳德·诺曼领衔的尼尔森·诺曼集团的合伙人、著名用户体验专家雅各布·尼尔森在 2017 年发表了《用户体验的百年展望》一文，对未来用户体验设计的发展抱有充分乐观的态度。他指出："用户体验专业自从 1950 年以来，已经有了大幅度增长，现如今它已经遍布全球。即使如此，到 2050 年的增长预期会让现今的增长速度显得渺小。如果研究用户体验行业 100 年的发展指数（1950—2050 年），我们就会看到一条惊人的增长曲线。"尼尔森结合该集团对全球用户体验职业设计师的调查数据，预测了用户体验设计行业未来的增长趋势（图 1-3）。

从尼尔森图表中可以看到三个不同的增长速率，分别是：① 1950 年至 1983 年，用户体验从业人数从 10 人（主要是贝尔实验室的早期人员）增加到约 1000 人，增长因子为 100；② 1983 年至 2017 年，用户体验从业人数从约 1000 人增长到约一白力人，增长因子为 1000；③ 2017 年至 2050 年，用户体验从业人数预计将从目前的约一百万人增长到约一亿人。虽然第 3 项数据目前还属于对未来趋势的预测，但是也能够从另一个视角反映出用户体验设计行业在未来的发展潜力。特别是当我们采用指数（对数）的方式来显示近 20 年来用户体验设计领域从业人数的增长情况（图 1-3，下）则可能会对未来 100 年用户体验行业的发展与繁荣留下更深刻的印象。

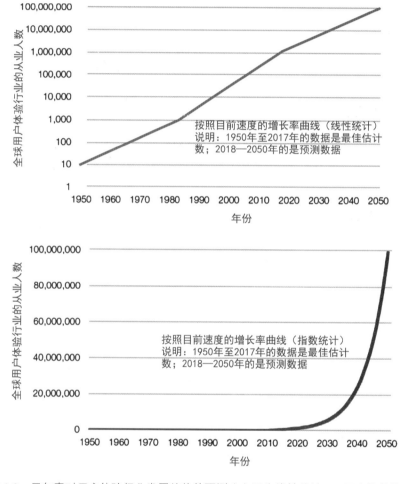

图 1-3　尼尔森对用户体验行业发展趋势的预测（上图为线性统计；下图为指数统计）

在这篇文章的最后，尼尔森充满激情地写道："用户体验将会是未来经济发展的主要驱动力。用户体验不仅是高端产品和商品之间的区别，而且也是解决目前先进国家生产力疲软的唯一方法。当知识工作者产生大部分价值时，提高生产力的方法是采用认知设计策略并创造增强人类思维的产品。同时，解决知识经济中生产力过低的方法就是通过用户体验设计来创新人类的技术能力。""虽然你现在可能还无法意识到用户体验的意义，但是我非常看好用户体验专业的未来。到目前为止，我们所看到的一切根本无法与未来相比。"

1.2 用户体验是一场旅程

　　用户体验是一个包容维度非常广泛的概念，而且随着科技的发展，其内涵和外延都在不断扩展，涉及的领域越来越多，这造成了人们对用户体验的不同理解。例如：可用性专业协会更加注重人机交互和产品可用性；微软公司对用户体验的定义也是紧密围绕人机交互展开的，如界面交互、语音交互、用户操作交互等；诺基亚公司则在强调人机交互流畅性的同时，提出了用户的内心愉悦性的标准。用户体验通常涉及大量的主观因素，如情绪、情感、经验、享乐和美学等，这些对定量分析与研究来说会带来一些不确定因素。此外，用户体验可以是单个用户的交互情景，也可以是多个用户与服务集合的交互，所以用户体验含有个体与群体的不同特征；由于用户体验的场景是千变万化的，这就产生了应对不同场景或环境的理论模型，如分别聚焦于实用、美学、情感、体验、价值、愉悦等多角度的用户体验思考模型。

　　虽然用户体验在定义上存在一定的模糊性，但我们每个人对生活中的产品或者服务的体验感受却是实实在在的。例如，美国廉价航空公司 cAir 就通过引入著名设计公司 RKS 所提供的服务体验设计，对顾客飞行旅途的所有环节都进行了系统化的研究（图1-4），并制定了一系列行之有效的措施，由此得到乘客的普遍赞誉。形成完整的用户体验循环正是服务创新的一个重要理念。因此，用户体验设计通过跨领域的合作与共创，共同构建出一个有用、可用和让人想用的生态环境，这就是用户体验设计的价值所在。

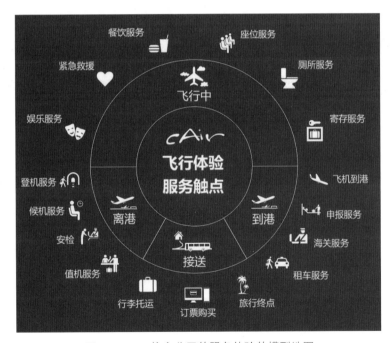

图 1-4　cAir 航空公司的服务体验的模型地图

　　在今天的数字信息社会中，我们每时每刻都离不开数字化生活。我们使用微信或支付宝进行付款、扫码认证、点餐等活动都受益于良好的体验设计。理解用户体验最直接的方式就是将用户体验作为一场旅程，直接体会一下用户在旅游的前、中、后期对整个过程的满意度

注：为简洁起见，对于用户体验（UX）和用户界面（UI），本书在很多场合使用UX和UI。

（图 1-5）。这个旅程可能包含线上和线下体验两部分，线上的工作包括查阅天气、预订航班或酒店、预约旅游景点门票以及在线付费，还有参考各种旅行攻略，请教旅游达人或者当地的朋友，避免掉入消费"陷阱"……线下的各种问题也不会少：人在旅途，不要"泰囧"。航班准点、酒店卫生、当地餐饮、购物娱乐等，都是游客对出行满意度的评价要素。各种意外，如景点缺乏路线导航、景点 WiFi 信号弱、无法联系到导游、无法及时投诉、购物被宰客等都会使得游客"乘兴而来，扫兴而归"。因此，对于设计师来说，我们如何来设计这样一场旅程？如何为旅游者消除障碍和铺平道路，让用户体验达到"峰值"？例如，游客是否可以借助智能手机 App 来实现"自助旅游"？如果能够成功，这个 App 很可能就会成为游客旅程中的贴心助手。从实践方法来看，用户旅程地图正是可视化用户行为与服务触点的工具，也是设计师分析和改善用户体验最重要的思维方法之一。

图 1-5　西双版纳的泼水节体验及旅游各环节用户体验设计

在 2017 年的一次演讲中，阿里巴巴董事局前主席马云曾经以一个老太太在银行排队缴费所遇到的种种麻烦为例，指出："我希望支付宝能够让任何一个老太太的权利，跟银行董事长权利是一样的。"如今，支付宝已经完全改变了我们的生活方式（图 1-6）。支付宝不仅是一种具有原创性的无现金社会解决方案，而且也是庞大的社会信用体系的基础，而用户体验设计就是其中最重要的一环。产品的人性化可以增强、改善和丰富人们的体验，降低交易成本，实现用户和商业企业的"双赢"。因此，用户体验设计师就是连接技术世界与日常生活的桥梁和纽带，是今天信息化社会不可或缺的重要角色（图 1-7）。例如，2020 年突如其来的新冠疫情打乱了人们日常生活的节奏，但我国依靠高度发达的互联网系统，通过线上购物、线上教学与线上办公，保证了隔离期间人们的社交、学习、工作与生活的需求，而人们的扫码出行更是通过大数据保证了社会对病源患者的追踪与调查，使得我国成为全球最早控制疫情影响的国家。因此，在今天这个信息社会，所有的服务都离不开用户体验设计师的贡献。

图 1-6　支付宝的出现大大减少了现金交易

图 1-7　用户体验设计师是连接虚拟世界与现实世界的工程师

　　尽管手机及其他数字交流工具极大地方便了人们的日常生活，但不可否认的是，用户体验的研究和设计方面仍存在的巨大缺口，无法满足人民群众日益增长的物质与文化需求。例如，作为特殊群体的老年人和儿童往往会面临着与当下技术环境脱节的困惑（图 1-8）。设计师能否可以通过产品设计的人性化和通用性来帮助他们克服技术障碍？答案显然是可行的。

图 1-8 无论是老年人（上）还是儿童（下）都需要面对信息社会中的人机交互

　　用户体验是可用性、实用性、情感与情绪、意义和价值的组合。用户体验的多重性可以用美食来比喻。美食的可用性可以从营养角度、健康价值角度来衡量。我们也可以通过实际用餐的体验来判断，如食物的色香味、价格、餐具、服务与环境等。吃饭同时是一种身体和情感的体验过程，如用餐前的期许，以及对用餐氛围、灯光、背景音乐和装饰的感知与情感反应等。同样，店家及员工的友善程度、服务质量、厨师的水平、食物呈现的美感也是食客体验中的一环。人们通过用餐的体验给店家五颗星的好评并期待下一次的享受。这个过程如果多次重复，人们就对该店服务的品牌与价值有了自己的判断和长期记忆，多重用户体验造就了店家的美誉与口碑。

1.3 用户体验设计路线图

今天，人们对数字媒体的消费比过去 10 年中的任何时候都多。根据美国 Zenith via Record 数据公司统计：到 2021 年，美国成年人人均媒体消费约为每天 666 分钟（即超过 11 小时，图 1-9 左），比 10 年前增长了约 20%。尽管媒体消费总体上有所增长，但这主要是由移动媒体推动的。2021 年，美国成年人人均移动媒体消费每天超过 4 个小时，这个数字在 10 年内增长了 460%，从平均每日使用时间 45 分钟增加到惊人的 252 分钟，而油管、抖音、网飞等短视频媒体消费更是占据了半壁江山（图 1-9，右）。该统计还显示：如果按照年龄分布，美国的千禧一代 [①] 和 Z 世代 [②] 的年轻人对手机 App 更为青睐，成为移动媒体的"重度依赖群体"。

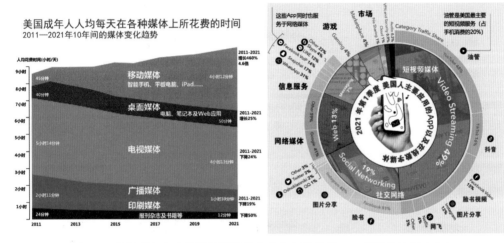

图 1-9 美国成年人人均媒体消费趋势（左）及各类 App 消费的比例（右）

数字媒体改变了生活，越来越多的互联网使用导致了注意力的持续时间变长。但人们除睡眠外每天只有 1440 分钟可以使用，人们的精力是有限且高度竞争的，而未来我们使用移动设备的时间会更长。在这个眼花缭乱的数字世界里，专注是非常珍贵的资源。一项统计研究指出，平均超过八成的手机用户会在尝试使用新的 App 后的三天内删除它，人们常用的 App 数量不会超过 30 个。因此，在高流失率的情况下，仅仅强调产品的可用性与易用性是远远不够的。为了保持用户的黏性，用户体验设计设计正在成为当代设计师工作的核心技能之一。

目前国际上关于用户体验的研究更多地集中在心理学与行为科学上，同时也与认知科学、市场学、设计学与管理学有着密切的联系。例如，心理学、认知科学与行为科学的一系列模型对设计师理解用户行为非常有帮助。这些理论包括福格（BJ Fogg）行为模型、助推理论、行为漏斗模型、双重思维、心智模型、心流理论、需求金字塔以及说服与激励心理学等。设计师

---

① 千禧一代是指出生于 20 世纪时未成年，在跨入 21 世纪（即 2000 年）以后达到成年年龄的一代人。这代人的成长时期几乎和互联网、计算机科学的形成与高速发展时期相吻合。

② Z 世代新时代人群，通常指 1995 年至 2009 年出生的一代人，他们一出生就与网络信息时代无缝对接，受数字信息技术、即时通信设备、智能手机产品等影响比较大。

通过掌握上述理论，再结合用户调研与用户行为分析，就可以有针对性地进行产品概念设计。

从用户体验设计流程上看，设计师前期的用户研究、需求分析、市场分析与产品定位是后期产品设计与界面设计的基石。为了帮助读者更清晰地了解用户体验设计领域的各知识点，我们用一个可视化流程图的形式来展示这个设计过程（图1-10）。该路线图包含有 4 个主要的节点：用户行为研究、用户行为分析、体验与产品设计以及产品原型设计，其中主要的理论、步骤、方法与知识点均用黄色或橘黄色背景标示；参考的理论用绿色背景标示；相关的知识点用红色背景标示。这些内容会在本书后面各课中加以详细说明。该路线图可以作为 UX 设计的知识图谱或体系框架，为读者建立一个学习掌握 UX 设计理论与实践的索引指南。

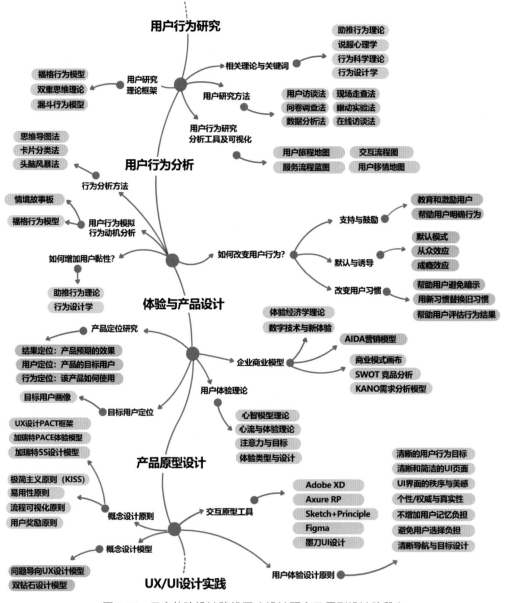

图 1-10　用户体验设计路线图（设计研究及原型设计阶段）

1.4 用户体验设计模型

如何理解用户体验和实践用户体验设计？ 2007 年，由美国著名 Ajax 之父、Web 交互设计专家詹姆斯·加瑞特编写的《用户体验的要素：以用户为中心的产品设计》一书的中文版出版，随后成为风靡国内设计界的经典用户体验设计教材。加瑞特从设计实践出发，通过可视化草图的方式对用户体验的构成要素进行了分析和说明。该模型已经被广泛应用到更多的领域，包括产品设计、信息设计、交互设计、服务设计、软件开发以及设计管理等。该书的第 2 版（2013 年）不再局限于 Web 网站，而是将该模型延伸到更广泛的产品及服务领域，包括游戏、手机 App 和各种智能设备软件。加瑞特模型简称"5S 模型"，就是将交互与信息产品分为表现层、框架层、结构层、范围层和战略层 5 个层面（图 1-11）。底层为战略层，侧重于用户需求和产品目标；顶层为表现层，是一系列由版式、色彩、图片、文字和动效组成的视觉设计；中间的 3 层从下往上依次为范围层、结构层和框架层。范围层由产品规格说明书组成，是产品各种特性和功能的初稿。结构层用来设计产品的信息架构和交互方式。设计师由此确定产品各种特性和功能的最佳组合方式并完成产品雏形。框架层强调界面设计、信息设计和导航设计，并由按钮、控件、照片和文本区域等页面元素组成。从时间角度来看，该模型自下而上代表了信息交互产品的开发流程：从抽象到具体，从概念到产品。从空间角度来看，该模型代表了用户体验设计所包含的技术、商业及用户之间错综复杂的关系。

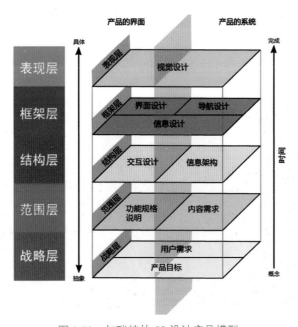

图 1-11　加瑞特的 5S 设计产品模型

加瑞特模型对于用户体验设计来说有着重要的指导意义。从设计进程时间上看，第 1 层是战略层，主要聚焦产品目标和用户需求，这个层是所有产品设计的基础，往往由公司最高层负责。第 2 层是范围层，具体设计与交互产品相关的功能和内容，该层往往由公司的产品部负责监督实施。第 3 层是结构层，交互设计和信息架构是其主要的工作，通常互联网公司的体验设计负责这个层的业务。第 4 层是框架层，主要完成交互产品的可视化工作，包括界面设计、导航设计和信息设计等工作。第 5 层是最顶层，为表现层，主要涉及视觉设计、动画转场、多媒体、文字和版式等具体呈现的形态。加瑞特通过该模型中间 3 层的分割将功能性产品（关注任务）以及信息型产品（关注信息）进行区分，左侧的工作注重功能规格、界面设计与交互设计，右侧则与内容需求、信息架构和导航设计有关，用户研究、市场分析、信息设计和视觉设计则跨越了这个界限（图 1-12）。加瑞特模型提供了交互产品设计的基本流程与框架，从战略层到表现层，该模型可以分解为一系列的研究方法与阶段性的任务目标（图 1-13）。对于用户体验设计师来说，这个模型提供了用户分析、产品开发与界面设计的"导航图"。对于企业管理者来说，可以借由这个流程来实现产品创新与企业发展战略。

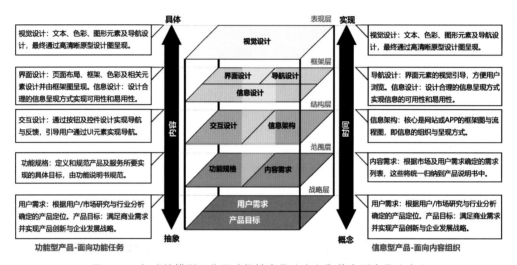

图 1-12　加瑞特模型区分了功能性产品（左）和信息型产品（右）

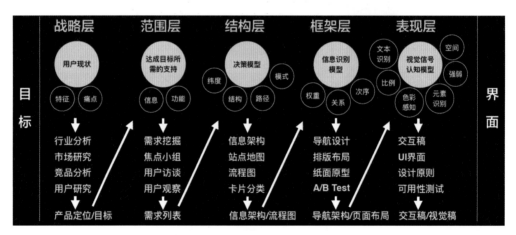

图 1-13　加瑞特模型是用户研究、产品开发与用户界面设计的导航图

　　虽然从产品开发角度，加瑞特 5S 模型是一个清晰而实用的数字产品开发的战略思考，但该模型对于用户体验设计的特殊性关注得不够。由于"体验"本身是主观的、因人而异的，而且带有流动性、暂时性和无定型性的特征，这和传统的、基于客观对象的设计，如家具、建筑或者视觉传达设计有着很大的区别。例如，陶艺师或雕塑家完成一个陶罐或者塑像都必须以陶土或者胶泥为材料，并通过手工和借助整套的机械工具才能完成。因此，传统设计是以材料或媒介为对象，而体验设计则是独立于媒介或跨媒介的。无论是设计网站、设计服

务还是设计医院的自助挂号机或手机 App，设计师都是为用户的感受和体验而设计。随着当代设计朝着跨媒体、交互、对话与体验的方向发展，用户和参与活动本身成为设计师关注的焦点。

2016 年，在葡萄牙里斯本举行的 UXLx 国际论坛上，加瑞特做了题为《为用户参与而设计》（*Design for Engagement*）的演讲。他深入分析了体验的要素并从"用户参与"入手，提出了一种基于人类体验的心智模型，即感知（P）、认知（C）、情感（E）与行动（A）。该模型基于信息、物质与能量的思考，将人类的情感、思想与身体的体验融为一体，并由此构成了一个以综合体验为对象的设计宇宙（图 1-14）。加瑞特指出："UX 设计是指一种跨媒介的或独立于媒介的设计活动，它不仅将人的体验作为设计产出物，而且明确地强调用户参与互动是设计目标。"正是由于体验本身的包容性，加瑞特认为 UX 设计并非是一种独立的设计活动，而是融汇于信息设计、导航设计、交互设计、界面设计与视觉传达设计之中。

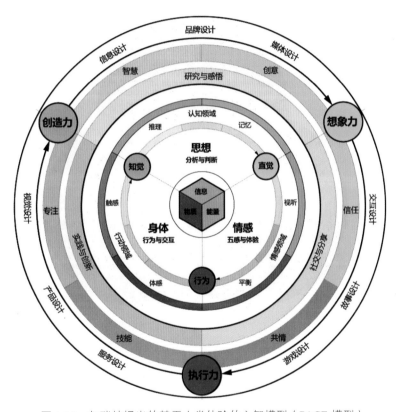

图 1-14　加瑞特提出的基于人类体验的心智模型（PACE 模型）

1.5　基于用户体验的设计

2010 年，苹果公司前总裁史蒂夫·乔布斯曾经指出："我们所做的要讲求商业效益，但这从来不是我们的出发点。一切都从产品和用户体验开始。"在产业界，苹果公司一直以来都是公认的用户体验设计领域的领跑者。从 iPhone 到 iMusic，无论是产品、软件，还是服务系统，苹果产品都特别关注用户体验，处处体现以人为本的设计思想。这一点我们从苹果公司为发烧友打造的极致音乐体验的系列产品中就可以体会到。随着体验经济的发展，基于用户体验的设计，如交互设计、服务设计、绿色设计、参与式设计、社会创新设计、以用户为中心的设计等已经成为当前设计的潮流。这些新型设计的突出特征都是以人为本和注重可持续发展的理念。用户体验设计的影响力堪比历史上的包豪斯主义、极简主义、功能主义、国际主义等著名设计理论。无论是视觉传达、环境、工业造型或新媒体，都必须考虑用户体验，需要从用户的角度来看待设计。著名的 IDEO 设计公司提出了基于"市场分析—原型设计—视觉设计"原理的用户体验设计模型，这可以成为我们理解用户体验设计的参照系（图 1-15）。该模型的突出特点就是将用户体验置于"市场研究—原型设计—视觉设计"的核心，贯穿于产品从战略层到表现层的始终。其中，商业的可持续性、技术的可行性以及视觉设计的创新性成为驱动 IDEO 产品与服务创新的引擎，这三个领域的交集就是用户体验。

图 1-15　基于"市场分析—原型设计—视觉设计"的用户体验模型

IDEO 的设计团队以此为出发点，将用户体验贯穿于产品设计全流程。他们通过换位思考，从方便携带、易学易用的心脏除颤器，到帮助糖尿病患者注射胰岛素的专用注射笔，为数千位客户提供了众多的产品和服务。IDEO 还在服务创新领域为包括华尔街英语、新加坡政府、方太厨具、德国汉莎航空公司等多家政府、机构和企业提供了多种全流程的解决方案。IDEO 曾经参与设计了诸多传奇产品并多次获得红点设计奖，如苹果公司的第一款鼠标、第一代笔记本计算机，Palm V 公司的个人数字助理（PDA）和宝丽来（Polaroid）一次性相机等，这使得该企业成为硅谷的传奇公司（图 1-16）。该公司的成功经验在于：以用户体验为中心的需求洞察（insighting）、深入多样的创意思考（ideating）和快速敏捷的原型设计（iterating）。其中的关键是如何从复杂的用户体验中发现可商业化的需求并提炼出有价值的信息。

图 1-16　IDEO 公司参与设计的诸多工业产品

　　用户体验设计有着广泛的知识结构。通过对加瑞特模型的分析，我们可以看出：用户体验设计知识结构与思维模型涉及从规划到表现、从用户研究到信息可视化呈现的一系列技术与方法（图 1-17，左）。用户体验设计的思维和实践超越了传统设计学科的专业划分，促进了产品、信息交互和环境设计等设计门类的交叉与整合。用户体验设计为社会、企业、用户的发展带来巨大的价值，也成为当下设计学的前沿学科之一。与此同时，用户体验的不确定性以及与其他相关概念（可用性、易用性、满意度等）边界的模糊性，也为用户体验设计师带来了挑战。因此，建立一个能为大家普遍接受的用户体验评价模型至关重要，它不仅可以有效地帮助设计师改善产品和服务，而且能够帮助设计师准确识别并且深度理解用户需求。2004 年，信息结构和用户体验专家皮特·莫维尔提出了"用户体验蜂巢模型"并被广泛接受。莫维尔定义了用户体验设计的 7 个重要维度：有用性、可靠性、合意性、可寻性、可用性、可获得性以及代表上述特征的 6 个蜂巢围绕着的价值性（图 1-17，右）。其中，位于上层的暖色调六边形代表用户的心理感受和体验目标（感觉 + 思维），具有更多的主观性；而位于下层的冷色调六边形则代表更为基础的功能性（可用性）指标，相比情感化和价值性的目标，下面这 3 个指标往往更为客观。莫维尔认为，用户体验蜂巢模型是一个行之有效的设计评价工具，可以帮助人们理解定义用户体验设计的优先级。另外，用户体验蜂巢模型的每个研究视角都可以形象化地视为一面"镜子"，帮助设计师了解和调整看待设计的方式，并探索超越传统设计界限的方法。

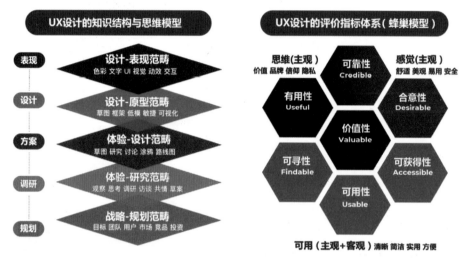

图 1-17　用户体验设计的知识结构与思维模型（左）以及评价指标的蜂巢模型（右）

作为一个多维度、跨学科的前沿领域，用户体验设计基本涵盖了交互设计、视觉传达设计与信息架构设计，同时与工业设计、心理学、人机工程学、用户界面设计存在着重叠交叉。例如，对用户的调研就涉及了人类文化学、心理学、信息检索、文案写作等多学科的知识体系。从实践角度上看，设计研究不仅针对产品、服务与用户，而且还会涉及利益相关者，涉及环境与空间，因此市场学、管理学、行为经济学和建筑学的知识也会有所帮助。用户体验设计的出现是对传统设计观念、体系和学科的挑战。随着信息技术的发展，这个学科边界会变得越来越模糊，用户体验设计的范畴会进一步扩大。通过与数据科学和智能计算相结合，该领域甚至可能会影响建筑学、市场学、动画或影视。虽然目前学术界对于用户体验设计属于多学科这一点并无争议，但对于它究竟涉及哪些学科以及比例仍有争议。例如，著名的用户体验管理专家和设计咨询师朱莉·比莉茨就通过一张信息图表（图 1-18）来诠释她对用户体验以及交互设计的理解。比莉茨认为这些学科的研究方法源于视觉传达设计、心理学、计算机科学、图书馆学、人类学、行为经济学、市场学、工业设计和建筑学 9 个领域，而且这些学科所占的比重是不一样的，该信息图表为我们理解用户体验设计与交互设计的学科基础提供了另一种视角。

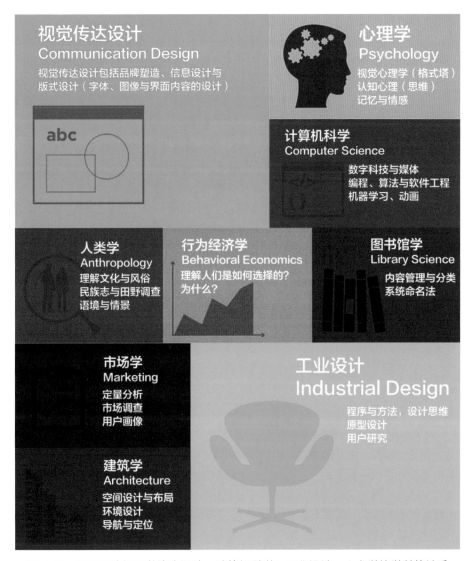

图 1-18　交互设计与视觉传达设计、计算机科学、工业设计、人类学等学科的关系

1.6　用户体验设计的价值

　　人类生活是建立在交流基础上的，语言和文字信息是人们基本的交流载体，信息交流的主要方法是对话。对话的原则是简洁清晰，对话的过程也是检验人们对信息的理解和交流能力。用户体验设计的对象首先就是人，但关注点则是产品、技术与服务。人从出生就开始利用感官、想象、情感和知识与周围的产品（如玩具）和环境进行某种形式的对话。商店、购物中心、邮局、博物馆、学校、电视、娱乐、网站等都是人与事务处理相关的场合，对这些设施或服务进行设计都属于体验设计。用户体验设计就是创建新的用户体验，增强人们在工作、通信及生活中的交流方式、生活体验及服务体验。设计的对象就是生产或生活中各种服务的虚拟化形式，例如，应用于教育、娱乐、医疗或者旅游等领域的软件设计。

美团和携程等公司将餐饮与旅游服务不断完善，从星级酒店到客栈、民宿，从团购到手机选房，都成为服务特色。医院就诊和看病流程也充分体现了线上体验设计的重要性。该流程包括网上预约、挂号取号、在线缴费、扫码取药等一系列线上行为，通过更加智能化和规范的服务，医院的看病流程更加简洁化，病人由此可以得到更方便、更快捷和更有效的服务。我们每天经历的方方面面，大到城市轨道交通系统的设计，小到餐饮店的柜台都充满着体验设计的影子，线上＋线下的用户体验就是交互设计的舞台。

体验设计的本质就是沟通的设计。从狭义上看，是指虚拟产品（软件）的界面视觉和交互方式的设计，包括界面视觉（色彩、图像、版式、图标和文字）、控件（按键、窗口、手势、触控）、信息架构（导航）以及动画、视频和多媒体设计的工作。从广义来说，服务、交互与智能环境的设计都属于用户体验设计的范畴。例如，互联网企业最热衷的O2O业务，如滴滴出行、淘宝、美团和天猫等就是从线上到线下的一整套产品和服务体系。线上是交互设计，而线下则更多涉及物流、餐饮、休闲方式的设计，这两者都离不开用户体验设计的流程与方法。如果不了解服务对象、用户体验、商业模式和技术规格，自然也很难设计出贴心的App应用。例如，"携程旅行"的主要用户是外出探亲访友、旅游或者商务出行的人群，民宿/客栈、飞机＋酒店、购票订票、旅游、购物/免税是其主要的服务内容。而"美团"则关注城市白领的餐饮习惯和休闲行为，特别是抓住了"省钱"和"分享"的体验。用户对象不同，产品形态也就有了差别。用户体验设计师不仅需要洞悉用户消费心理，而且应该为客户设计更贴心的体验，如针对亲子、老人、低收入人群和残障人士等，成为消费者和产品、服务与企业沟通的纽带和桥梁。

体验设计通过线上与线下的结合，可以将传统的"不可见"的产品生产及服务流程"可视化"与"透明化"，使得人们对服务更放心、更信任。例如，超市中可见的部分就是商品本身，但商品的制造、储存、流通和分销过程对于顾客来说就是不可见的过程，这往往会导致人们对服务有着各种各样的疑虑，如担心食品的农药残毒或工业污染。因此，通过建立食品安全追溯的"一条龙"服务，借助食品标签的"二维码"，就可以让消费者能够追踪产品的种植、采收、物流和销售等多个环节（图1-19）。这也成为数字时代交互设计日趋重要的原因之一：信息可视化、服务透明化、温暖、贴心与高效永远是消费者最为关注的体验。

体验方式也远不止仅仅靠"触摸"或"手机"实现的交互，无论是手势交互、虚拟现实或增强现实，都是媒介大师米歇尔·麦克卢汉所说的"卷入式体验"，即全身心投入的、以多感官交互为代表的体验。2012年，新媒体艺术家邵志飞带领一个国际团队在敦煌完成了一个增强现实的体验项目《净土》（Pure Land 360）。敦煌莫高窟千佛洞的寺庙洞窟群曾经是古丝绸之路沿途往返的主要站点，是一个充满壁画、雕像和建筑纪念碑的艺术宝库，也被联合国教科文组织列为世界遗产。《净土》以莫高窟第220号洞穴的壁画为真实蓝本，重新构建敦煌洞穴中非凡的绘画和雕塑，特别是关于东方药师佛的极乐世界的传说。该作品是一个360°全景立体投影剧场，一个沉浸式虚拟仿真环境；戴着3D眼镜的观众可以看到立体的壁画形象（图1-20）。骑着白象的飞天神佛、莲座上俯视信徒的庄严立佛逐次浮现，修复后的壁画颜色华美、神色如真，配合着佛教音乐，让观众得到神圣的宗教体验。这件作品一大特点是对壁画中宴会场景的真实复原，观众选中奏乐人物时，会出现乐器的模型动画与所奏音乐，选中舞蹈仕女时则会出现真人复原舞蹈表演，观众可以直观感受到千年前的艺术历史文化。

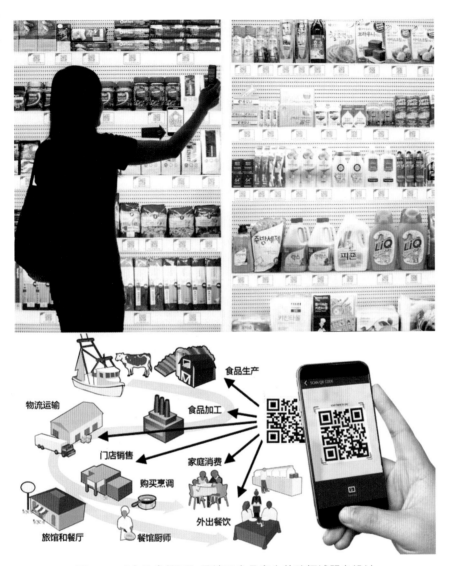

图 1-19 "食品身份证"是涉及食品安全的跨领域服务设计

图 1-20 敦煌莫高窟交互体验作品《净土》(局部一)

　　该装置还采用了类似真实洞窟的"手电筒"探宝模式。观众可以用小型 LED 手电筒模拟火炬照亮壁画，这种交互设计方式让观众身临其境地感受到探索洞穴时的真实体验。作品的另外一个亮点是虚拟放大镜，可以让观众通过放大细节并以超高分辨率来观看壁画中的特定物体，如一排香炉和两组音乐家演奏的乐器，这些都被重建为浮出壁画的三维模型（图 1-21，上）。观众还可以通过 LED 手电筒看到敦煌彩塑当年的原始色彩，而这些鲜艳的颜色经过千年的砂石风化和侵蚀后几乎已经完全看不到了（图 1-21，中）。此外，当观众扫描到壁画的歌舞场面时，还会从壁画中弹出几个舞蹈少女的立体影像（图 1-21，下），这些立体影像是来自北京舞蹈学院的"飞天"舞蹈演员的表演，描绘了受印度和中东文化影响的中国古典佛教舞蹈的精彩场景。

图 1-21　敦煌莫高窟交互体验作品《净土》（局部二）

　　邵志飞的《净土》项目的目的之一就是期望用"虚拟洞窟壁画"来代替实景，特别是希望能够设计一个 1:1 的模拟真实洞窟的增强现实项目。这个"仿真洞窟"可以同时容纳几十个人参观，由此解决观众体验和原始洞窟文物保护的矛盾。在这个增强现实的项目中，每个进入"仿真洞窟"的观众都可以领到一个类似 iPad 的手持"观摩器"。观众通过扫描"墙壁"的不同位置，就可以看到屏幕中的"壁画"（图 1-22）。这个手持装置比小型 LED 手电筒更为经济实用，因为不仅可以同时容纳更多的观众，而且还便于观众之间的交流。该"增强现实体验馆"从另一个角度发挥了观众的参与热情，也为观众"探索"壁画作为一项有趣的任务（如寻找宝藏）或游戏奠定了基础。邵志飞的《净土》项目为未来博物馆的文化遗产的展示、保存和创新服务提供了一个绝佳的创意与技术操作的范例。

图 1-22　观众通过 iPad 增强现实互动体验敦煌壁画

　　上述几个案例说明用户体验设计在当代数字生活中的重要价值和意义：用户体验设计通过操作便捷化、体验丰富化、信息可视化、服务透明化以及流程人性化来打造一个基于智能环境的便捷、高效和富于人情味的和谐社会。温暖、贴心与高效永远是消费者最为关注的用户体验，也是用户体验设计师的责任与义务所在。《敏捷用户体验设计：打造优质用户体验》（第 2 版）一书的作者雷克斯·哈特森在书中总结了用户体验设计师的几个基本特征和需要遵循的原则：①以目标为导向的设计；②努力改善这个世界，让体验更好；③不要教条主义，用你自己的内心来感受设计；④任何体验都离不开特定的环境和场景；⑤因人而异，因时而异；⑥以人为本；⑦失败乃成功之母；⑧周密的计划、准备和预期；⑨不带偏见的观察；⑩同理心与共情与能力。同时，由于用户体验设计是一个复杂的生态工程，设计师需要思考各方面的利益。最后，必须尽可能让用户参与到设计过程，用户的复杂性决定设计的多样性。

1.7 新体验设计时代

2019 年，工业和信息化部正式向中国电信、中国移动、中国联通和中国广电发放 5G 商用牌照，中国正式进入 5G 商用时代。5G 是一场影响深远的全方位变革，将推动万物互联时代的到来。5G 具有高速度、低时延、高可靠等特点，是新一代信息技术的发展方向和数字经济的重要基础。从 5G 的发展历程可以看出：从 1G 时代的"大哥大"手机到 5G 时代的"万物互联"，人类信息与通信技术的快速进步推动了经济形态的转型并促进了新的经济形态的产生（图 1-23）。例如，在 3G 带宽时代，人们绝对无法想象会有"快手"或"抖音"这种短视频 App 的出现。如今你出门可以不带钱包、钥匙，但是没法不带手机。无论是购物、外卖、追剧、打车都离不开手机，桌面端的多人 RPG 以及单机游戏走向衰落，手游成为主流。从 3G 到 4G，看似是网速的提速，实质上是整个互联网行业形态的改变。伴随着 5G 和人工智能的迅速发展，从自动驾驶汽车、无人机快递到智慧农业，万物互联会全面赋能各行业并极大提升用户体验。一个新的用户体验设计时代即将到来，这也为用户体验设计师、全链路网络设计师、动画师和影视特效师等职业的发展带来新的发展机遇。

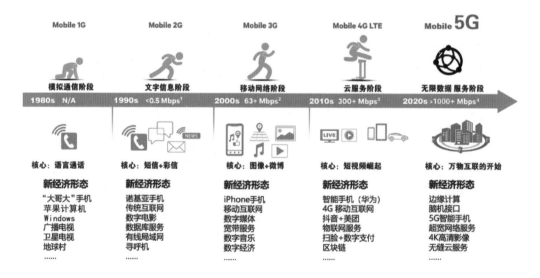

图 1-23 5G 的发展历程与相关经济形态

根据腾讯公司在 2019 年的预测：到 2024 年，智能手机视频流量可以达到移动数据总量的 74% 或者更高，由此会推动短视频、网络品牌营销、视频游戏、手机动漫、影视综艺和 VR 沉浸体验等新媒体及相关产业的发展。产业的变革不仅会影响设计师的岗位，同时也使得设计师面临专业重构与知识体系的挑战，用户体验设计成为未来最重要的新兴设计行业之一。从中国互联网 20 年的发展历史上看，用户体验大致经历过 3 个时期：PC 时代、移动互联网时代和目前的物联网时代，每个时期都有不同的互联网商业产品，同时也构建了相应的用户体验。最早的 PC 时代是解决信息不对称的问题，所以就有很多信息门户产品，如搜狐、百度、新浪、腾讯等。当时的用户体验大致是浏览、搜索和网购等行为。到了移动互联网时代，由于手机可随身携带的便利特性，解决了线上线下的对接问题，这使得与我们生活息息相关的各种 App 的出现，如美团、滴滴、支付宝和微信等。科技的发展也创新了用户体验，扫描支付成为当下中国人的日常，这在全世界也是首屈一指的现象（图 1-24）。特别是在新冠疫情流行的日子里，如果人们不带手机出门可以说是寸步难行，大数据已经成为保护人们安全的重要因素。5G 万物互联和自由共享的时代是一个智慧大爆发的时代，目前我们所期待的一些商业产品和服务将成为主流，例如无人驾驶、智慧门店，还有天猫精灵（语音交互体验下的生活助手）和 VR 购物等。10 年以后，每秒超过 1GB 的下载速度使得线上用户体验更加无缝平滑，任何人（Any Person）在任何时间（Any Time）或任何地点（Any Where）（3A）都可以享受到线上线下的无边界的智慧服务。

图 1-24　扫码支付已经成为中国人生活的必备元素

2017 年，在杭州举办的 "2017 国际体验设计大会（IXDC）" 上，阿里巴巴 B2B 事业群用户体验设计部（UED）负责人汪方进先生做了《面对新商业体验，设计师转型三部曲》主题分享。他指出：随着互联网技术与生态的快速更新，设计师将会面临着一个全链路商业环境（图 1-25）。之前的设计师为终端消费者提供体验设计方案，未来则要延伸到整个商业全链路，从原材料流通，到品牌生产、加工、分销、销售，以及终端零售，这些都是设计师需要发力的地方。因此，设计师将会面临全链路、多场景的设计体验诉求，这使得未来 3A 场景设计与无边界的智慧服务变得越来越重要，如智慧门店、智慧家居、智慧车载等。从 PC 时代的鼠标、键盘和屏幕之间的交互设计，到今天移动媒体时代指尖交互的流行，用户体验设计思想、工具与方法在不断进化。未来即将发生的全感官互动会成为新的用户体验，如语音交互、体感输入甚至意念交互等，这也意味着用户体验设计师的地位会越来越重要。

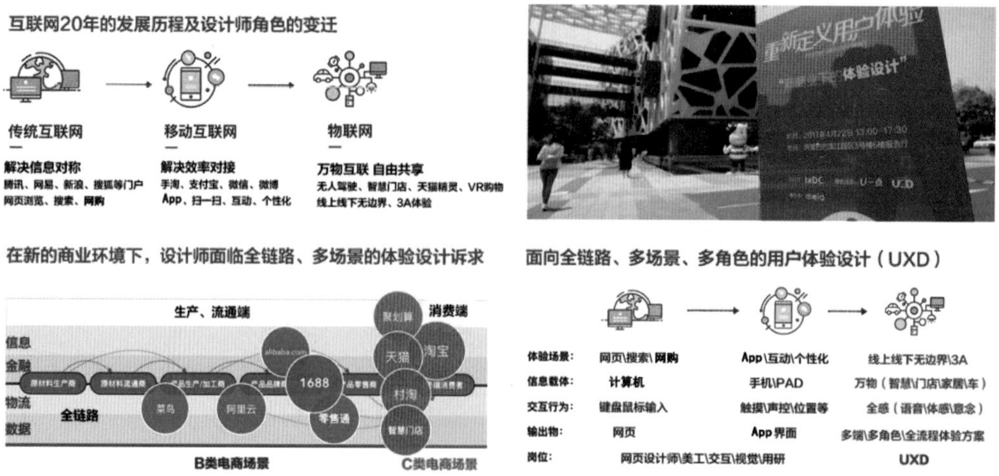

图 1-25　面向全链路、多场景和多角色的用户体验设计

汪方进指出：未来的用户体验设计师将是全流程、多场景、多角色的体验方案提供者。从之前的网页美工时代到手机界面的交互、视觉和用研（用户研究）的专业分工时期，综合跨界设计人才会越来越受青睐。新时代的设计师将会面临很多新课题，例如多场域、跨媒介、整合设计与服务设计等，设计师的要求会变得更高，交互、视觉、用研可能只是一个基本能力而并非一个岗位。设计师需要具备多样化的专业能力，其工作流程覆盖度高，综合素质高，岗位价值大，发展瓶颈小。按照阿里巴巴的职级和薪酬设计标准，用户体验设计师的岗位是从 P7 级开始的，也就是刚入职的员工需要从交互、视觉和用研的基础工作开始（从 P4 到 P6 级），随后才能进入用户体验设计师的岗位（图 1-26）。P9 级的用户体验设计师则需要具备 P6+ 或 P7 的视觉能力与 P7 级的用研能力、团队管理及坚实的交互设计能力。阿里的用户体验设计师以理性为主导，兼具共情的能力以及视觉表达的能力。合格的体验设计师必须具备用研和视觉能力，才能逐步成长为综合型的用户体验设计人才。

图 1-26　阿里集团的职级和薪酬（P1~P9）及能力金字塔

案例研究：体验式旅游

在体验经济时代，随着旅游资源的日益丰富，旅游消费观念的日益成熟，旅游者对体验的需求日益增长，他们已不再满足于大众化的旅游产品，而更渴望追求个性化、体验化、情感化和休闲化的服务。体验式旅游是指"为游客提供参与性和亲历性活动，使游客从中感悟快乐"。体验式旅游给游客带来一种新的生活体验，也成为当下文化创意产业和服务设计的亮点。例如，美国康纳派瑞（Conner Prairie）历史博物馆就通过以观众体验为核心的调研、分析和创意设计，成功缔造了该博物馆的营销传奇，也成为"体验式旅游"的经典范例（图 1-27）。2010 年 12 月，康纳派瑞博物馆作为全美最杰出的五家博物馆之一，荣获了美国博物馆界的最高荣誉——国家博物馆与图书馆服务奖。美国博物馆与图书馆服务协会将其誉为"杰出的成就、变革的勇气、大胆的创新和美好的愿景"并给予了该博物馆高度的评价。

图 1-27　康纳派瑞历史博物馆的体验式旅游

康纳派瑞历史博物馆成立于 1930 年，位于美国印第安纳州的费希尔斯镇。1890 年因其重要的历史价值被美国联邦政府列入了国家历史遗产名录。进入 21 世纪之后，康纳派瑞博物馆的管理层开始启动了一系列适应市场环境的变革。他们建立了以观众体验需求为核心的经营理念：核心任务就是激发观众好奇心，通过吸引人和个性化的体验方式培养观众对印第安纳州历史的兴趣。博物馆重新命名为"康纳派瑞互动历史公园"（Interactive History Park），标志着从传统历史博物馆到沉浸式主题公园的蜕变。该博物馆团队通过对观众参观体验过程的详细分析，帮助一线人员建立起以游客需求为核心的工作方式。通过全面的用户数据分析，博物馆将其主要目标群体锁定在居住在印第安纳州以及来自全美各地的家庭游客。博物馆根据家庭亲子旅游设计了一系列的体验方案，让他们能够互动参与各种活动，从而体验和学习历史知识。为了彻底改变博物馆刻板严肃的形象，康纳派瑞博物馆在体验项目设计中力求创新，推出了包括热气球之旅、荒野求生、体验式农场、传统社会生活及家庭晚餐、美国内战时期体验等一系列"角色扮演"的体验活动（图 1-28）。

图 1-28　康纳派瑞历史博物馆的游客角色扮演体验活动

　　为了重现历史和让游客参与互动，博物馆在历史探索区全部使用了可以触摸的复制品。所有工作人员都穿着 19 世纪早期的服装，使整个场景具有很强的真实性。这里每个空间都没有规则和限制，每个设计都能让观众互动参与。博物馆生动复原了印第安纳州传统的生活方式和美国内战的场景，铁匠铺、陶器生产作坊、小型私人诊所、乡村学校校舍都按照 19 世纪的建筑风格还原，使游客能够感同身受，沉浸其中。在这些互动体验项目中，"体验式农场"最受儿童和家长的青睐。漫步农场之中，游客随处可见温顺可爱的农场动物。他们可以与这些动物嬉戏玩耍，也可以在专业人员指导下清洁皮毛、准备饲料或亲手喂养它们。这对于平时整天离不开电视和电子游戏的小孩子来说无疑是更丰富的体验。因此，他们在参与照顾农场动物的活动中表现出极大的热情和好奇心，同时也增强了观察、交流与动手实践的能力。

　　康纳派瑞历史博物馆还多次组织季节性的嘉年华或主题游览项目，进一步提升游客的参与热情。例如，每年 10 月份的金秋季节，博物馆都会举办"无头骑士"魔幻体验活动（图 1-29）。据说在美国独立战争时，无头骑士曾是一名骁勇善战的武将，一次战役中不幸被敌方割去头颅。之后，他的孤魂飘落到了沉睡谷一带，在月黑风高之夜，他会骑着快马，拿着宝剑将经过此地的行人的头颅割下。由于越来越多的人神秘失踪后又被发觉身首异处，沉睡谷一带开始被称为遍布血腥的"恐怖之谷"。1799 年，美国文学家华盛顿·欧文据此创作出了经典作品《沉睡谷传奇》，使得这个悬疑恐怖的故事开始广泛流传。1949 年和 1999 年，迪斯尼公司曾两次将这个主题搬上银幕。好莱坞导演蒂姆·伯顿的《断头谷》，将恐怖、惊悚、梦幻、童话、浪漫等元素混合，产生了惊心动魄的视觉效果，也使得"无头骑士"的传说更加深入人心。康纳派瑞博物馆首次将这个故事搬到了主题公园，游客们不仅可以体验被"无头骑士"追逐和剑指的恐怖，而且还将会参加诸如稻草堆寻鬼、南瓜保龄球比赛、恐怖故事屋体验和穿越玉米地迷宫之类的活动，成为游客们乐此不疲的娱乐项目。

图 1-29　康纳派瑞历史博物馆将历史故事与传说带入观众体验

体验经济学家认为，对于以博物馆为代表的历史文化旅游地来说，它们为游客创造的体验应该是具有吸引力和娱乐性的，只有这样才能让观众沉浸其中并舍得消费。这些经历不仅是观众参与的活动，还包括了观众来之前的体验预期和离开后的记忆感受等。康纳派瑞博物馆的实践彻底改变了游客数量日趋减少的窘境。从 2007 年开始，康纳派瑞历史博物馆的观众每年以 240% 的惊人速率递增，2010 年游客数量已经达到了 34 万人。"体验式旅游"使得濒临倒闭的博物馆焕发了青春。

除了角色扮演式的体验旅游外，让游客亲自动手实践也是增强游客体验的重要手段。例如，位于我国台湾南投县埔里镇的"广兴纸寮"就是这种游客 DIY 式的体验旅游的范例（图 1-30）。该"造纸工坊"创立于 1965 年，是台湾二十世纪七八十年代手工纸和手工宣纸的制造基地。1991 年后，随着台湾社会的变迁，手工造纸产业面临转型的困境。为寻求产业新出路，"广兴纸寮"将体验式旅游作为发展重点，因此成为台湾第一家"深度体验游"的观光工厂。该"造纸工坊"提供了完整的手工造纸流程供游客免费参观，并提供专业解说服务。不但让游客明白如何将纤维浆料经蒸煮、漂洗、打浆、抄纸、压水和烘干等过程制造出珍贵的手工纸，而且还让游客亲身参与 DIY 造纸的乐趣，目前已经成为台湾地区知名的产业观光景点，也是许多学校户外教学的最佳场所。广兴纸寮通过引导游客参观、DIY 造纸体验和解说的方式，提供游客深度解读造纸文化与产业内涵的旅程。

造纸术是中国古代的四大发明之一。台湾埔里地处深山，洁净的水源成为最佳的造纸原料。当地有超过 70 年的造纸历史，这也为"纸文化博物馆"的建立奠定了基础。原有的生产车间经由设计师重新规划，除了保有原先古厝人文空间之美外，还新建了埔里手工纸文化馆、造纸植物生态区、手工造纸体验工坊和台湾手工纸店等体验空间。开办的体验课程有：

图 1-30 台湾 "广兴纸寮" 是 DIY 体验式旅游的样本

①纸的历史，认识蔡伦和造纸术；②古今造纸，介绍造纸的原料、工具和技术；③纸的形成，介绍植物纤维造纸的原理；④纸的原料，韧皮纤维、木质纤维和草木纤维造纸原料；⑤造纸工坊，实际体验 DIY 手工造纸的趣味（图 1-31）；⑥纸艺教室，体验拓印、纸张暗花水印的设计（图 1-32）；⑦纸艺工坊，将做好的宣纸设计成壁灯、团扇等工艺品。通过这个体验之旅，让游客从快乐的劳动体验中感受古代中国人的智慧，同时提升动手创意能力，启发创意思维，探索观察自然，重视环境保护。

图 1-31 在造纸工坊体验手工造纸（左）和制作宣纸团扇的工艺（右）

　　除了 "广兴纸寮" 外，位于台湾南投县草屯镇的台湾工艺研究中心也是这种 DIY 体验式旅游的一张 "名片"。该中心的工艺体验馆是最受游客欢迎的景点之一。该 "体验工坊" 设

图 1-32　工坊教师在示范拓印和纸张暗花水印的设计

有竹艺、砖艺、竹雕、蓝染（扎染）、漆艺、树艺、金工、玻璃和陶艺的体验工坊或创意教室。游客可以在专业技师的讲解和引导下，动手学习传统工艺，并根据自己的想象大胆创意。这些体验课程内容丰富，生动有趣。有些体验项目只需 30 分钟，而有些体验项目则需要两三个小时。例如，扎染是中国民间传统而独特的染色工艺，它是通过线、绳等工具对织物进行捆、扎、缝、缀、夹等"扎结"后进行染色的工艺（图 1-33）。其中被扎结部分保持原色，而未被扎结部分均匀受染，从而形成深浅不均、层次丰富的色晕和皱印。染料主要是来自板蓝根、艾蒿等天然植物的蓝靛溶液，因此也被称为"蓝染"。利用对织物的不同捆绑方式，就可以产生千变万化的图案。该工艺体验馆成为吸引游客进行深度体验的最成功项目之一（图 1-34）。

图 1-33　蓝染（扎染）工坊的教师（左）在带领学员体验扎染工艺

从服务设计角度上看，体验式旅游将传统观光的"观看"和"游览"改变为"动手"和"创意"，不仅丰富了旅游的内容，增加了体验的乐趣，而且能够带给游客更多的乐趣和回忆。例如，工艺体验馆可以让游客带走自己的劳动成果，如扎染设计的头巾、手绢、手袋，或者竹编的工艺品（图 1-35）。由于体验式旅游有着更多的服务触点和互动环节，因此，对相关的服务就

图 1-34　学员们在展示自己的劳动成果（个性图案的扎染头巾）

图 1-35　竹编教室中的学员和游客们一起学习竹编工艺

提出了更高的要求：无论是活动本身的设计，还是相关服务人员（导游、领队、销售以及指导技师等）的培训，都需要了解顾客心理学，并针对不同年龄、教育背景和地区的旅游团进行服务。目前，专职的"旅游体验师"已经成为旅游行业的岗位之一，他们将旅游中的交通、住宿、美食、风景和体验等环节给出综合评价，成为管理者改进服务的参考指标。

思考与实践

一、简答题

1. 什么是用户体验（UX）？什么是用户体验设计（UXD）？

2. 什么是用户体验设计模型，体验设计应该从哪些工作开始？

3. 用户体验的评价指标（蜂巢模型）有哪些？

4. 什么是 5G 时代的 3A 智慧服务，对未来设计师的能力有何挑战？

5. 用户体验设计的对象与价值包括哪些方面，未来发展趋势怎么样？

6. 为什么说"用户体验是一场旅程"？请举例说明。

7. 雅各布·尼尔森是如何思考与描述用户体验设计师的前景，其根据是什么？

8. 美国康纳派瑞历史博物馆是如何创新游客的旅游体验的？

9. 结合台湾对旅游文化的创意，说明如何将传统文化融入旅游体验？

二、实践题

1. 请调研母婴市场领域的智能产品，如婴儿 24 小时体温、心跳速率等监控产品（图 1-36），并从用户需求、用户体验和功能定位三个角度分析该类产品的优缺点和市场商机。

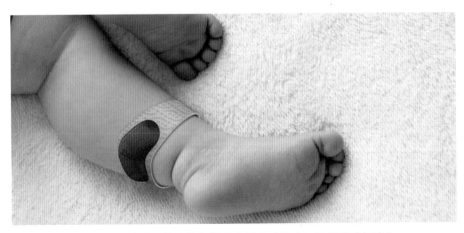

图 1-36　针对婴幼儿的智能可穿戴传感器（与手机终端相连）

2. 请调研 50~70 岁的中老年人群的社交习惯并尝试为他们设计一款专用的社交工具（客源考虑以下关键词：子女圈、同事圈、朋友圈、社工、集体舞、医疗保健、金融理财、家庭医生、紧急救助、健身和旅游）。请根据上述调研和产品定位的设想提出设计原型和方案。

第 2 课

用户体验设计要素

/////////

　　无论是过去还是现在，设计的出发点都是立足于对"人"的思考。"以人为本"是用户体验设计的第一要素。用户体验设计的框架包含"用户、语境、活动与技术"四个基本要素。设计师需要用同理心来模拟用户体验环境，理解用户的心智模型，思考用户是在什么环境下，采用什么方法或技术来实现他们的目标。本课将从用户体验设计的框架、认知模型、设计层级以及设计方法上，深入探索用户体验的可用性目标与情感化目标。随着人工智能时代的来临，深层的情感设计，如陪伴、关爱与文化体验设计已成为当下提升用户体验的重要课题之一。此外，用户体验与行为设计学理论也有着密切的联系。本课通过建立用户体验的"多层蛋糕模型"来梳理和总结用户体验设计的逻辑与方法，同时还归纳整理了用户体验设计的核心概念与关键词供读者参考。

2.1 用户体验设计框架

无论是过去还是现在，设计的出发点都是立足于对"人"的思考。我们常说的"以人为本"或者"以用户为中心的设计"都是体现了这个宗旨。"以人为本"是用户体验设计的第一要素，设计师围绕用户的需求，借助新的技术手段来实现产品与服务的创新是用户体验设计的出发点。虽然设计师本身也是产品的使用者或体验者，但无论是从经验、经历或是利益角度，设计师都无法完全掌握用户体验。因此，设计师需要用同理心来模拟用户体验环境，思考用户是在什么环境下，采用什么方法或技术来实现他们的目标。例如，学生使用手机或iPad 的环境就千差万别：教室、宿舍、食堂、操场、公交车、自行车甚至卫生间。教室里玩手机如何才能不耽误听讲？寝室用手机如何不影响他人？夜间玩手机如何才能保护视力？情景的多样性使得用户体验设计师面临着高度复杂的挑战。尽管人们有可能无意识地做出决策，但设计师仍要找到其中的因果关系。用户、产品、情景以及活动（叙事）是至关重要的用户体验设计要素。观察并体验产品的情景是设计师获得第一手资料的途径。例如，百度的用户体验部（UED）在针对手机用户应用环境的调研中，就采集了大量的现场资料，揭示了用户在不同环境下使用移动设备的体验（图 2-1）。

图 2-1　百度对不同情景下移动设备的使用方式进行研究

用户体验设计专家大卫·贝尼昂（David Benyon）在其 2020 年出版的《用户体验设计：HCI，UX 和交互设计指南》（第 4 版）中，提出了 UX 设计的 PACT 模型，即"用户、空间与情境、活动与任务、技术与媒介"（图 2-2）。对于设计师来说，用户特征包括身体机能差异，身体素质差异，心理差异，文化、经济条件与社会背景差异、知识与教育差异以及人格类型差异等，这就构成了"用户画像"或用户模型的基础。空间与语境是体验过程发生的场景，这对于理解用户体验非常重要。例如，医院的自助挂号机需要患者用医保卡和身份证挂号，并通过微信或支付宝缴费，而对于老年人、儿童和残障人士来说，往往需要在护工指导才能完成自助挂号。空间与语境还会涉及安全性和私密性等问题，特别是银行、学校、餐馆、工作场所或者如出租车等。活动与任务是用户体验的目标，包括操作流程、任务难度、时间与成本、可重复性和容错性等，设计师通过"用户体验地图"与"行为故事板"的方法就可以分析任务流程的环节并发现问题。在日常生活中，用户的活动如自助缴费、自助挂号、自助取款汇款或转账等，都会受到时间、精力、操作、费用和复杂程度等诸多因素的影响，这也成为改善用户体验的出发点。同样，产品或技术是人们完成任务的手段，如果技术发生了变化，那么活动方式与任务流程也会发生变化，例如，手机预约挂号免除了患者凌晨排队等号的烦恼，但也需要人们熟悉"在线挂号"的流程。用户体验框架体现了用户体验设计的综合性与复杂性。用户、语境、活动和技术 4 种元素的相互作用，构成了体验设计思维的出发点。设计师希望增强用户执行与完成任务的流畅体验，就需要研究活动的每个步骤或者人机交互的触点，由此发现障碍与问题，解决用户面临的问题与困惑。

图 2-2 用户体验设计的框架及其 4 个基本要素

用户体验设计工作多数是从用户行为研究和分析入手的。顾客行为特征主要是通过观察法、访谈法和多渠道综合分析法得到。研究和发现是实现概念设计和推进产品创新的第一步。主要的研究方法是观察（行为）、思考和感受（如图 2-3）。其中需要设计师注意的问题是：用户在特定的时间、地点，做了哪些动作来满足他的需求；其中哪些动作是触点（关键动作）；人们是如何描述和评价他们得到的服务；有哪些不足之处；他们更期望得到什么；在服务过程中，用户的情绪是怎样变化的；什么时候是情绪的高峰或低谷；需要考虑的环境包括时间、地点、设备、关系和触点 5 个因素。所有的工作都包括相互交叉的定量和定性分析。研究阶段的定性研究主要是观察、访谈和思考，定量研究主要是问卷调查。在发现阶段，定性研究包括行为分析和思考（列表），而定量研究则与思考和感受直接相关。这里的定量研究也包括网络大数据分析、数据挖掘和可视化呈现等方式得到的客户资料，网络问卷和在线调查也可以提供客户满意度的参考信息。

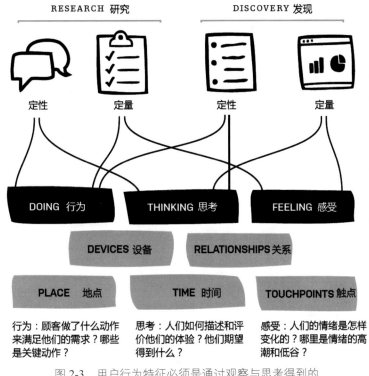

图 2-3　用户行为特征必须是通过观察与思考得到的

　　研究与发现需要研究者的耐心、同理心和敏锐的观察能力。例如，通过对一名商场中取钱用户行为的观察（图 2-4），就可以将该过程的任务分解为一系列前后衔接的用户轨迹图：插卡→输入密码→输入金额→确认→取钞口取钱→退卡→离开。研究的内容包括时间（高峰时段）、地点（商场）、联系（购物取钱）、动作（取钱）、感觉（挎包）、目光（屏幕）、设备（ATM机）、声音（噪声）和思考（评价）9 个维度分析该 ATM 机与人的关系。通过观察法，可以将用户的操作步骤等行为触点和周边环境等记录下来，并亲身体验该自助服务过程中的人机交互环节，从而对 ATM 机的安全性、易用性、舒适性等一系列指标提出改进建议或意见（图 2-5）。

图 2-4　对商场 ATM 机取钱用户的行为观察

用户行为（触点）	可能的服务解决方案
专注于取钱动作	私密性，周围防护栏，摄像头或透明隔板设计
单手操作不方便	可以提供放置台或挂钩，解放双手
取钱后忘记将卡取出	先退出卡，再打开取钱槽（辅助语音提示）
输入密码易于被偷窥	键盘区应和显示区分开，并加入防护网
环境声音嘈杂	密闭空间或隔音板设计
挎包容易被偷窃	前面提供放置台或挂钩，解放双手
环境光线太亮	改进 ATM 机窗口斜面和槽深的设计
输入卡号时间长	增加指纹扫描和"一键登录"的功能
老人、残疾人使用困难	可以增加扶手，护栏等设施
操作过程遇到难题	增加语音提示和导航功能

图 2-5　对 ATM 机的安全性、易用性和舒适性的分析与改进

2.2　心智模型与用户体验设计

自从有了交互设计以来，设计师就在考虑如何帮助用户更好地理解与操控外部的技术环境。无论是用户界面设计、界面导航设计、汽车仪表盘设计或是 ATM 机的存款／取款流程，都是一整套行之有效的业务流程，可以帮助用户完成特定的任务。那么，对于用户来说，什么样的业务流程才是一个好的设计？实际上，这和一种极为重要的思维方法有关，它决定了我们观察事物的视角，指导了我们思考和行为的方式，这种思维方法就是"心智模型"。美

国心理学家苏珊·凯里指出:"心智模型或心理模型(mental model)是指一个人对某事物运作方式的思维过程。心智模型的基础是不完整的现实、过去的经验甚至直觉感知,它有助于形成人的动作和行为,影响人在复杂情况下的关注点并确定人们如何着手解决问题。"唐纳德·诺曼将心智模型定义为:"存在于用户头脑中的关于一个产品应该具有的概念和行为的知识。这种知识可能来源于用户以前使用类似产品的经验,或者是用户根据使用该产品要达到的目标而对产品的概念和行为的一种期望。"因此,该模型就是用户在自己有限的知识和信息处理能力上,主观地认为产品应该如何使用的模式。例如,一个人从未驾驶过飞机,那么他对如何"开飞机"的理解就是源于他驾驶汽车的经验。心智模型是产品设计中逃不开的话题,做用户调研就是设计师在与用户的交流中,逐步理解用户的心智模型并赋能产品设计的过程,其中第一手资料的获取包括在线调研、多人在线调研、深入面谈以及情景调研等一系列方法(图 2-6)。

图 2-6　用户调研就是设计师理解用户心智模型的过程

　　心智模型的形成主要来自以下三方面。第一部分的认知是通过教育和学习获取对于世界的基本认知。第二部分是根据已拥有的心智模型,通过类比的方式,建构新的模型,也就是我们常说的"举一反三"。日常生活中我们经常用到类比思维,拿一件事来理解另一件事,用熟悉的事物解释不熟悉的事物。第三部分就是通过对外部世界的日常观察,形成自己对于外部事物的解释。我们通过观察接收到的外部信息刺激,整理后形成自己的理解和认知,然后通过推理和行动进行验证,如果验证得出是好的反馈,就保留下来形成新的心智模型,反之就放弃。而且心智模型也会不断地接收新的信息刺激,强化或更新原有的心智模型。

　　哈佛商学院心理学家克里斯·阿吉里斯提出"阶梯理论"来描述心智模型形成过程(图 2-7,左)。他认为该阶梯有 7 个阶段:观察信息、选择信息、赋予意义、归纳假设、得出结论、采纳信念、采取行动。我们以在线点餐为例,第一步就是观察与选择信息:我们首先通过美团 App 的"外卖"栏目货比三家,从价格、远近、品牌等挑选商家。然后通过大脑对商家的口碑、口味和时间等要素进行选择判断和预设,如"喜家德"是知名水饺品牌,服务质量与时间能够保证，价格适中可以接受等。由此得出结论：今天午餐就选"喜家德"虾仁水饺。推论完成后我们点击（按钮）发送订单。以上的购物行为实际上是快速完成的，往往一气呵成。接着用户通过行动进行验证，如果就餐满意就反馈形成新的心智模型，最终就导致顾客对"喜家德"水饺品牌的忠诚度。心智模型是"以用户为中心的设计"（UCD）思想的核心（图2-7，右上）与理论基础。唐纳德·诺曼和艾伦·库珀等还据此提出了基于产品设计的心智模型理论（图2-7，右下）。

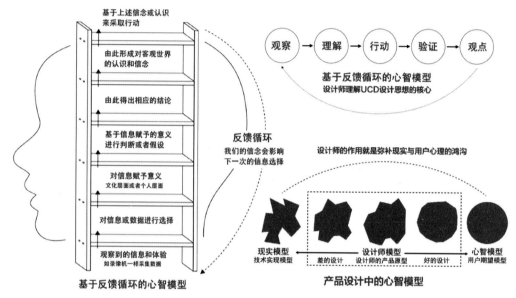

图 2-7　心智模型形成过程（左）及产品设计的流程（右上）和心智模型（右下）

唐纳德·诺曼指出：用户心智模型通常关注用途、信心、情绪等行为指标；而现实模型则更多地关注数据结构、算法、库等技术的问题。而设计师模型则结合了上面两种模型，通过界面、导航、交互方式以及可视化的表现来弥补用户与现实技术模型的鸿沟。例如，观众在观看一部引人入胜的电影时，很容易沉浸于情感体验（心智模型）而忘记电影放映机的工作原理（技术模型）。但用户在手机观看视频时，却需要自己来选择和操控节目、时间、节奏、画幅或声音等，如果没有好的用户界面的导航与反馈（设计师模型）几乎是无法完成的。交互设计之父艾伦·库珀在他的《软件观念革命——交互设计精髓》一书中将用户划分为新手用户、中间用户和专家用户，新手用户往往对尝试新事物带有恐惧感，这就需要设计师通过研究这类用户的心智模型，由简入繁、引导用户逐步熟悉和掌握新事物。

例如，数字产品如手机实际上是个"黑箱"，普通用户根本不可能也没有必要来掌握黑箱内部或产品后台涉及的算法、程序、数据库等技术原理。用户更愿意通过更自然的方式来实现人机交互。用户体验设计的目的就是为了弥合用户心智模型和技术模型的鸿沟，帮助用户理解和使用产品。这种匹配的程度越高，用户体验就越好，产品就越容易被用户接受，从而转化为商业价值。唐纳德·诺曼曾经指出：用户的心智模型如沉入海洋下的冰山，通常是较难于被直接观察到的，而且也往往最容易被忽略。心智模型是和每个人的经验、经历和认知水平相关的，而人们通常也很难描述自己的心理模型。特别是由于用户构成的复杂性（如老年人、儿童、孕妇或特殊职业人群），这也造成了针对特定人群的产品设计的盲目性与复杂性。例如，老年手机设计就因为群体的特殊性需要考虑多种因素及环境影响（图2-8）。除了家庭和经济因素外，老年人随年龄而衰减的智力与体力因素也必须考虑。因此，老年手机的设计应该在功能性、易操作性、美观性、整体性与安全性（如防遗忘警铃）上进行更深入的研究，让设计师模型更接近老年用户心智模型，由此来降低用户使用该产品的学习成本，增强市场竞争力并被老年用户所青睐。

图 2-8　老年手机设计需要考虑多种因素及环境影响

2.3　用户体验的6个层次

本书第 1.5 节中介绍了史蒂夫·乔布斯有关产品和用户体验的著名言论。乔布斯对其公司产品品质和服务近乎痴迷的追求造就了苹果公司"与众不同"的哲学，也使得"用户至上"的思想深入人心。从设计方法论来说，用户体验设计源于人本主义思想。人本主义重视人的价值，将人看作是万物之灵。反映在设计上，就是以人的需求作为设计的尺度。早在 20 世纪 50 年代，美国心理学家马斯洛就对人类需求进行过深入的研究。他认为人类需求的层次有高低的不同，低层次的需要是生理需要，向上依次是安全、爱与归属、尊重和自我实现的需要。同样道理，大多数技术产品和服务的体验也都要经历 5 个等级，从最底部到最顶部，从"嘿，这玩意儿还真管用"到"它让我的生活充满意义"。这个金字塔模型自下而上，是一个层层递进的用户体验的层次（图 2-9）。同样，从底层设计、中层设计到顶层设计，优秀的产品或服务，无论是苹果公司的 iPhone、星巴克与耐克的体验营销，还是"海底捞"火锅店的员工服务，都体现了用户体验设计的本质：以人为本，关注细节，将顾客的情感体验与期待发挥到极致。这个模型的挑战在于，如果你真的想创造一个革命性的产品，你就得自上向下地思考问题，从情感化设计开始并发掘出许多新的点子，以更好的方式来改变一些停滞不前的产品或服务。该模型还有一个启示：在一个成熟的市场中，如果你已拥有稳定可用的产品或服务，将其发展到下一个级别意味着你需要专注于更感性的东西，如情感、故事、价值、理想和美学体验。

用户体验是主观的、丰富的、多层次的和多领域的。根据马斯洛的人类需求金字塔模型，我们也可以归纳出用户体验的"多层蛋糕模型"（图 2-10）。该模型从社会层面、心理层面与生理层面对用户体验进行了归类。这 6 个层次从上到下依次为文化体验、价值体验、信任体验、

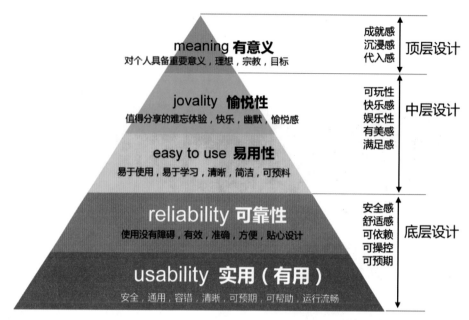

图 2-9 人类需求金字塔模型与体验设计三个层次

情感体验、交互体验和感官体验。和马斯洛模型类似的是，人的基本感官体验是以生理的和本能的体验为基础；而用户文化体验为最高层级，这个蛋糕层层叠加，从生理、心理、社会与文化多角度增强了用户体验感。感官体验强调产品或服务的舒适性，如 App 的流畅感、便捷度、美观性、安全性等，这是最基本的视听体验，直观与感性是突出特征。交互体验强调易用性和可用性，主要涉及用户对产品流畅性、易用性和功能性的体验。第三层就是情感体验，强调产品、系统或服务的友好度和亲切感，如人性化界面、风趣幽默、故事感、代入感、可玩性等，这部分体验与基础部分的生理层面体验密切相关。

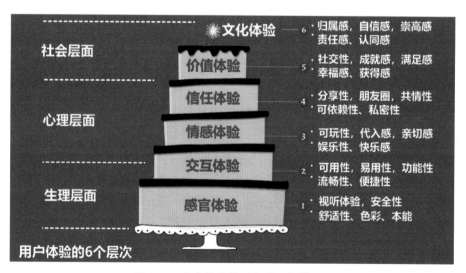

图 2-10 用户体验的"多层蛋糕模型"

"多层蛋糕模型"的第 4 层是信任体验。这是一种涉及从生理、心理到社会的综合体验，强调其可信任性，如可依赖性、私密性、彼此共情性等。信任不仅是人际交往的基石，而且也是消费者对企业或产品的品牌建立持久联系的核心。价值体验是用户通过经济活动、社交活动获得的体验，也是用户体验从个人心理过渡到社会层面的阶梯。用户在社会生活或者经济交往中得到的成就感、满足感，在社交中得到的幸福感、获得感都属于这个层次。这个层面也就是马斯洛的"尊重和自我实现的需要"的层级。"多层蛋糕体验模型"的顶峰是文化体验。文化属性是人类理性、智慧、理想、信念的高级体验的表现形式。无论是产品设计还是服务设计，能够激发出人类最大爆发力的精神力量无疑是国家、民族与文化的认同与归属感与自信心。超强的产品流畅性固然是用户所需要的，但依然可能缺少那令人振奋的成就感与崇高感。因此，文化传承与民族精神是设计师提升作品或创意认同感的法宝之一。

2.4 用户体验与可用性目标

在科技和生产力高速发展的今天，物质需求不再是主导需求，取而代之的是精神和情感需求。用户体验是一种在用户使用一个产品（服务）的过程中建立起来的纯主观的心理感受。虽然用户体验通常被看成服务的一部分，但实际上体验是一种经济物品，像服务、货物一样是实实在在的产品，不是虚无缥缈的感觉。虽然商品是有形的，服务是无形的，但带给顾客的体验却是令人难忘的。早在 2001 年，设计研究专家詹妮弗·皮尔斯等就对用户体验的标准化和定性研究上做了深入的研究。他们指出：用户体验的情感化指标是建筑在可用性目标之上的。可用性目标是指符合使用产品或服务规范的基本体验，如有效率、有效性、安全性、通用性、易学习、易记忆、容错性、舒适性等。而深层次的用户体验目标关注的是品质，也就是基于用户情感体验的指标，如满意度、有美感、可玩性、娱乐性、有帮助、启发性、愉悦感、成就感等（图 2-11）。这二者也是相辅相成、互相影响的。安全、可靠、方便、高效的体验对用户的满意度和愉悦感有着重要的影响。反之，人们为了某些长远的目标，会牺牲短期的舒适性。例如，外语的学习就远远谈不上易学易记，但日常的点滴积累最终可以使你真正掌握一门外语。

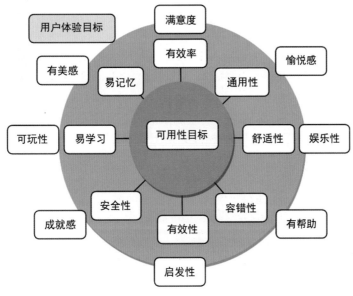

图 2-11　用户体验的可用性指标和情感性指标

对于不同的公司来说，用户体验的目标是不同的，像社交类、阅读类、娱乐类 App 更加关注社交与情感，而服务类和电商类 App 则关注人们的衣食住行各个方面，但对用户的理解（定性、定量）和同理心（感同身受和替换思维）是企业生存和发展的关键。正如腾讯 CEO 马化腾说过的：腾讯对待消费者不是以客户的形式来对待，而是以用户的形式来对待。用户与客户之间，虽然一字之差，但却有着天壤之别。用户思维是一种打动思维，以打动用户的心来形成消费者的黏性。

腾讯副总裁张小龙认为：用户体验和人的自然本性有关。例如，微信"摇一摇"寻找附近陌生人交友就是一个人性化的设计。因为"抓握"和"摇晃"是人类在远古时代就必须具备的生存本能。最原始的体验往往是最好的。詹姆斯·加瑞特认为用户体验就是"产品在现实世界的表现和使用方式"，包括用户对品牌特征、可用性、功能性和内容的多方面的感知。可用性和情感化设计相结合会产生了丰富的体验。例如，美食给人们带来的体验不仅仅是色香味那么简单，配套餐具、环境感受，都让人们在体验味蕾快感的同时，还能体味到一方水土和文化内涵，这些正是归属感、幸福感所带来的享受（图 2-12）。

图 2-12　精心设计的美食造型和餐具

2.5 陪伴、关爱与情感体验

随着人工智能时代的来临，人机关系开始逐渐从"可用性"和"易用性"转向更深层的情感体验领域。早在 1999 年，索尼公司就推出了宠物机器狗"爱宝"（Aibo）并成为前数字时代情感体验设计的最重要的产品。2017 年，新型的"爱宝"搭载了人工智能，能够自己靠近主人并发出有个性的叫声，还会像真的狗一样做出各种有趣的动作，如摆尾、打滚等，甚至能分辨对它的称呼和责备的声音。在"爱宝"的芯片里面还设定了它成长的过程。通过机器学习，它会记得你的声音、动作和表情。它不仅可以在家里四处走动，挠痒解闷、摇尾乞怜或打滚撒娇等，甚至还能识别出家庭成员，这使得它看起来更像是一个真正的小狗。索尼公司和日本一家安全公司合作通过"爱宝"的电子眼睛来监控老年人，查看独自在家的老人是否安全。

在日本，人们认为"爱宝"不是机器人而是家庭成员，还有寺庙要为已经损坏不能再用的旧款"爱宝"做葬礼和灵魂超度。在东京不仅有"爱宝"机器狗网络社区，而且主人们也会带着各自的小狗参加聚会并分享"养狗"的经验。例如，一位买了"爱宝"的牙医老板用"小爱"来称呼自己的机器狗，而这个名字原本属于和她生活 12 年，因病去世的爱犬。现在，这位 56 岁的老太太和丈夫每天都能给机器狗"小爱"梳妆打扮，和它一起吃饭、说笑、逛街、玩耍和看电视（图 2-13）。她说："我再也承受不了失去另一只狗的伤心了，好在小爱永远也不会死。"现在，所有的机器狗都连接了云端数据库，这意味着即使肢体损坏，但"灵魂"即个性化的"记忆"却能永生。人工智能和算法反映出了我们对死亡、亲情、陪伴与关爱的恐惧和希望。

图 2-13 宠物机器狗"爱宝"满足了日本老人们的情感体验

任何养过宠物的人都知道，在动物的陪伴下我们会感到舒适和喜悦。这些感觉不仅在我们的脑海中，科学家已经证实了宠物如何在人体中产生实际的生理变化，包括降低血压和心率、皮质醇（压力激素）和肌肉僵硬度以及释放催产素（拥抱激素）等。宠物以某种方式缓冲了压力和焦虑的生理影响，并提供了巨大的治疗潜力。但活体动物可能会咬伤人类或传染疾病，动物管理的成本也较大。使用更容易管理的机器人代替动物的方法受到了关注。1998年，日本电子工程师柴田孝则博士设计了一款名为"帕罗"（Paro）的婴儿海豹型宠物机器人。自2003年以来，这款毛茸茸的社交机器人便成为日本疗养院中的治愈宠物，并在近400家疗养院中使用。目前，"帕罗"已经进化为第10代并被广泛用于全球30多个国家的医疗与养老机构（如图2-14所示）。"帕罗"不仅可以响应人类的声音和触摸，还可以检测人类声音的方向并理解简单的单词和短语（婴儿使用的词汇水平）。它还可以识别其主人的姿势并同时发出海豹的叫声。在人们拥抱或抚摸时，"帕罗"会眨眼、摇头摆尾，或做出各种撒娇卖萌的动作。在美国，"帕罗"作为情感社交辅助机器人被列为Ⅱ类医疗设备，就像电动轮椅一样，可以帮助减轻病患的痛苦、孤独并增加幸福感。

图2-14　"帕罗"婴儿海豹机器人是疗养院老人的伴侣

陪伴、关爱与情感研究是提升用户体验最重要的课题之一。老龄化与低出生率已经成为目前世界发达国家面临的困境，而智能陪伴、智能护理与情感社交型机器人有着巨大的市场。表情是人类情感表达最明显的外在特征，因此，表情识别可以让计算机能够"察言观色"看人的脸色来行事。人类面部表情是由脸部肌肉收缩运动引起的，它使眼睛、嘴巴、眉毛等脸部特征发生形变，有时候还会产生皱纹，这种引起人脸暂时形变的特征叫作暂态特征，而常态下的嘴巴、眼睛、鼻子等几何结构、纹理为永久特征。表情识别的过程就是将这些暂态特征从永久特征中提取出来，然后进行分析归类的过程（图2-15）。表情识别可分为四部分：表情图像的获取、表情图像预处理、表情特征提取和表情分类识别。虽然计算机的表情识别能力还处于起步阶段，但算法工程师的努力已取得了一定的进展。例如，2019年，一款名为FaceApp的AI换脸App火遍整个社交媒体。用户仅需要上传一张照片，即可实现返老还童、变换表情等特效（图2-16）。该App的基本原理是生成式对抗网络（GAN），即通过算法提取人物脸部的特征，并根据数据算法对照片中非重要特征点进行调整，由此可以实现人脸的移花接木或者百变表情，适用于修改图片和影像。这项技术代表了机器学习与情感计算领域的突破，为智能产品的人性化设计开拓了新的空间。

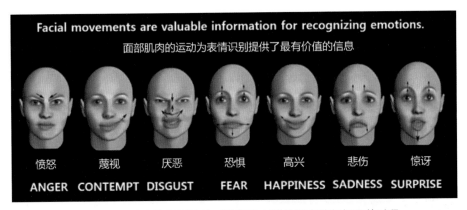

图 2-15　人脸表情识别就是对脸部肌肉群的暂态特征提取的过程

图 2-16　手机智能软件 FaceApp 的返老还童和变换表情等特效

2.6　价值与文化体验设计

价值与文化体验是马斯洛心理学的顶层，也是人类超越动物从而达到自我实现目标的核心。文化属性是人类理性、智慧、理想、信念的高级体验的表现形式。无论是产品设计还是服务设计，能够激发出用户最大爆发力的精神力量无疑是国家、民族与文化的认同、归属感与自信心。2016 年，南丹麦大学设计与创新专业博士、体验设计专家加斯帕·L·詹森提出了体验三层次理论，为深层体验设计勾勒出了一个知识框架。詹森认为设计师应该寻找体验的深层意义，更全面地理解和看待生活体验，并把注意力从新技术开发转移到有意识的设计所产生的体验，从技术驱动创新转移到人性驱动的创新。詹森指出：体验可以分为工具维度、使用维度和意义维度，分别代表了物质、行为（交互）与沉浸（忘我）。在深层体验中，用户是通过对文化氛围的感知与参与来实现的。在此生态下，用户会全然忘记产品而沉浸在体验活动之中，由此会产生文化认同并实现深层价值体验。例如，汉唐长安因丝绸之路而伟大，而国家"一带一路"的发展战略开启了西安这座千年古都新的机遇，文化体验与旅游经济无疑是西安最有特色的部分（图 2-17）。

图 2-17　西安借助传统文化实现游客的文化体验并创新旅游服务

西安是十三朝古都，历史悠久，文化氛围浓郁。深厚的历史文化积淀和浩瀚的文物古迹使西安享有"天然历史博物馆"的美称。自 2016 年在"抖音"走红以后，短视频已经深刻地改变了这座城市。全景式的古建筑群，街上到处都有穿着汉服的游人（图 2-18）。一个博

图 2-18　西安的文化体验旅游已经成为今日的打卡胜地

主写道:"当所有的城墙、古楼的灯都亮起来,现代化的摩天大楼都暗下去的时候,你就会有一种梦回长安的感觉。"被网络流量重新塑造之后,西安的文化体验与旅游元素也正在变得更加丰富,兵马俑早已不足以代表西安,"不倒翁小姐姐"成为百万网红(图 2-19),西安美食、游乐探店,一个古都在流量时代重塑自我,以文化体验焕发出新的活力与激情。

据抖音提供的数据报告,西安大唐不夜城是 2021 年春节期间游客打卡首选景区。当你步行在灯火明亮的街道,身着铠甲或汉服的人们在你周围穿梭,你会不会有种恍惚间穿越历史的感觉?长安承载了人们对于西安的历史性想象,其背后隐喻的盛唐气象,在提倡"文化自信"的今日有了新的现代性意义。文化体验的核心是文化叙事或语境重塑,西安将古代文化遗产"活化",围绕着"大唐"和"长安"等元素不断进化,将文化资源重新整合与再造,正是语境重塑的成功案例。

图 2-19 大唐不夜城的"不倒翁小姐姐"

从体验设计角度上看,文化体验可以分为意义传承、文化符号(活动)与文化产品三个部分,分别代表不同的体验模式(图 2-20)。意义传承,如家国情怀、民族文化、科学素养、人文关怀等价值观的塑造是文化体验的核心,修身、齐家、治国平天下等都在此列。意义传承必须要通过各种文化符号(活动)或文化产品(媒介)来体现,使得消费者逐步实现从表层到深层的文化感悟。古代诗词、农耕文化(二十四节气等)、桑蚕、古代天文、汉族礼仪服饰、功夫、茶道、养生、琴棋书画等都是具有代表性的文化符号。西安正是通过对传统文化符号的提取与重塑来实现游客的文化体验。同样,无论是长沙、重庆、成都或者上海、杭州,也都不遗余力地挖掘自身城市与地域的文化特征,将文化体验视为城市发展的重中之重。在该模型中,文化产品(媒介)是其中最积极的元素。在数字传播与网络流量时代,虚拟与现实往往交织在一起,人们更在意"打卡"与朋友圈分享。因此,作为西安曾经的城市名片,兵马俑正在被新网红景点代替,而这背后也是短视频媒介对现实的重塑。数字媒体以及智能产品,无论是动漫、影视、综艺、游戏或者互动艺术展览,都会结合文化符号带给人们沉浸体验与意义体验,从而推动文化体验的深入和持久。

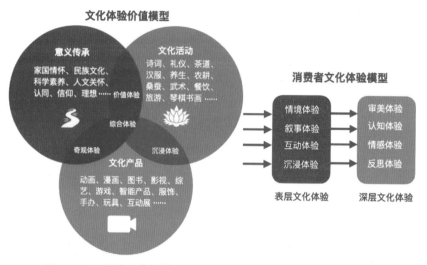

图 2-20　文化体验价值模型（左）以及消费者文化体验模型（右）

例如，在文化旅游时代背景下，博物馆里的藏品不仅是文化符号与信息的载体，也是二次创意的源泉。陕西历史博物馆根据馆藏文物"唐粉彩女立俑"创意设计的"唐妞"卡通形象不仅成为博物馆的形象代言人，甚至成为西安的文化名片。该卡通造型结合了国画技法，高髻峨眉，面如满月，体态丰满，仪态温婉，身穿宽袖长裙，真实反映出唐代女性的形象与审美（图 2-21）。该形象不仅能体现中国特色、西安特色，又符合富于生机的时代需求与年轻群体的时尚追求。2014 年至今，陕西历史博物馆陆续投入 300 多万元打造"唐妞 IP"并开发出 30 余种主题纪念品与周边产品，涉及图书、动漫、装置、真人秀、服饰、彩绘及衍生产品等（图 2-22）。"唐妞"卡通品牌的打造是西安借助文化产品提升用户体验的范例。

图 2-21　陕西省历史博物馆的"唐妞 IP"已经成为城市新名片

图 2-22　唐妞 IP 衍生出了 30 余种主题纪念品与周边产品

2.7　用户体验与行为设计学

　　用户体验设计与行为科学和心理学有着密切的联系。对于设计师来说，不论产品策划、设计还是运营，对如何引导、教育、激励用户或者如何吸引、留住用户这些问题几乎天天都能遇到。生活中多数时间人们并不会特别意识到自己在干什么，人们总是根据先前做法或者经验快速做出判断和决定，但当人们的行为被强制改变时就会产生排斥心理，所以要想让用户接受新产品，就要理解用户行为并增加让用户更为容易接受的方法。斯坦福大学科学家、行为设计实验室主任福格是行为设计学（Behaviour Design）的创始人。他在 2009 年建立了"用户行为模型"以及针对个体行为进行解释、预测、干预和引导的行为学理论（图 2-23）。他的激励与说服心理学（第 11.6 节）也成为各大创新企业研究与引导用户的法宝。

图 2-23　福格的行为公式（右上）是设计师理解用户行为的钥匙

福格行为模型表明，要使一种行为发生必须同时融合三个要素：动机（M）、能力（A）

和触发 T 事件。该模型表达了动机、能力和触发因素之间的关系（B=MAT）。福格模型指出：用户行为发生首先要有意愿，例如健身与锻炼就与男生或女生的内在期望有关（如减肥、秀身材或者吸引异性）；第二是这个人要有相应的能力，也就是说这件事付出的成本越少越好，执行起来越简单越好，例如健身的方式多种多样，但能够长期坚持必须有相应的身体与物质条件；第三是需要一个适当的提醒，例如朋友陪伴、奖励机制或者广告推送等。福格行为模型解释了人类行为的内在基础，为设计师理解用户提供了一把钥匙。除了福格行为模型外，还有几个常用的行为设计学理论与用户体验的关系非常接近，简介如下。

1. 助推理论（Nudge Theory）

如果有人告诉你，减肥不用痛苦地管住嘴迈开腿，只要换几个碗就能够大大提高你减肥成功的概率，你的第一反应会是什么？是不是觉得很没有道理？但其实这个技巧是经过科学验证的。行为经济学家理查德·塞勒教授提出的助推理论认为：我们人的 90% 决定，都是在无意识当中做出来的，是过去积累下来的习惯性反应。如果要靠意志去改变会有很大的阻力，但是如果能够用一种巧妙的方式，绕过意志而直接改变潜意识，这个过程就会轻松很多。在不干扰意志的情况下让环境形成推力，并推动用户做出最佳的选择，这就是助推理论的精髓。研究表明，把吃饭的大碗换成小碗能让你每餐饮食少吃接近1/3，而且你并不会觉得饿。助推理论已经成为很多公司改变用户行为的指导方针。

例如，抖音有一个称为自动播放的默认模式。即使用户什么都不做，抖音也会不断加载新内容，用户的无所事事反而会导致更多的视频播放。这种 UX 模式与无限滚动的操作相结合就成为用户最小阻力的潜意识助推模式。这种潜移默化的行为最终形成了用户对产品的"黏性"，使得看抖音就成为用户的日常刷机习惯（图 2-24）。因此，在产品设计中，设计师偏向于选择用户熟悉的界面模式，保证在操作层面用户不需要调用思考模式（慢思维），仅凭直觉习惯（快思维）即可操作。例如，微信的摇一摇利用的是本能的肢体语言；而苹果手机的滑动解锁或刷脸解锁也比输入密码更简捷。除了默认模式外，助推理论还利用了人类的好奇心、竞争意识、从众效应、秩序感以及视觉认知习惯（参考第 11.2 节）等方式来引导用户行为。

图 2-24　抖音通过引导用户潜意识行为来改变用户习惯

2. 上瘾模型（Hook Model）

将产品和服务融入日常生活是当下许多企业的主要目标。那么，什么东西能够影响用户的习惯或者控制用户的思维？什么因素可以让用户养成习惯并产生依赖性？消费者心理学专家尼尔·埃亚尔提出的"上瘾模型"就是针对这个问题进行的思考。尼尔·埃亚尔是一位作家、教师、心理咨询专家和两家初创公司的创始人。他长期以来一直为初创公司设计产品方案并出版有专著《上瘾：让用户养成使用习惯的四大产品逻辑》。上瘾模型分为 4 个重点，分别是触发、行动、奖励与投资，并由此构成用户习惯养成的循环（图 2-25，左）。其中，触发主要是通过分析用户心理，并借助一些媒介（如广告）来触发或诱导用户行为。行动就是在用户处于某种动机下的行为，方便易用是其中的关键。奖励主要是对用户行为的反馈与激励。投资则是通过用户的实际投入（时间、精力与金钱等），让用户产生偏好与行为黏性，由此形成用户习惯。该模型与福格的用户行为模型与塞勒的助推理论有着密切的联系，也成为目前产品设计、广告营销等领域的基础理论之一。

3. 行为漏斗模型（CREATE Action Funnel model）

用户消费行为的决策与实施过程是如何实现的？斯蒂芬·温德尔博士是一位行为社会科学家，他在《随心所欲——为改变用户行为而设计》中提出了"行为漏斗模型"并回答了这个问题。该模型又称 CREATE 模型，即由"线索""反应""评估""能力""时间""执行动作"这 6 个步骤构成了用户需求与消费的行为模式（图 2-25，右）。该模型形似漏斗，隐喻从决策到执行的过程中，由于各种内外因素导致的用户流失的情况，也间接回答了产品的"忠实粉丝"是如何形成的这个关键问题。因此，该模型也成为企业研究与引导用户消费行为的依据（如 AIDA 营销模型）。类似于福格行为模型，温德尔也指出了多种因素，如能力、成本（时间、精力、花费等）和收益等会导致用户的流失或者坚持，但该模型比福格行为模型更为细致和深入，对于企业的产品设计与广告营销更具有实践指导的意义。反之，对于消费者来说，该模型也可以让自己知己知彼，避免在不知不觉中陷入商家的圈套，从而造成财产或者精神方面的损失。

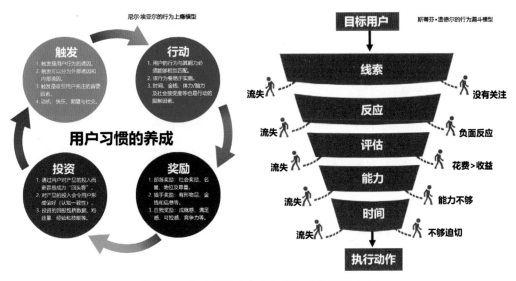

图 2-25　上瘾模型（左）与行为漏斗模型（右）

2.8 用户体验设计关键词

交互设计奠基人、著名工业设计师比尔·莫格里奇曾经说过："工程师从技术角度出发为技术寻找用途；生意人从交易角度出发寻找技术和人；而设计者则从人的角度出发，为用户设计解决方案。"设计的核心是语言，用户体验设计也不例外。莫格里奇所倡导的"以人为本"的设计思想是用户体验设计的基础。因此，我们需要引入全新的概念、术语和关键词来描述体验设计，例如，什么是用户？人们是如何参与到设计过程中的？描述这些过程的语言是什么？这些术语都有其历史和意义，它们共同勾画出了用户体验词汇体系的轮廓。设计师用这些词汇来阐明他们实践的意图以及结果。对这些词汇的理解会成为用户和设计师进行沟通与交流的基础。这些关键词对于掌握用户体验设计基本观点与方法无疑是非常重要的。下面就分别介绍这 12 个关键词的含义。

1. 参与式设计

很多现代设计师都在积极争取把用户、利益相关方和咨询专家等纳入到产品设计过程中（图 2-26）。这些参与活动的区别在于参与者的参与程度、参与性质以及最终到手的作品的所属权。参与式设计 (participative design) 有 3 个特点：第一，设计目的是通过引入用户、利益相关方和第三方专家，产生一个能够提高工作透明度的信息交流系统；第二，协作性，即用户被包含在设计团队中，能够对每个阶段的设计做出贡献；第三，这个方法是迭代的，即每个阶段的产品设计都要经过评价和修正，用户和利益相关方的参与有益于设计师集思广益。

图 2-26 参与式设计已经成为当代产品设计中的普遍模式

2. 田野调查

田野调查（field work）也称"田野研究"或"直接观察法"，即研究者亲自进入某一社区，通过直接观察、访谈、居住体验等参与方式获取第一手研究资料的过程。该方法于

1901 年由美国人类学家霍姆斯提出，在 20 世纪早期西方探险家或殖民者对非洲、亚洲和太平洋岛屿国家的土著居民的研究中被广泛采用，是文化人类学、考古学的基本方法论，也是最早的人类学方法论。用户研究中采用自然观察和实地测试可以有效避免设计师的主观偏见。设计师通过在现场环境中对使用者进行观察和采样，可以获取使用者的真实需求。

3. 功能可见性

环境心理学家詹姆斯·吉布森创造了这个词，用于形容环境中展示的某些特为人们提供了行动的可能性。当人们把感觉数据转化成潜在行动的时候，功能可见性（affordance）就出现了。根据心理学教授哈里·赫夫特的说法，有一些功能可见性（如电话和键盘）的使用是后天习得的而非天生的，但传统旋钮式收音机的界面简洁而清晰，这使得用户可以很快就熟悉其功能，如调节开关、音量、音质或接收频道（中波、短波和调频）等（图 2-27）。理解功能可见性是界面设计、交互设计以及体验设计方法的关键之一。麻省理工学院（MIT）媒体实验室的石井裕博士以及日本著名产品大师深泽直人教授都无一不强调"功能可见性"在产品或交互设计中的重要影响。

图 2-27　传统收音机简单而直观的控制旋钮

4. 交互设计

交互设计（IxD）是以用户体验为基础，涵盖信息架构、视觉传达、工业设计、认知心理学、人机工程学和界面设计等多学科的综合实践领域。交互设计专家琼·库珂指出："所谓交互设计，就是指在人与产品、服务或系统之间创建一系列的对话。""交互设计是一种行为的设计，是人与人工智能之间的沟通桥梁。"因此，交互设计就是通过产品的人性化，增强、改善和丰富人们的体验。交互设计不仅与网站和 App 有关，而且也包括互动装置、交互沉浸空间、VR、可穿戴设备等实体交互环境的设计。交互设计与人机交互、计算机科学、软件工程、认知心理学、社会学和人类学等诸多学科均有密切的联系。史蒂夫·乔布斯等通过智能手机改变了人们的生活方式，也使得交互设计与用户体验设计成为互联网企业与科技创新企业中的重要岗位之一。

5. 情感化设计

情感化设计 (emotional design) 的概念是由唐纳德·诺曼在其 2004 年的同名著作中提出的。诺曼认为情感是与价值判断相关的，而认知则与理解相关，二者紧密相连不可分割。他还将情感化设计与人本主义心理学家马斯洛的人类需求层次理论联系起来。正如人的生理、安全、爱与归属、自尊交流和自我实现这五个层次的需求，产品特质也可以被划分为功能性、可依赖性、可用性和愉悦性这四个从低到高的层面，而情感化设计则处于其中最上层。诺曼所著的《情感化设计》一书着眼于产品从可用性到美学的过渡，并强调一个完好开发的、有凝聚力的产品不仅仅应该看上去美观而且应该使用起来舒心，并且人们应该以拥有它为自豪，也就是快乐的拥有和快乐的使用体验。

6. 十大可用性原则（10 Usability Principles）

雅各布·尼尔森是毕业于丹麦技术大学的人机交互博士，也是一家国际用户体验研究、培训和咨询机构——尼尔森诺曼集团的联合创始人及负责人。他拥有 79 项专利，主要涉及互联网可用性、易用性的方法。尼尔森在 2000 年 6 月入选了斯堪的纳维亚互动媒体名人堂，并在 2006 年 4 月被邀请加入美国计算机学会人机交互委员会并被授予人机交互实践终身成就奖。他还被《纽约时报》称为"Web 易用性大师"以及被《互联网周刊》称为"易用之王"。通过分析两百多个可用性问题，他于 1995 年 1 月 1 日发表了"十大可用性原则"（图 2-28），即尼尔森诺曼集团的"启发式可用性评估 10 原则"（heuristic evaluation）。它是产品设计与用户体验设计的重要参考标准。

图 2-28　雅各布·尼尔森提出的十大可用性原则

雅各布·尼尔森的 10 条可用性原则如下。

（1）状态可见原则：用户在网页上的任何操作，不论是单击、滚动还是按下键盘，页面应即时给出反馈。页面响应时间小于用户能忍受的等待时间。

（2）环境贴切原则：网页的一切表现和表述，应该尽可能贴近用户所在的环境（年龄、学历、文化、时代背景），还应该使用易懂和约定俗成的表达。隐喻与拟物化 UI 设计就是该原则的体现。

（3）撤销重做原则：为了避免用户的误用和误击，网页应提供撤销和重做功能。

（4）一致性原则：同样的情景和环境下，用户进行相同的操作结果应该一致；不仅功能或操作保持一致，系统或平台的风格、体验也应该保持一致。

（5）防止出错原则：通过网页的设计、重组或特别安排，防止用户出错。

（6）减轻记忆原则：好记性不如烂笔头。应尽可能减少用户记忆负担，如手机的指纹与图案解锁。

（7）灵活易用原则：中级用户的数量远高于初级和高级用户数。设计师应为大多数用户设计。

（8）简约设计原则：又称"易扫原则"。用户浏览网页的动作不是读，而是目光扫描。因此，设计师需要突出重点，弱化和剔除无关信息。

（9）容错原则：帮助用户从错误中恢复，将损失降到最低。如果无法自动挽回，则提供详尽的说明和指导，而非代码，比如 404。

（10）帮助原则：又称"人性化帮助文档"。该文档最好的呈现方式是：①无须提示；②一次性提示；③常驻提示；④帮助文档。

7. 设计思维

设计思维（design thinking）是由 IDEO 公司总裁兼首席执行官蒂姆·布朗等在 2008 年 6 月的《哈佛商业评论》上提出的。他指出："设计思维是一种以人为本的创新方式，它提炼自设计师积累的方法和工具，将人的需求、技术可能性以及对商业成功的需求整合在一起。"因此，设计思维是 IDEO 公司基于多年设计实践基础之上总结出的方法论，即深入发现机会解决问题的方法，包括观察法、原型法和讲故事等。设计思维也是一种共享的方法，需要把不同的学科背景的人聚集在一起集思广益探索新的想法和创意。设计思维给设计师和企业提供了一个研究用户需求和用户体验并研发产品的操作流程。

这套方法不仅受到了 IDEO 创始人比尔·莫格里奇、蒂姆·布朗、大卫·凯利和汤姆·凯利的推崇，而且也得到了苹果、微软等高科技企业的支持，并被广泛纳入到世界各地的设计教材中。设计思维强调需求与发现、头脑风暴、原型设计和产品检验这样一整套产品创意与开发的流程。斯坦福大学设计学院的"六步创意法"以及艾伦·库珀提出的"目标导向设计"（goal-directed design）都是设计思维的产物。这个过程也被归纳为"发现—解释—创意—实验—推进"的 5 个迭代步骤（图 2-29），并分别对应于 5 个问题，这些问题的解决方法就是该环节的最关键的内容，一旦确定了答案就可以推进创意的进程。

图 2-29　IDEO 公司的"发现—解释—创意—实验—推进"流程

8. 人机工程学

人机工程学（ergonomics）同时也指人类工程学和人因工程学，英国工程师在第二次世界大战期间，在设计改进驾驶员座舱环境的过程中创造了这个词。虽然人机工程学的主要发展是出于军事目的，但这个概念起源于 20 世纪早期的工业理论。该词汇的希腊词根 ergo 的意思是"出力、工作"，而 nomics 表示"规律、法则"。因此，ergonomics 的含义就是"出力的规律"。这种理论早期专注于让人适应机器而非设计出更适合人类使用的机器。20 世纪 50—60 年代，工业设计先驱亨利·德雷夫斯最早提出了"人本设计"的概念，由此工业设计和人机工程学成为最早关注"用户体验"的领域。通过反复的前期研究和可用性测试，德雷夫斯在 1959 年为美国少女们设计的公主电话摆脱了传统电话粗笨的形象，成为家庭时尚装饰的代表（图 2-30）和人机工程学的经典。德雷夫斯的著作《为人的设计》开创了基于人机工程学的设计理念。德雷夫斯的一个强烈信念是设计必须符合人体的基本要求，他认为适应人的机器才是最有效率的机器。

图 2-30　工业设计师德雷夫斯 1959 年设计的公主电话

9. 用户

用户（user）这个词汇广泛的含义是"使用者"，即使用产品或服务的一方，指产品或者服务的购买者。今天该词汇在创新领域以及 ICT 领域的使用频率越来越高。在科技创新中，用户通常是指科技创新成果的使用者。1944 年，美国纽约当代艺术博物馆（MoMA）的展览《为用户而设计》代表了"用户"一词最早出现于公众语境。著名构成主义艺术家莫霍利·纳吉曾经评论道：该展览的目的是"让用户意识到设计的重要性"。随后，纳吉等成立了位于芝加哥的伊利诺伊理工大学，这是美国第一所授予设计博士学位的学校。用户随后逐渐变成设计话语中的核心概念。在科技高速发展的今天，用户不再默默无闻，而是承担起了参与者和制作者的新角色。开源系统、黑客与创客、自媒体出版、3D 打印以及自主制造等用户行为方兴未艾，让用户从被动的接受者变成了主动的制造者。

10. 以用户为中心的设计

以用户为中心的设计（user-centered design，UCD）意味着设计师必须了解用户需求并用于指导设计。其核心理念是：用户最清楚他们需要什么样的产品或服务，消费者最了解他们的需要和使用偏好，而设计师则主要根据用户的需求进行设计。UCD 设计方式以用户需求和局限性为中心，把用户作为研究对象，通过对其职业、性别、年龄、偏好、购物习惯和人口统计等参数的分析，为特定的用户群绘制用户画像（persona），从而做出产品研发的决策。这个过程需要心理学家、人类学家以及其他社会科学家都参与，其产品的设计同样也涉及多个学科的方法（图 2-31）。以用户为中心的设计方式并不以产品概念或新科技为起点开始设计过程，而是从挖掘用户的需求开始，其目标在于通过产品或服务改进人们的生活和体验，同时也为企业创造利益。用户画像又被称为"服务角色扮演（user scenario）"，是 IDEO 设计公司和斯坦福大学设计团队进行用户研究所采用的方法。

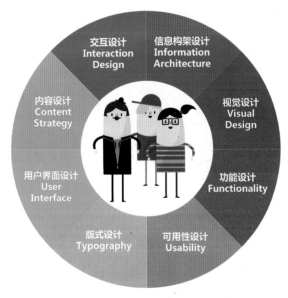

图 2-31　以 UCD 为核心的设计涉及多个学科与设计任务

11. 以人为本的设计

美国 IDEO 设计公司长期以来都在提倡设计思维，建议把设计思维应用在更加广阔多样的领域来解决问题，并提出用"以人为本的设计（human-centered design, HCD）"来代替"以用户为中心的设计"。以人为本的设计不再停留在把用户看成是产品或服务的主体的层面上，而是认为人类应该拥有更广阔的需要、需求和行为。设计不仅需要思考所有相关利益方的关注点，而且注重人类的长远发展目标并寻求解决方案，包括产品、流程、协议、服务、环境以及社会制度等。HCD 的设计理念也在计算机设计领域得到了共鸣。麻省理工学院计算机科学实验室主任迈克尔·德图佐斯在其著作《未完成的革命：以人为本的计算机时代》中倡导以人为本的计算。他曾经提出"让计算机为人类服务，而不是倒过来让人类为计算机系统服务"的口号。

12. 通用设计

通用设计（universal design）也称为无障碍设计，就是要让产品、环境以及媒介对所有用户都可用，其中也包括那些身体、感官和认知区别于常人的人（图 2-32），如老人、孕妇、儿童及残障人士。例如，残障人士从出生到衰老的整个生命中都在变化，对这些用户的设计需要有全方位的调研和思考。无障碍设计运动的先锋活动家罗尔夫 A. 菲斯特是研究报告《建筑环境的无障碍设计》的作者之一。1990 年《美国残疾人法案》制定了公共场所的无障碍设计规定，为残障人士的出行与社交活动设施提供了设计规范。实际上，因为人类能力间的巨大差别，要想满足所有用户的需求是不可能的。但是通过考虑不同用户的需求，设计师就可以在很大程度上扩大产品、服务和信息的可接触性。

图 2-32　通用设计也称为无障碍设计（示意相关的海报与标识）

案例研究：AI+智慧教育

教育学是一项发展了几百年的学科，在 17 世纪被人创造出来，19 世纪才走上科学的轨道。传统课堂教师多是凭借经验进行授课，经验的多少和学生的成绩成为衡量教师的标准。近几年，随着数据挖掘、人脸识别和表情识别等智能图像计算与数据分析技术的发展，人们已经可以通过图像扫描来掌握课堂学生的情绪变化，如听课的注意力、兴奋、困惑、疲倦甚至犯困的程度，这些定量的数据不仅能够即时反映教师的授课效果，而且也成为改进教学、丰富教学互动体验的工具。通过人工智能和大数据技术赋能智慧教育，可以建立一套真正科学的、建立在实证基础上的教学管理方法。

2018 年，浙江金华市小顺市中心小学就利用头戴式脑电波装置对学生的注意力进行了实验研究（图 2-33）。其中，红色亮灯代表注意力集中，蓝色代表有可能上课走神，白色为未连接网络。这些学生数据会传输给讲课老师。据该校老师反映，采用该装置的确取得了一些进步，学生比以往上课的注意力更加集中了。该装置是浙江脑科科技有限公司及美国贝恩公司（BrainCo）合作开发的，后者是由哈佛大学脑科学中心孔小贤博士创立的，主要针对智慧课堂进行研究。教师们可以通过数据和模型，定量分析学生对课堂知识的掌握程度，因材施教，实现个性化的指导教学。

2019 年，上海中医药大学附属闵行蔷薇小学与上海交通大学 E-Learning 实验室合作建立了智慧校园系统，通过将人工智能技术运用于学校的课堂评价、环境分析与控制、教师培训等方面，对传统教学中所存在的问题提出智能解决方案，由此提升教学水平。蔷薇小学自 2018 年起，就着手建设 AI 智慧校园系统，通过学校原有的摄像头，配合三套 "AI+ 学校" 系统，以解决传统教学中遇到的瓶颈问题。这三套系统分别是智能课堂评价系统、智能环境分析与控制系统和智能教师培训系统，发挥此三套系统的优势，可以快速完成各项教学数据的智能评估。针对学生，该系统可自动检测到学生举手、站立、坐姿不端等行为，通过记录分析形成对课堂效果的总体评价（如图 2-34）。

图 2-33　浙江金华市小顺市中心小学的学生测试脑电波装置

此外,该智能环境分析与控制系统还可以全方位感知学习环境质量、学生行为模式、健康状态等,同时能够实时捕捉和分析学生的行为举止,及时发现潜在的健康问题和安全问题,为学生的校园生活保驾护航。同时可以在真实课堂的样本数据基础上,实现对师生行为与情感的自动检测,通过智能算法分析,给出基于课堂表现的评价和改进建议。针对老师,系统

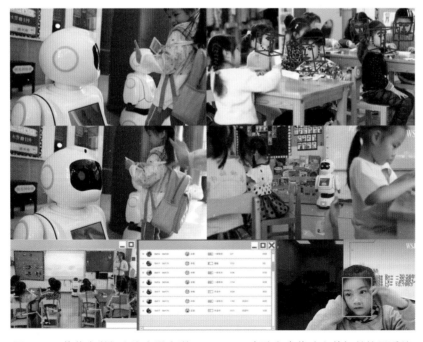

图 2-34　蔷薇小学与上海交通大学 E-Learning 实验室合作建立的智慧校园系统

可以检测教师的语音、语速、运动轨迹、面部朝向等教学表现生成评估报告，为老师改进教学方法、提升教学质量提供客观指导。

人工智能在学校课堂中的应用，使得学校对老师、学生行为的评估更加客观直接，对促进教育公平有着十分重要的意义。蔷薇小学现在还尝试让 AI 与校本特色结合起来，实现专门针对学校特色课程"神气小囡五行操"的"AI+ 运动"系统，一方面向学生提供做操的标准动作，另一方面，利用姿态估计算法对学生动作进行智能评估，通过趣味游戏的方式，对学生运动姿态进行纠正。蔷薇小学的"AI+ 学校"应用场景还在 2020 年的世界人工智能大会上"登台亮相"，成为上海闵行区大力推动人工智能相关产业及应用发展的一个缩影（图 2-35）。

图 2-35　蔷薇小学的"AI+ 学校"成为人工智能与教育相结合的范例

2020 年以来，随着疫情的控制以及大规模网络课程的实践，人工智能正越来越多地走进课堂。如杭州第十一中学在试点班级上线了"智慧课堂行为管理系统"，通过"阅读"学生的表情来分析学生上课状态，监督课堂教学。该套名为"慧眼"的管理系统通过现场摄像头对教室内学生"刷脸"匹配完成考勤需求，同时记录学生阅读、书写、听讲、起立、举手和趴桌子六种行为，以及识别高兴、反感、难过、害怕、惊讶、愤怒和中性七种表情，在此基础上完成对学生的专注度偏离分析，即对课堂上学生的行为进行统计分析，并将异常行为实时反馈给老师。除了学生行为分析，该系统还有教师语音识别系统。电子白板上可以把老师的语音识别成字幕显示在课件上面并生成这节课的二维码，学生可以点击回放。甚至食堂也可以更"智慧"。杭州第十一中学的食堂可以凭借刷脸技术用于点餐取餐。并通过后台分析生成一份营养大数据。每个同学都可以在微信公众号和智能终端上查看自己的营养数据报告。这份报告记录了每个同学一年来在学校的用餐情况。

与人工智能技术相结合的"智慧教育"将是教育创新的一个重要特征。人工智能在教学方法、教学形式等方面全方位助力教育变革，使教学情景更生动鲜活。教师会根据人工智能和大数据系统提供的学生发展报告，对学生开展个性化指导，科学规划最优学习路径。金华市小顺市中心小学、闵行蔷薇小学和杭州第十一中学的"AI 智慧课堂"实践成为智慧教育的先行者，为智能时代的教育提供了宝贵的经验。

思考与实践

一、简答题

1. 用户体验框架的 4 个要素是什么？用户如何分类？

2. 什么是心智模型？该模型对于理解用户体验设计有何价值？

3. 用户体验的 6 个层次是什么？为什么文化体验位于顶层？

4. 用户体验的情感目标与可用性目标有何差异？什么是可用性？

5. 举例说明如何增强用户体验中的情感因素。

6. 什么是文化体验的价值模型和消费者文化体验模型？

7. 举例说明如何借助传统文化打造城市或博物馆的"网红打卡"体验。

8. 用户体验设计师和用户界面设计师在工作任务和工作目标上有何不同？

9. 人工智能技术如人脸识别、表情识别如何与教育相结合？有何利弊？

二、实践题

1. 儿童医院的急诊室往往是各种医患矛盾爆发的场所（图 2-36）。请调研当地儿童医院的服务流程，并探索针对病患儿童服务的改进方案（思考流程管理、互动方式与服务透明化）。

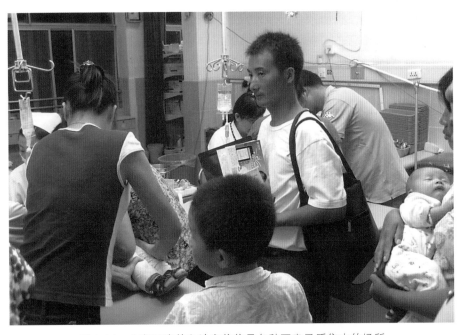

图 2-36　儿童医院的急诊室往往是各种医患矛盾集中的场所

2. 归纳和分析 IT 人才供需市场的信息，然后设计一款名为"校聘网"的专门针对大专院校毕业生校招的手机 App。需要给出产品定位、人群特征、盈利分析、市场前景、竞品分析和风险评估。

第 3 课

体验经济与体验设计

//////////

　　体验经济被认为是继农业、工业和服务业之后的第四个人类经济生活发展阶段。20 世纪 90 年代以来，伴随着全球化经济与数字科技的高速发展，人类开始迈入新经济时代。体验经济推动了传统设计范式的变迁，用户体验设计就是伴随着时代趋势而出现的新型设计形态，其目标也是和体验经济保持一致的。本课将从体验经济的角度，着重介绍体验经济与体验设计、体验的类型与设计以及互联网新兴设计等相关知识。同时以星巴克臻选烘焙工坊、迪斯尼的体验文化以及耐克体验营销为例，介绍数字时代企业服务创新的实践。针对当下与今后用户体验设计行业的职业发展，本课还通过最新的 UX 设计师大数据加以说明，并同时介绍了 IT 企业的大学生校园招聘与实习的流程与面试经验，供在校大学生参考。

3.1 体验经济与体验设计概述

体验经济被认为是继农业、工业和服务业阶段之后的第四个人类的经济生活发展阶段。农业、工业、商业和服务业，包括餐饮、娱乐和旅游业（影视、主题公园）等，都已成为体验经济的舞台。体验经济的出现有着深刻的社会经济发展与技术进步的因素。工业时代，由于经济落后与材料的匮乏，公共机构提供的产品或服务只能满足人们"有用和可用"的需求，而关于商品与服务的体验往往就被忽略了（图 3-1）。20 世纪 90 年代以来，伴随着全球化经济与数字科技的高速发展，人类开始迈入新经济时代。美国经济学家约瑟夫·派恩等人于 1999 年出版的《体验经济》（*Experience Economy*）一书作为时代里程碑，为新世纪的经济发展提供了一个崭新的理论与实践方向。

图 3-1　传统工业时代的产品只能满足人们"有用和可用"的需求

派恩指出，传统经济形态主要解决的问题是基本生活需求，而随着社会不断发展和人们需求不断提高，消费者已经不再满足于花钱买东西的传统模式，而更注重购买和使用过程是否能够带给他们愉悦的享受。因此，体验经济的核心在于为顾客精心策划出难以忘怀的体验经历，而这种体验过程形成的记忆就是体验经济时代的产品，其价值远远高于有形的商品。

因此，体验经济的出现所具有的两个前提就是：①社会商品总量的爆炸式增长极大地满足了人们的物质需求；②信息爆炸与互联网打开了人们的眼界。随着生育率的降低，人类更加追求高一级的生活方式与审美体验，产品与服务的情感化、媒介化、个性化与智能化成为当前体验经济的重要特征（图3-2）。正如派恩所指出的：体验经济是一种开放式互动经济形式，主要强调商业活动给消费者带来独特的审美体验，其灵魂和核心是主题体验设计。用户体验设计是伴随着体验经济而出现的设计转型，其目标是和体验经济保持一致的。2001年，美国心理学家及交互设计专家内森·谢佐夫在其著作《体验设计》（*Experience Design*）中，将体验设计阐述为让消费者参与设计中，把企业服务作为舞台，产品作为道具，环境作为布景，让消费者在商业活动过程中感受到美好的体验过程。谢佐夫认为：体验设计的根本是人，目的是给人们提供更丰富、更生活化的体验过程。

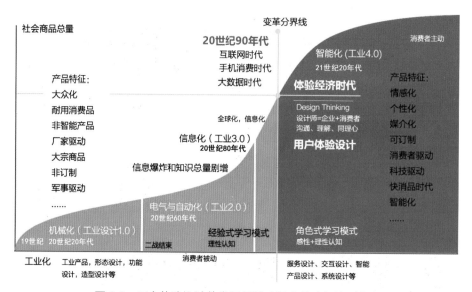

图3-2　用户体验设计的发展历程（示意体验经济时代）

日本产品设计师平岛廉久在20世纪末有一句名言："物质时代结束，感觉时代来临。"用户体验能够为社会、企业、用户的发展带来巨大的价值，逐渐成为设计的重要目标之一。哈佛大学管理策略大师迈克尔·波特指出：未来企业发展的方向将由生产制造商品，改为以关心顾客的需求为目标，以能够为人类社会创造价值与分享价值作为主导。因此，体验经济的繁荣正是社会、经济与科技共同作用的结果，全球化与智能制造则加速了这个发展趋势。体验经济反过来推动了传统设计范式的变迁，包括用户体验设计、交互与服务设计、社会创新设计等一系列新思维打开了人们的眼界（图3-3）。马化腾在2015年IT领袖峰会上指出：当前各种产业，包括制造业都在从以制造为中心转向以服务为中心，最终都会变成以人为中心的设计。用户体验设计顺应了历史的潮流，因此有着蓬勃的生命力。2021年，我国的服务业占GDP比重已达到58.3%，同时我国服务产业的就业比重达到了44%（图3-4）。我国由工业主导向服务业主导转型的趋势已经成为推动体验经济发展的动力。如个性化的订制餐饮和主题餐饮的出现就满足了人们对极致生活体验的追求。主题体验设计成为当下博物馆、旅游景点与网红餐饮最热衷的投资项目。从长远看，用户体验设计的作用还远远没有发挥出来，未来的发展前景会更加广阔。

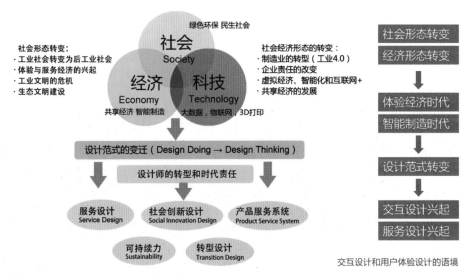

图 3-3　体验经济推动了设计范式的转变和新语境的产生

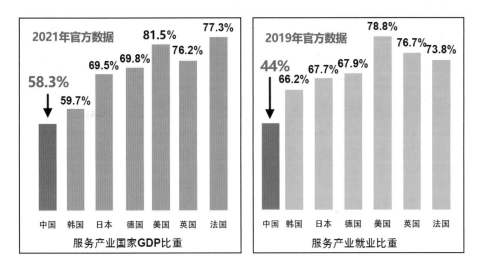

图 3-4　我国服务产业 GDP 和就业比重与发达国家的比较

3.2　体验的类型与设计

　　体验经济时代的来临，推动了许多企业的文化和价值观发生了转变。例如，著名的咖啡品牌雀巢（Nestle）公司由传统食品制造商转为关心消费者健康的体验服务型企业。同样，运动鞋品牌耐克（Nike）公司也由单一制造商转为整合计步器、可穿戴智能设备与运动健身的制造商 + 服务商。2018 年冬季，耐克公司在上海南京东路的创意体验旗舰店（耐克上海001）推出了"冬季运动装"防水系列产品，以满足运动爱好者在恶劣天气下的运动需求。在此次产品推广活动中，耐克公司以数字虚拟的都市雨夜为背景，打造了一场沉浸式互动体验（图 3-5）。在店中央广场的体验区，竖屏的水滴和地面屏幕的水波均利用实时技术生成，可以模拟水流状态和折射效果。地面屏的交互实现了实时生成界面与信息界面的分层，产生了梦幻般的效果。水面的交互呈现了"冬季运动装"系列产品中 GORE-TEX 材料高度拒水的特点。该体验机制设为踩点得分，得分越多，雨势越大。当体验者完成每一个得分点时，现场出现热力扩散的动画，模拟热力图，正如冬季的血液由冷至热的过程，点燃全场。整个空间由冷色调变暖，象征着运动健儿的青春热血。

图 3-5　耐克体验店的数字虚拟篮球场打造了一场沉浸式互动体验

耐克创意门店的购物体验证明，消费者购物是一场从理性到感性的"漂流"，其中品牌的影响力越来越重要。消费者缺的不是一双运动鞋，是能让消费者产生立即运动的欲望，欲望才能驱动人们做出购买行为。纯粹卖产品的年代已经过时了，耐克通过创意的门店的数字体验设计让都市亚健康的人们又重新燃起对身体健康的渴望，与其说他们买的是耐克，不如说他们买的是一个更健康的自己。

体验经济奠基人派恩曾经指出："所谓体验就是指人们用一种从本质上说是以个人化的方式来度过一段时间，并从中获得过程中呈现的一系列可记忆事件。"峰值体验或者心流体验就是当一个人达到情感、情绪、体力和智力的某一特定水平时，意识中产生的美好崇高的感觉，它是主体对客体的刺激产生的内在反映。派恩在其《体验经济》一书中，将体验划分为 4 种：娱乐、教育、逃避现实和审美（图 3-6）。他采用坐标系对人的体验进行划分。横轴表示人的参与程度。这个轴的一端代表消极的参与者，另一端代表积极的参与者。纵轴则描述了体验的类型，或者说是环境上的相关性。在这个轴的一端表示吸收，即吸引注意力的体验；而另一端则是沉浸，表明消费者成为真实的经历的一部分。换句话说，如果用户"走进了"客体，比如看电影的时候，他是正在吸收体验。如果是用户"走进了"体验，比如说玩一个虚拟现实的游戏，那么他就是沉浸在体验之中了。而让人感觉最丰富的体验，是同时涵盖上述 4 个方面，即处于 4 个方面交叉的"甜蜜地带"的体验。例如，到迪斯尼乐园旅游就属于最丰富的体验活动之一。同样，当我们在迪斯尼乐园乘坐过山车时所经历的胆怯、兴奋、狂喜和巨大的满足感，也代表了体验所具有的丰富性和复杂性。当人们在登上泰山顶峰后，看到红日跃出东方地平线的时刻，往往就会产生这种幸福感满满的峰值体验的感觉。

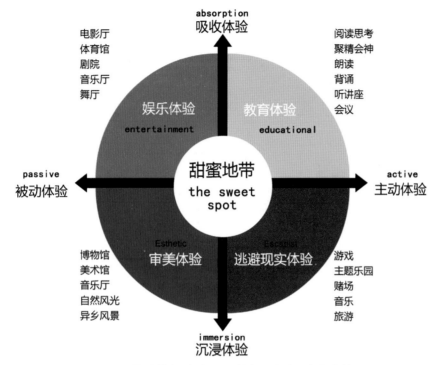

图 3-6　体验的类型: 娱乐、教育、逃避现实和审美

2014 年，中国科学院前院长路甬祥院士提出: 在第三次工业革命浪潮中，创新设计将引领以信息化和网络化为特征的绿色、智能、个性化、可分享的可持续发展文明的走向。中国需要提升创新设计能力作为促进创新驱动、转型发展、建设创新型国家的重要战略。中国设计要引领世界发展潮流，积极迈向创新型设计。前互联网时代，除了迪斯尼等少数企业外，多数公司是依靠产品打天下，服务体验仅仅作为售后的环节，并不入公司管理层的法眼。而在互联网时代和全球化经济时代，整个世界的经济格局在快速变化。以"生产者为中心"的观点开始转向以"用户体验为中心"，体验经济时代已经来临。

诺贝尔经济学奖获得者、行为经济学家丹尼尔·卡尼曼证实了"心理决定经济上的价值"的假说。因此，用户体验、服务设计、交互设计的地位越来越重要。工业时代的设计以"造物"为先，而互联网时代的设计对象开始从"可见之物"（产品、工具、事物等）向"不可见之物"转化（图 3-7）。大量的设计都需要深入用户心理或洞悉用户行为才能实现。海面冰山下的主体部分也就是"看不见的设计"——针对用户认知、行为、体验的设计以及对系统的整合设计，正在逐步成为当代设计的焦点之一。正如零点研究咨询集团董事长袁岳在 2013 年《服务设计的时代》报告中提出的那样: 工业设计的时代已经过去，体验设计的时代已经来临。在工业设计阶段，设计师提供硬件产品解决方案；到了交互界面设计阶段，设计师强调的是软件产品设计；进入用户体验设计，设计师则需要进行软硬件产品的整合设计；在服务创新设计阶段，更多的学科需要交叉。设计师则需要与技术、社会、管理的人才一起协同创新才能共创价值。

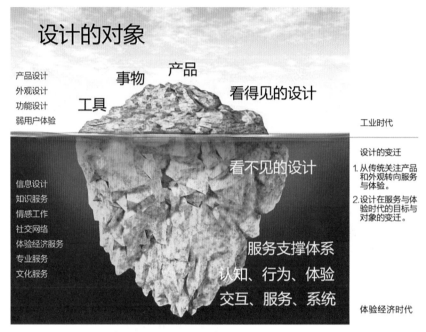

图 3-7　体验经济时代设计对象的变迁：从可见到不可见

3.3　星巴克臻选烘焙工坊

　　1971 年创办的星巴克，一直是行业的成功范本。其打造家和办公室之外"第三空间"的咖啡店商业模式被广为称道。但随着电商的出现，线下实体店"第三空间"也要与时俱进。2017 年年初，星巴克创始人霍华德·舒尔茨在清华大学的一次演讲中曾提到："因为有亚马逊、阿里巴巴等，每一家实体店都受到电商威胁。这就意味着零售业的一个大调整，很多实体店会关门，我们必须打造更好的、有情感诉求的、浪漫的实体门店。"所以，2014 年，被称为"咖啡的奇幻乐园"的全球第一家"星巴克臻选烘焙工坊"在美国西雅图开张。这家灵感来源于电影《查理的巧克力工厂》的旗舰店，占地 1393 平方米，将沉浸式体验和多元化产品组合融为一体。舒尔茨将其比作"一张承载咖啡、戏剧和浪漫的魔毯"。该"烘焙工坊"已成为西雅图最受欢迎的旅游景点之一，2018 年，星巴克在上海开的"烘焙工坊"约 2700 平方米，面积远超西雅图店，而且采用了更多的新技术，为消费者提供了更丰富的选择，成为星巴克在智能时代探索咖啡连锁用户体验的最新试验场（图 3-8）。

　　星巴克负责店铺的消费体验设计，技术产品底层则来自阿里巴巴。最显眼的标志物是一个刻有超过 1000 个篆体中文的巨型铜罐，咖啡豆经过烘焙，会先在这个巨大的铜质桶中静置 7 天，之后会经过头顶的黄色管道进入咖啡烹煮的各个环节。铜质桶也相当于储货仓，天猫顺势推出专属的臻选咖啡豆月度订购服务，天猫会员可在线上下单，提前预订上海烘焙工坊烘焙的第一批臻选咖啡豆，之后按月送达。为了加强数字化沉浸式体验，店内还设置了 AR 体验区，拿手机扫一扫店内随处可见的二维码，该部分的介绍就会在手机上自动显示，直观了解烘焙设备、咖啡吧台、冲煮器具等的每一处细节。用户也可以通过 AR 技术观看"从一颗咖啡生豆到一杯香醇咖啡"的全过程（图 3-9）。用户打卡指定工坊景点，即可获得虚拟

图 3-8　星巴克将沉浸体验和多元化产品组合融为一体

徽章，并解锁工坊定制款拍照工具，体验成为星级咖啡师的乐趣。星巴克所采用的 AR 方案由阿里巴巴人工智能实验室自主研发，是科技创新体验的代表范例。

图 3-9　星巴克烘焙工坊利用 AR 技术将科技与工艺相结合

营销体验专家塞胡米特从企业体验战略设计入手，将顾客的体验划分为感官体验、情感体验、思考体验、行动体验和关联体验 5 种体验模块。企业采取体验营销活动会直接影响顾客的品牌满意度，进而影响顾客的品牌忠诚和推荐意愿。星巴克的烘焙工坊在上述 5 种体验上都进行了有益的探索。想象一下，在巨大的烘焙机器车间，空气中弥漫浓郁咖啡香气，环境华丽又雅致，围着黑围裙的咖啡大师拿着手冲壶，专注而缓缓地冲出一杯咖啡……是不是在气势上，已让你折服打动——这些服务和体验本身及细节设计，把对咖啡的功能性需求，上升到全方位的情感体验。从在这间全店无餐牌的"咖啡剧场"里，只要拿出手机淘宝"扫一扫"，就可以实现"智慧消费"，这对于年轻人来说无疑有着巨大的吸引力。

对企业来说，良好的用户体验也是服务增值的前提。以星巴克为例，通常收获的咖啡豆价格大约是 20 元 / 千克，根据不同的品牌和地域，大约可以冲煮 10~20 杯咖啡。但在街头咖啡店里卖的现磨咖啡，就要卖到将近 15 元一杯。而在旅游点的星巴克店，这一杯咖啡可能要卖到 30~45 元。如果在一家五星级酒店或者高档星巴克咖啡店里提供同样咖啡，顾客会非常乐意支付 50 元一杯的价格。因为在那里，无论是点单、冲煮，还是每一杯的细细品味，均融入了一种提升的格调或者剧院的氛围。其他的服务包括免费上网、免费充电、舒适的沙发，还有灯光和轻音乐的选择，都为消费者带来不同的体验（图 3-10）。

图 3-10　咖啡作为大宗商品、快消品和体验产品（服务）的附加值曲线

对于消费者来说，对产品或服务的体验是在某种服务场景中进行的。线上和线下实体店的产品和服务体验的一个重要区别就在于线下实体店提供给顾客一个包括物理要素和社会要素的服务场景。星巴克提出的"第三空间"是线上虚拟环境所无法比拟的。因此，线下实体店往往通过服务场景要素来使顾客获得独特的感官享受和体验。室内设计和温馨气氛的营造使得最初商品提高了两个层次，但是对于消费者来说，这也意味着费用的增加。目前顶级的经典烘焙坊咖啡可能要价高达 65 元一杯。但随着咖啡文化近几年在我国快速散播，民众对好咖啡和良好服务体验的追求愈来愈高。虽然咖啡可以是大宗产品、零售商品或服务商品，

但顾客也为之接受了更高的价格，这就是极致体验与创新服务的奥秘。因此，设计师需要更加关注数字时代人们的多种体验和需求，打造出更贴心的产品和服务。这不仅可以提高产品的附加价值，而且也成为我国提升服务业质量与水平的重要手段之一。

3.4 迪斯尼的体验文化

1955 年，建于美国洛杉矶的迪斯尼乐园是世界上最早的主题游乐园。而在美国佛罗里达州奥兰多市的迪斯尼世界则是全球最大的主题游乐园，也是全球主题乐园最多和娱乐项目最多的主题公园（图 3-11）。迪斯尼公司创始人沃尔特·迪斯尼是一位具有丰富想象力的企业家。他将以往制作动画电影所运用的色彩、魔幻、刺激和娱乐与游乐园的特性相融合，使游乐形态以一种戏剧性和舞台化的方式表现出来。乐园用主题情节暗示和贯穿各个游乐项目，使游客成了游乐项目中的角色。迪斯尼乐园是全球最早实践体验设计的企业。

图 3-11　迪斯尼乐园是全球最早、最成功的体验设计的典范

沃尔特·迪斯尼的"游乐园之梦"可以追溯到 20 世纪 40 年代，很少有人知道，在电影界叱咤风云的迪斯尼，日常生活中还是一位尽职的好丈夫和好父亲。几乎每个周末，沃尔特都会带着自己的妻子和女儿外出郊游。沃尔特发觉在公园里游玩的孩子们总是一副无精打采的样子。而且公园的设施陈旧，员工的服务态度恶劣，卫生状况糟糕。他感受到了美国普通休闲公园的无聊乏味和种种弊端，就萌生了自己建立一个主题娱乐公园的构想。乐园建成后，为了掌握游客对乐园的真实感受，迪斯尼不仅白天到乐园中来，而且晚上也常常在乐园中走来走去。他不仅观察游客玩乐，倾听他们的意见，而且还向各部门工作人员询问有关改进的方案。这些第一手资料帮助该主题乐园成长为体验文化的典范（图 3-12）。

图3-12　迪斯尼本人对顾客体验的重视成就了迪斯尼乐园

对用户体验的重视成为迪斯尼的"传家宝"。迪斯尼前任副总裁李·科克雷尔就被誉为"客户体验领域最权威专家"。他还曾经写了一本《卖什么都是卖体验》的专著来阐明他的理念（图3-13）。科克雷尔曾多年担任迪斯尼乐园、希尔顿酒店和万豪酒店的高管，该书将他积累的客户服务经验进行了总结，并融汇成39条基本法则。科克雷尔通过一个个真实、生动的案例，为我们展示了怎样赢得客户、留住客户，怎样把忠实顾客转变为企业的铁杆粉丝的种种服务理念和举措。

图3-13　迪斯尼乐园游览花车（左）和《卖什么都是卖体验》（右）

对于迪斯尼来说，所有的优质体验都是来自人与人之间最真诚的相互关系。互联网颠覆的是人与人的沟通渠道和方式，而优质体验的本质并未改变。因此，回归对用户体验基本原则的遵循是所有平台、产品和服务的必修课。正如迪斯尼前 CEO 迈克尔·艾斯纳所说："我们的演职员多年来的热情和责任心，以及游客对我们的待客方式的满意，是迪斯尼公园最突出的特点。"迪斯尼主题公园的雇员同时也是"演员"，永远面带笑容的迪斯尼雇员（图 3-14）已经成了乐园的一种典型形象。对迪斯尼来说，培养这样的行为和印象是其"服务主题"的一个非常重要的部分，这个主题就是"为所有地方的，所有年龄段的人创造快乐"。作为培训内容，迪斯尼新雇员要学习各种表演技巧，除了花车游行表演和卡通装扮表演的技巧外，还要研究"姿势、手势和面部表情对来宾体验的影响"。迪斯尼的雇员碰到小朋友问话，也都要蹲下来，微笑着和他们说话。员工要和小孩的眼睛保持在同一高度，不能让小孩子抬着头和员工说话，因为他们是迪斯尼未来的顾客，需要特别的重视。

图 3-14　与儿童游客合影的动画人偶和永远面带笑容的迪斯尼雇员

迪斯尼的服务设计渗透到了公园管理的每一个角落。从人工服务的软件到物理设施的硬件都完美体现了人性的关怀。在这里，每一个简单的动作都有严格的标准。所有可能的"服务触点"都有清晰的手册指南（图 3-15）。例如，迪斯尼乐园的服务除了包括借车、导览、银行服务、取款机、失物招领、住宿联系等以外，还提供婴儿换尿布和宠物存放等服务；如果购物游客手上提的物品太沉，公园 3 小时内可以把购买的物品送到出口或客人下榻的酒店。如果大人和孩子要分开玩，园内提供沟通联络服务或替代照看。迪斯尼乐园还提供了不同款式的智能手环来帮助游客预约要游览的场馆，还可以直接刷卡，减少排队和等候的时间（图 3-16）。公园内的厕所不仅分布合理，而且还设置了带孩子父母专用厕所和残疾人异性互助专用厕所。公园还备有婴儿推车、自助电瓶车和轮椅，由此方便老人、儿童和特殊人士的出行。这种周全的服务设施，为迪斯尼的客源提供了最可靠的服务保证，目前迪斯尼集团已经在全球建立了 6 所主题乐园，包括海外的东京、巴黎，还有中国香港和上海的迪斯尼乐园。而迪斯尼对体验文化和游乐服务的经验的探索已经在全球各个主题公园开花结果，如珠海长隆海洋主题乐园，北京欢乐谷等都得益于迪斯尼的文化。

图 3-15　迪斯尼所有可能的服务环节都有清晰的员工手册指南

图 3-16　迪斯尼乐园提供了用于游客导航和预约时间的智能手环

3.5　互联网新兴设计

从 1994 年中国互联网萌芽开始，中国互联网经济经历了从 PC、移动到智能科技下的多元融合。互联网的产生催生了新的组织形态、新的消费形态和新的产业生态。当前互联网正在与各行各业加快融合，并逐步改变传统行业，形成一个个新型的信息与服务产业。随着产业结构的不断调整，设计行业不断迎来新的变化和挑战。由原来的界面设计时代，到 PC 设计时代，再到移动设计时代，每个产业浪潮的变化都会引起设计内容、设计需求，甚至设计理念的变化。不仅如此，设计师在企业内的角色也一直在变化，从以往纯粹的业务协同，到今天逐渐能够通过设计来提升产品和品牌的价值。行业趋势的不断变化，导致企业对设计人才的要求也不断提高。因此，用户体验设计人才成为业界发展创新的重要资源。

2019 年 12 月，腾讯用户体验设计部（CDC）携手 BOSS 直聘研究院联合推出了《互联网新兴设计人才白皮书》（图 3-17）并对新兴设计人才市场供需两端进行分析。研究数据主要来自招聘大数据分析，其中需求数据主要来自 2019 年 9 月各大招聘网站、中国 500 强企业和世界 500 强在华企业发布的公开招聘数据，共计 28 万多条；数据主要来自 BOSS 直聘研究院求职者大数据的抽样调查。其中参与本次问卷调查的主要有 3445 位从事设计行业工作的人员，他们来自腾讯、阿里、百度、华为、富士康、爱奇艺、亚马逊中国、微软、携程、小米、小红书、唯品会、网易等 1000 多家企业，研究重点为互联网设计，关注用户体验、交互过程，服务于数字化产品及服务的研发、运营、推广的综合性设计。白皮书中主要抽取各大招聘网站中与互联网新兴设计相关的职位数据进行分析，如界面设计、视觉设计、交互设计、用户体验设计、体验设计、服务设计和信息设计等。该白皮书资料翔实，所提供的数据可以反映当前我国用户体验设计行业的概貌。

图 3-17　腾讯 CDC 与 BOSS 直聘研究员发布的《互联网新兴设计人才白皮书》

互联网新兴设计主要指以应用互联网技术为特征，基于人本主义思想，关注用户体验、交互过程，服务于数字化产品及服务的研发、运营、推广的综合性设计，如界面设计、视觉设计、交互设计、用户体验设计等。有别于传统工业设计，互联网新兴设计的内容和媒介从有形直观的实物产品，转变到无形抽象的交互过程、体验感受和服务内容；设计的职能从单纯的产品研发逐步延伸至产品的前期规划、后期运营等整个环节。该白皮书的数据显示，在2019 年互联网企业招聘的设计岗位中，互联网新兴设计成主流（占 85.4%），其中包括品牌及运营设计、视觉设计、交互设计、游戏设计、用户研究等与用户体验相关的职业岗位。这些岗位市场需求量大，招聘量占比近九成，远超其他设计岗位的招聘比例（图 3-18）。数据显示，品牌及运营设计的工作内容与平面或美术设计较为相关，主要涉及公司 / 品牌 / 网店的宣传推广、后期视效、视觉美化等设计工作，如平面设计师、用户界面设计师、多媒体设计师、动画设计师和插画设计师等。目前品牌及运营设计市场招聘的需求量最大，占互联网新兴设计的需求的比例最高（43.3%）。从薪资对比上，交互、用户研究和游戏设计等岗位对设计师能力要求较高，设计师的薪资也较高。交互设计师的平均薪资为 1.28 万元／月，用户研究类的平均薪资为 1.19 万元／月。这些数据表明，用户体验行业的整体薪资超过 1 万元／月。在一线和二线城市，拥有本科及以上学历和 3 年以上工作经验的设计师平均薪资高于总体。其中硕士、博士的平均薪资分别为总体的 1.8 倍和 2.3 倍，具有 5~10 年工作经验的平均薪资分别为总体的 1.7 倍和 2.3 倍。

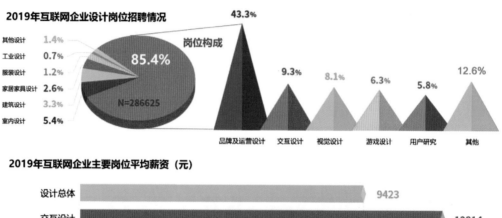

图 3-18　根据《互联网新兴设计人才白皮书》数据显示的设计行业生态

根据职友集网的线上调查统计，2018 年，交互设计师全国平均薪资为 13500 元／月。其中，上海交互设计师平均薪酬水平为 16690 元／月，北京交互设计师平均薪酬水平为 18850 元／月（图 3-19）。虽然在 2019 年，特别是 2020 年全球受到新冠疫情的影响，多数企业利润有所下滑，用户体验设计行业也受到了很大影响。但职友集网的统计表明，用户体验设计师，特别是有 3~5 年经验的用户体验设计师，月薪仍然会超过 1.5 万元。这些数据表明该职位在互联网行业中仍然是一个相对稳定的高收入群体。2018 年，交互设计行业最大的趋势之一是高级设计师职位的激增，需求量比初级设计师这样的职位大出许多。许多公司一直在寻找能够使其产品，如移动、网络、物联网等领域产品直接增值的设计师，它们期望设计师能够迅速独当一面而不需要时间去逐渐提升，这对交互设计师的职业素质提出了更高的要求。

在 2019 年第九届中国互联网产业年会上，中国工程院院士、中国互联网协会理事长邬贺铨表示，互联网走过了 50 年，全球的互联网普及率超过了 55%，而中国互联网普及率超过全球平均水平。随着互联网的快速崛起，为互联网新兴设计提供了大量的岗位，其中游戏、用户体验、交互设计、视觉设计职位竞争最为激烈，大型企业纷纷提高价码争抢人才。

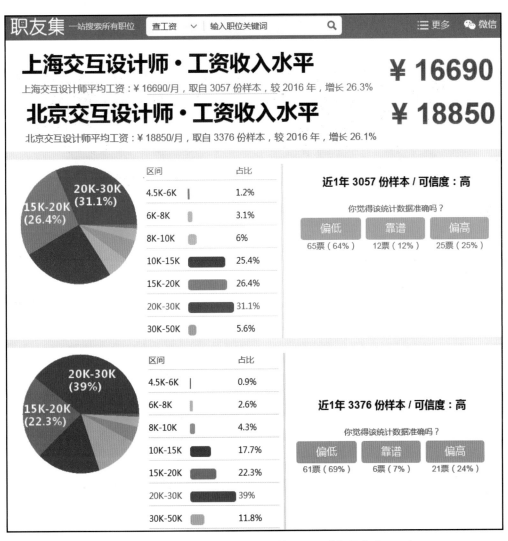

图 3-19　职友集网统计的京沪两地的交互设计师月薪（2018）

因此，快速提升自己的能力，从单一走向综合，从"动手"转向"动脑、动口与动手"（创造性、沟通性与视觉表现力）是设计师提升自己的不二之选。

　　从长远上看，未来用户体验设计会从重视技法转向重视产品与行业的理解。对心理学、社会学、管理学、市场营销和交互技术的专业知识有着更多的需求。现在的设计师往往更擅长艺术设计，而未来还要看他对相关市场的洞察力，如租车行业的设计师就需要深入了解该产业的盈利模式和用户痛点。在世界更加成熟的互联网企业，如美国硅谷，单一的用户界面视觉设计师已经不存在了。产品型设计师（用户界面＋交互＋产品）、代码型设计师（用户界面＋程序员）和动效型设计师（用户界面＋动效 /3D）初具规模。用户体验设计正在朝向全面、综合、市场化和专业化的方向发展（图 3-20）。例如，截至 2019 年，拥有 8 年经验的用户体验设计师基本上属于是某个特定设计领域的专家，其月薪可达 3~5 万元人民币。规模较大的科技公司有可能会聘请多名首席设计师；而中小型公司则可能只聘请一名首席设计师或没有这个岗位。由于用户体验设计仍然是一个相对较新的领域，所以很难找到拥有 10 年以上商业设计经验的人。因此，如果设计师拥有设计开发与管理商业 App 的丰富经验，在一些公司中就会被赋予首席设计师的岗位。

图 3-20　用户体验设计正在朝向全面、综合、市场化和专业化的方向发展

3.6　用户体验设计师大数据

用户体验设计师作为互联网新兴设计岗位，虽然历史不长，但引起了众多企业的重视。那么，用户体验设计师需要哪些素质或能力？主要的工作范围与职责有哪些？企业是如何招聘用户体验设计师的？这些问题也是需要通过数据来回答。2013 年，由唐纳德·诺曼领衔的尼尔森·诺曼集团曾对美国、英国、加拿大和澳大利亚的近千名用户体验设计师进行了调查。该公司的调研报告显示：大多数设计师都在从事用户研究、交互设计和信息架构领域的工作，包括绘制线框、视觉界面、收集用户需求或开展可用性、易用性研究等。除了必需的视觉表达和绘画技巧外，包括设计、文档写作、编程、心理学和用户研究都是其工作范畴。2017 年国际体验设计协会（IXDC）联合腾讯 CDC 共同开展了"2017 用户体验行业调研"，给出了从业者画像、职业规划、素质分析等几个方面的数据，特别是给出了用户体验从业者的核心竞争力。结合 3.5 节介绍的腾讯 CDC 与 BOSS 直聘研究院在 2019 年推出的《互联网产新兴

设计人才白皮书》，我们可以更充分地了解和掌握这个行业的最新动态。

1. 职业画像与工作特点

《2017 用户体验行业调研报告》显示：用户体验行业从业者青年占比较高，22~30 岁占比达到 81.1%。年轻、高学历、设计与计算机专业是用户体验行业内大多数人的属性。行业从业者画像具有六大特征，具体分布依照 6 类不同的岗位有所区别（图 3-21）。从业者在公司的业务主要包括用户研究、市场研究和体验设计。

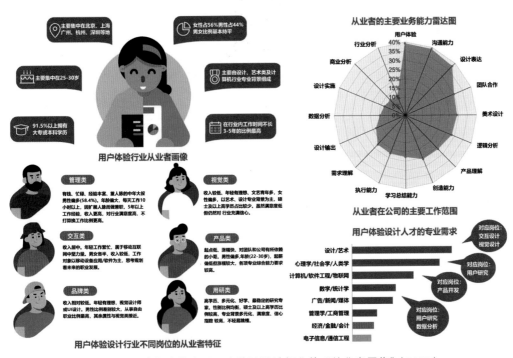

图 3-21 调查报告给出了用户体验设计行业的"从业者画像"（2017）

该报告指出：用户体验从业者为了保持核心竞争力，需要具备的基本技能包括用户体验、沟通能力、设计表达、美术设计与团队合作等，这些能力在雷达图中呈现出一个类似鹦鹉螺的图形。此外，《互联网产新兴设计人才白皮书》则通过大数据研究与问卷调查发现，企业希望设计师不仅需要具备专业素养，还需要具备商业、运营、服务、用户研究和技术等方面的一些基础知识。在核心能力上，企业较看重设计师的合作精神、善于思考和责任心，"积极主动""刻苦耐劳""沟通能力""项目管理""创新能力"等方面都有很高的权重。

通过访谈和问卷调查，该报告指出了交互设计职业的以下几个特征。首先是工作内容具有综合性与多样性的特征，往往会依照需求而改变。交互设计师往往从进入公司开始就会忙到深夜，加班加点是常态（图 3-22）。设计师还需要让用户参与设计的过程，并通过原型迭代与试错来不断改进产品模型。由于工作的性质，设计师随时需要总结自己的工作，归纳和总结数据，绘制各种草图和准备项目成果汇报。用户体验领域最显著的一个特点是其综合性。设计学、心理学、社会学和计算机科学是与该专业最相关的领域，多数设计师还必须通过实践来不断完善自己。

图 3-22　交互设计师一天工作流程的模拟图（示意职业特征）

　　类似于建筑师，用户体验设计师是设计产品架构和交互细节的人。其中用户研究的岗位主要是围绕用户而进行的策划、市场 / 销售及数据分析工作。让产品具备有用性、可用性和吸引力是企业追求的目标。因此，用户研究是用户体验设计师项目策划的第一步（图 3-23，上）。用户需求的研究包括定性研究，（如用户访谈）和定量研究（如采集数据，分析用户的行为、痛点和态度等）。这些工作决定了产品的功能、架构与导航、交互方式和设计外观等。设计师不仅需要关注"看得见"的内容，如颜色、外观、布局、图像、文字、版式等，也需要关注隐藏的或深层次的设计。好的设计不仅更容易上手，更快捷方便，同时还可以带给用户以美的享受和丰富的体验。正如国外针对女性推出的一款移动健康的监测包（图 3-23，下），将技术与艺术完美结合在一起，既方便易用，又像是装饰品，在给女性监测健康数据的同时，也带来美和愉悦的感觉，这种结合了视觉、美感和可用性的产品正是交互设计的杰作。

　　2. 用户体验设计师的能力

　　美国著名心理学家麦克利兰于 1973 年提出了"冰山模型"，对人的专业学习能力、通用能力和核心能力进行了划分（图 3-24）。麦克利兰将人的心理因素与学习实践能力划分为显性的"冰山以上部分"和深藏的"冰山以下部分"。海面上的包括基本知识、基本技能，是外在表现，是容易了解与测量的部分，相对而言也比较容易通过培训来改变和发展。而"冰山以下部分"包括社会角色、自我形象、特质和动机，是人内在的、潜意识的、难以测量的部分。它们不太容易通过外界的影响而得到改变，但却对人的行为与表现起着关键性的作用。所谓"江山易改本性难移"就是指这个部分。"冰山以下部分"人的核心能力往往与每个人的先天因素、家庭因素与成长因素有关，因此也就更为企业所重视，如沟通能力、项目管理能力、团队合作与创新能力都属于这个层面。例如，许多 IT 企业招聘人才时，除了对技能和知识的考察，往往还需要考察应聘者的求职动机、个人品质、价值观、自我认知和角色定位等。因此，用户体验设计师不仅需要提升相关专业知识与技能（如软件与编程），而且需要进一步提升设计师的通用能力与核心能力。

图 3-23　用户体验设计师的用户研究工作（上）以及产品＋用户界面设计（下）

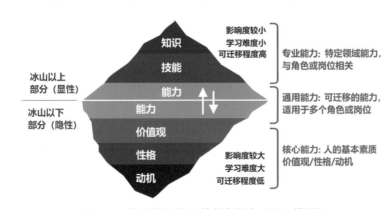

图 3-24　麦克利兰提出的创意能力"冰山模型"

　　用户体验是一个学科交叉非常明显的应用领域，用户体验设计师的工作包含用户研究与界面设计两部分内容（图 3-25）。用户研究的具体任务清单有 11 项内容，涉及市场研究、信息设计、图形设计的任务有 21 项。因此，几乎所有的工作都会涉及"视觉思维"或者设计表达能力，根据国内对知名互联网企业的调查，对用户体验设计师的要求侧重于"沟通能力、需求理解、产品理解和设计表达"的能力。工具技能上，设计师要求懂一定的编程并掌握统计、设计和办公类软件。用户研究岗位要求设计师会使用 SQL、Python 和 SPSS 等编程语言和统计类软件处理数据，具有数据可视化的能力。视觉设计的工作则偏向于"团队合作、设计表达和创造力"。由于在实际环境中，交互设计师往往会同时涉及上述 2 种不同性质的工作，这也逼迫设计师要有"多面手"的综合能力。

用户研究的任务	外观或界面设计的任务
现场调研（走查）	图形设计（标识，图像）
竞争产品分析	界面设计（框架，流程，控件）
与客户面谈（焦点小组）	视觉设计（文字，图形，色彩，版式）
数据收集与数据分析	框架图设计，高清 PS 界面设计
用户体验地图（行为分析）	交互原型（手绘、板绘、软件）
服务流程分析	图表设计，信息可视化设计
用户建模（用户角色）	图形化方案，产品推广，广告设计
设计原型（框架图）	手绘稿，PPT 设计
风格设计（用户情绪板研究）	包装设计
产品关联方专家咨询	动画设计（转场特效，动效）
深度访谈（一对一面谈）	插画设计（H5 广告，旗标，推广海报）
用户研究和外观或界面设计共同需要完成的任务	
交互设计（根据用户研究的结果，提供交互设计方案）	
高保真效果图（展示给终端客户的效果图和交互产品原型）	
低保真效果图（提供或分享给工程师团队的工作文件）	
撰写项目专案（产品项目汇报）	
情景故事板设计（产品应用场景分析）	
可用性测试（A/B 测试）	
项目头脑风暴（小组，提供产品设计的初步构想）	
信息架构设计，信息可视化设计	
演讲和示范（语言、展示与设计表达）	
与编程师的对接（产品测试与开发、用户反馈，寻找与技术的对话方式）	

图 3-25　用户研究的任务清单（左）与界面设计任务（右）

3. 见微知著，关注细节

　　交互与体验专家、斯坦福大学教授丹·塞弗在 2013 年出版了《微交互：细节设计成就卓越产品》一书并由唐纳德·诺曼亲自写序。诺曼指出："微交互"中的"微"表明关注细节。"微交互"关注的是那些至关重要的细节，它决定了用户体验是友好的还是令人皱眉的。正如丹·塞弗指出的，虽然设计师倾向于把握大的方向。然而，如果细节处理不当，那结果还是失败。无论是手机购物、GPS 导航或是网课学习，正是细节决定了每时每刻的体验。网络卡顿、流程烦琐、界面灰暗、信息冗余……这些"细枝末节"的设计导致了整个产品不流畅。

不好用的交互体验导致了用户的挫折和沮丧，直至对产品或服务产生负面的看法。

因此，设计师必须要有极强的观察能力，看看别人如何互动，再看看自己的交互习惯，找到突破口，从逻辑上分清先后，再决定怎么做最恰当。例如错误提示的对话框通常会暗示下一步可以做什么。那么，为什么不在呈现信息这一步就包含"下一步"按钮呢？要想设计出优秀的"微交互"，就要了解产品的最终用户，知道他们想达成什么目的，需要经历哪些步骤。还要求理解不同情形下交互的操作环境。所以，同理心、观察能力以及交互细节的设计能力都至关重要。

阿里巴巴集团对体验设计的重要性有着深刻的洞察。他们认为，需要把传统的交互设计师、视觉设计师转型为全面的体验设计师，其目标在于通过设计驱动为产品增值，从而更全面地体现设计师的价值。国外一些互联网发达的企业不会明确区分交互设计师、视觉设计师和用户研究员的职责。因此，作为设计师需要具有更全面的能力，从产品设计之初就加入项目团队，和产品经理、研发人员一起探索产品形态，从用户角度出发分析产品策略，进行用户研究及交互设计，并完成最终的视觉设计。因此可以说体验设计师需要具备综合能力和多样化的专业能力，从商业、技术和设计的维度全面综合地思考问题。用户体验设计师个人能力包括设计策略及用户流程图、交互设计原型稿和视觉设计稿；涉及的软件工具包括PowerPoint、Keynote、Sketch、Photoshop 等。图 3-26 是国内一些知名互联网企业用户体验设计师的职业素养细则。

职业素养	具体描述
相互尊重	从同事群体中时刻吸收各种观点和灵感
动笔思考	经常绘制草图让思路和灵感更容易
不断学习	通过设计圈和分享平台来不断完善和提高自己
有取有舍	优先级的判断力，能够分清轻重缓急，合理安排工作
重视自己	倾听内心的声音，自己满意才能说服别人
乐观进取	和团队保持更融洽的工作氛围
技术语言	理解网络基础语言知识（HTML5、Java、JavaScript）
软件工具	能够利用软件绘制线框图、流程图、设计原型和用户界面
专业技能	能够用工程师的语言交流（数据和精度）
同理心	能够感受到用户的挫败感并且理解他们的观点
价值观	简单做人，用心做事，真诚分享
说服力	语言表达和借助故事、隐喻等来说服别人
专注力	勤于思考，喜欢创新，工匠精神
好奇心	学习新东西的愿望和动力，改造世界的愿景
洞察力	观察的技巧，非常善于与人沟通
执行力	先行动，后研究，在执行进程中不断完善创意

图 3-26　用户体验设计师的职业素养细则

4. 软件与编程

目前，针对用户体验设计有许多设计工具，但这些工具或语言是根据不同的任务开发的，主要用于绘制线框图、流程图、设计原型、演示和用户界面设计。部分工具和编程语言，例如，Arduino 编程开放源代码和硬件套装、HTML/CSS/JavaScript 程序语言、Processing、

MAX/MSP 动态编程、jQuery Mobile 等也被用于开发软件、建立网站、编写 App 应用以及进行交互设计。部分工具，如苹果 Sketch、Adobe XD 和 Unity3D 等也都是非常专业的开发软件。通用型软件如微软的 PowerPoint、苹果的 Keynote，还有 Adobe Photoshop 等都是公司常用的演示和创意的工具。下面给出目前国内常用的原型设计工具、数字编程语言和界面设计工具（图 3-27）。

设计工具或编程语言	主要用途
Snagit，HyperSnap	抓屏，录屏
Microsoft PowerPoint	展示，原型设计
Keynote	流程动画，展示，原型设计
Mockflow，墨刀，Axure RP	在线原型设计软件
Adobe Photoshop	图像创作，照片编辑，高保真建模
HTML/CSS/JavaScript 程序语言	网页编辑，原型设计
Blender，Maya	三维设计，动画创作
Processing，MAX/MSP 动态编程	交互装置，智能硬件
Arduino 编程和硬件套装	交互原型工具，开放源代码硬件 / 软件环境
Maka，易企秀，兔展，应用之星	HTML5 在线设计工具
Unity 3D，VVVV，Cinema 4D	三维动画、游戏、交互编程、智能硬件
JustinMind Prototyper	线框图绘制，手机原型设计
Microsoft Visio	流程图绘制，图表绘制
Adobe Illustrator	矢量图形创建，线框图
Balsamiq Mockups	线框图，快速原型设计
Xcode 和 Interface Builder	苹果 iOS 应用程序开发工具
Ant Design，Eagle	素材管理
LEGO mindstorms NXT	乐高可编程积木套件，原型设计工具
Adobe XD，Figma	原型设计（专业级），客户端演示，协同设计
蓝湖，CoDesign	设计创作与协同
Sketch+Principle	苹果计算机交互设计原型 + 客户端展示 + 动效
jQuery Mobile	移动端 App 开发工具，HTML5 应用设计工具
iH5，Epub360，Adobe Edge	专业级 HTML5 在线设计工具
Adobe Dreamweaver	网页设计，布局
稿定设计	模板设计创作
Adobe Animate、Adobe AE	动画，手机动效，应用原型设计
Mindjet Mindmanager	流程图绘制，图表绘制，思维导图绘制
Xmind Zen	流程图绘制，图表绘制，思维导图绘制
Google Coggle	在线工具，艺术化思维导图绘制
Flurry，Google Analytics，Mixpanel	网络后台数据分析工具（网站和 App）
友盟、TalkingData、腾讯移动统计	网络后台 App 数据分析工具
麦客 CRM	在线表单收集和设计工具

图 3-27　交互设计师应掌握的设计工具与语言

3.7 校园招聘与实习

高校作为一个巨大的人才储备库,可谓"人才济济,藏龙卧虎"。学生经过几年的专业学习,具备了系统的专业理论功底,尽管还缺乏丰富的工作经验,但其仍然具有很多就业优势(图3-28),例如,富有热情;学习能力强;善于接受新事物;对未来抱有憧憬;而且都是年轻人,没有家庭拖累;可以全身心地投入到工作中;更为重要的是,他们是"白纸"一样的"职场新鲜人",可塑性极强,更容易接受公司的管理理念和文化。正是毕业生身上的这些优秀特质,吸引了众多企业的眼球,校园招聘成为企业重要的招聘渠道之一。每到大学毕业季,各大 IT 企业的招聘活动就已经开始,这成为莘莘学子走向职场生涯的第一站。

图 3-28 刚毕业的大学生是各大企业所青睐的对象

通常来说,各大 IT 企业的校园招聘的时间和流程都比较相似,时间段也比较集中。一般企业 9 月中旬就开始启动下个年度的招聘计划。招聘时间主要集中在每年的 9~11 月和次年的 3~4 月。因此,每逢进入毕业季,学生们便开始奔波于各大公司宣讲会之间,行色匆匆,有些甚至不远千里跨省参加招聘会。企业的招聘邮箱充满了从全国四面八方涌来的简历。而寒假、春节前后是校园招聘的淡季,节后 3~4 月份招聘的对象主要是寒假毕业的研究生。从招聘流程上看,腾讯的产品设计师的面试共有 7 轮,包括简历筛选、电话面试、笔试、群面、专业初面、HR 面和总监面等过程,其他各企业的招聘方式也大同小异。校园招聘的基本环节包括以下流程(图3-29):①公司宣讲会和网络公示招聘计划(宣讲);②学生在网上填写申请表,投递简历(网申);③公司业务部门对简历进行初步筛选(筛选);④企业通知学生参加笔试;⑤电话面试、群体面试(交叉面试,即分组的团队测试);⑥业务部门面试,人事部门(HR)面试、总监面试(最终面试)等;⑦企业最终确定录用。

通常互联网企业考察新人的重点是:①分析与思维能力;②观察和叙述能力;③原型设计能力;④团队合作能力。下面是百度在北京、上海和深圳校招的部分笔试题目(表3-1)。由此我们可以看到无论是交互设计师、视觉设计师、用户体验师还是产品经理,都不是纯粹的技术岗位,而是熟悉"用户研究、原型设计、绘图能力、概念阐述和流程设计"的专业设计师。

图 3-29　各大 IT 企业校园招聘的基本环节和流程图

表 3-1　百度校招的部分笔试题目

序　号	笔 试 题 目	考 察 重 点
1	在世界杯开赛前、开赛期间和结束后，用户的主要需求是什么？请设计搜索结果的展示页面	用户研究，原型设计，绘图能力，概念阐述，界面设计
2	简述一款 O2O 产品的核心功能，分析优缺点	竞品分析，分析和表达
3	发现校园里效率很低的事，然后有没有想过提高效率，针对校园痛点分析需求，分析用户群及特征，估计用户数量及使用频率，画流程图，说明如何提高效率	用户研究，原型设计，绘图能力，概念阐述，流程设计
4	将百度地图和百度大数据结合，在不考虑数据成本的情况下设计一款产品。给出产品设计思路、功能框架图以及产品的价值。产品可以是 App，也可以是附属在百度地图中的应用	原型设计，绘图能力，概念阐述，分析和表达，界面设计
5	选择一种互联网产品，说明其特点，选其他两种产品，比较三者的特性（用户人群、用户体验、产品设计、发展趋势等）	竞品研究，分析和表达
6	选择一种产品，如百度电影、百度美食、百度地产，为其设计一个页面，介绍一两个特点。说明选这个产品的理由并画出界面	用户研究，原型设计，造型能力，概念阐述，界面设计
7	任选一款自己熟悉的百度产品，谈谈自己认为它在用户体验方面最大的问题是什么，并针对此问题，给出解决思路	用户研究，分析和表达
8	针对百度知道的提问界面，分析它的问题，给出你的改进意见并阐明理由	用户研究，原型设计，界面设计
9	百度网页搜索，试分析一下任意两个关键词的用户需求是什么以及满足需求的完整路径，并给出搜索结果的效果图	用户研究，原型设计，触点分析，概念阐述，界面设计
10	列举一项自己日常生活中见到的，令自己印象深刻的优秀设计（或者恶劣设计）并说明理由	综合判断，概念阐述，竞品分析

第 1 题就需要分析用户需求，也就是分析用户在百度搜索"世界杯"这个关键词的意图是什么？如希望了解开始时间、地点、32 强名单和首发阵容等，还有一些商业需求，如预订机票、门票等，其他的内容，如赛事进程、结果、赛事直播、相关新闻、访谈和综述等。原型设计则主要考察应聘者的信息设计的能力，包括信息结构（导航）线框图、色彩、风格、版式和交互等。设计题目往往要求考生画出软件交互界面和线框流程图（图 3-30）以及高保真的界面设计效果图等，这些都是艺术类考生应该熟悉和掌握的技术。这道题目考察的就是毕业生平时对软件的研究、分析和表达的能力，这也是用户体验设计师所需要关注的重点内容。

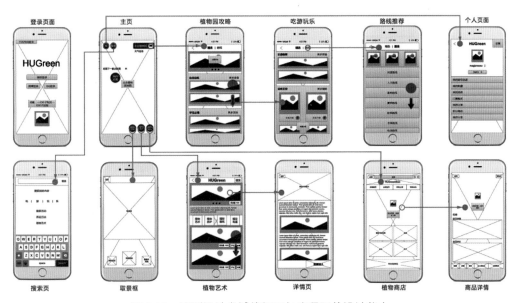

图 3-30　原型设计考试线框图与流程图的设计能力

笔试完成后的面试同样是考察上述能力，同时也是考察应聘者团队合作能力的环节。例如群体面试（交叉面试，即分组的团队测试）俗称"群面"，也叫作"无领导小组讨论"(group interview)。面试的方式是若干应聘者组成一个小组，共同面对一个需要解决的问题，如游戏的策划、产品设计或者一个新产品的营销推广方案等，也可能是比较发散的题目，例如，如何用互联网思维做校园产品，从功能、运营、监管、战略角度讨论打车软件的利弊，请阐述生活中的一个不方便的现象并设计一款 App 来解决这个需求，等等。小组成员以讨论的方式，经过汇集各种观点，共同找出一个最合适的答案。小组面试的步骤一般是：①接受问题；②小组成员轮流发言，阐述自己观点；③成员交叉讨论并得出最佳方案；④解决方案总结并由组长汇报讨论结果。整个群体面试包括自我介绍、讨论和总结陈述。面试官全程参与并通过行为观察决定谁将进入下一个环节。这个环节考察的重点在于参与度、活跃度、领导力和感召力、语言能力、逻辑诠释能力及说服他人的能力、动手实践和原型设计能力（图 3-31）。

群体面试后的环节都是以"一对一"的形式由面试官和应聘者进行单独交谈。其中常见的问题包括：说出你印象最深刻的项目；你觉得交互设计师需要具备什么样的素质和能力；你觉得怎样的产品才是一个成功的产品；你觉得产品设计和产品运营有什么区别和联系；在你实习过程中（或者项目经历）最有成就感的一件事是什么；遭遇的最大挫折是什么，如何看待这次挫折，怎么解决的；你在实习中学到最有价值的东西是什么；如果在产品设计过程中遇到和上级或者同事出现分歧你会怎么解决；平时都会使用哪些应用或网站；觉得有哪些

图 3-31　群体面试考察考生的参与度、领导力、说服力与实践能力

应用设计得比较好；最近一年最想做的产品是什么，为什么想做，打算怎么做；你每周最常浏览的网站有哪些；最近一个月你关注的 IT 行业动态有哪些；等等。其中专业面试的问题会比较具体而专业，而人事部门的面试多为涉及简历、实习等较为宽泛的话题。总监面试则会是一些行业方向性的问题。这些都需要应聘者平时多思考和多积累，才能够胸有成竹，对答如流。通过面试后，新人在公司往往还会有半年的试用期，转正后才是真正的职业生涯的开始。

案例研究：耐克体验营销

随着体验经济的发展，越来越多的品牌会考虑将空间体验设计融入实体零售店，使得这个品牌不再仅仅是空间展示造型与摆放商品的设计，更多的是一种通过装置设计、科技体验、灯光设计、娱乐互动几个要素进行创新，让消费者在进入空间中能够感受到其品牌文化，甚至是一种积极、先锋的生活态度、生活理念和生活方式。运动品牌中的佼佼者——耐克公司，将体验设计和新媒体融于品牌旗舰店的创新实践，成为数字体验营销的范例。2018 年，耐克公司全球第一家以科技为主打的体验旗舰店"耐克 001"在上海市南京东路 829 号世贸广场正式开幕。该店共四层空间，总面积达 3822 平方米。它通过体验式空间设计，集数字化和线下服务为一体，为消费者提供优质的产品设计和服务体验。

整个耐克 001 最具娱乐互动的地方就是位于店中央广场的交互式体验区，从空间位置上属于整个耐克 001 的区域中心。形同一个天井，这样的设计能够吸纳许多聚集围观的人流，无形中成为进店顾客的社交场所（图 3-32），而参加核心广场的消费者之间相互比赛竞争，也成为"游戏化思维"推进产品营销的亮点。核心广场由一块贯穿四层楼的数字屏幕和 B1 层的运动场组成，B1 的运动场是一个交互式的场地，地面也是由数字触控屏幕组成，除了提供日常品牌活动、接待名人的空间功能外，还提供一种重力感应运动测试的游戏，它通过"触地跳跃、极速快步、敏捷折返"三种游戏，可以让顾客感受新的试鞋体验。

消费者参与体验的流程非常简单，他们可以通过耐克店铺服务员的协助，扫码验证耐克

图 3-32　耐克 001 上海体验旗舰店成为"体验营销"的范例

会员身份并直接体验店内的娱乐设施，包括跑步、跳跃，甚至还可以打篮球。体验者的运动数据或身体机能的数据可以直接显示到大屏幕和个人手机终端。你还可以邀请朋友一起参加个人挑战赛，看看谁的速度更敏捷（图 3-33，左）。数字篮球场采用了前沿的动作捕捉技术，并邀请职业运动员为该装置提供数字化动作模型。在比赛现场，挑战者必须成功投中篮筐才能点燃球场大屏幕。通过整合来自地面 LED 交互屏和球框传感器的实时数据，这个智能球场借助完美的视觉效果为体验者打造了一个身临其境的比赛体验（图 3-33，右）。快速变动的大屏幕和炫酷的音乐特效，瞬间让耐克体验旗舰店成为一个客流爆棚的游乐场。

图 3-33　耐克 001 上海体验旗舰店的数字篮球运动场及数据显示屏

除了模拟篮球馆和体育场，2018 年，耐克还推出了耐克瑜伽项目，为瑜伽爱好者带来更好的运动体验。瑜伽不仅仅是一项运动，更是一种城市时尚生活方式。该瑜伽互动体验装置由可移动式多个独立单元组成。每个单元屏风式的遮挡效应，可以打造一个相对隐私的授课空间。体验内容上选取了瑜伽常见姿势，利用 Kinnect 镜头捕捉人像动作至投影幕布，并呈现为标准人体骨骼动作图谱，智能程序还可以帮助判断体验者动作的标准程度（图 3-34）。该互动体验系统由 6 个独立空间组成，可以同时满足 6 个人体验。耐克淮海中路店正对橱窗的 LED 墙面上，还提供了两人互动的瑜伽体验装置并增加了沉浸式的声效，其视觉风格更显女性化柔美的特点。

图 3-34　耐克瑜伽项目借助动作识别技术打造用户体验

此外，耐克公司还在上海的街道旁设立了"耐克快乐跑小站"。这是一个由三个多边形类圆空间组成的线下互动体验空间，包括交互装置体验室、线下宣传空间和储物空间（图 3-35）。该互动体验空间以明黄色调为主，红蓝为辅，地板铺满红蓝小球，展现奔跑时鞋

图 3-35　耐克快乐跑小站将跑步与娱乐相结合

底"滚动珠子"的跃动。体验者可以在跑步机上获取实时数据。该装置利用音轨分层增强音效,当跑步速度越快,叠加的音轨越丰富,体验者感受到的动感就越强。同时,伴随着运动,空间内的小球则会有高低起伏的变化。在一分钟互动体验时间内,内置相机可以将跑步与塑料球跃动的画面录制下来,制成即时短视频供体验者下载与分享。

在体验经济蓬勃发展的时代,耐克 001 的营销理念为:消费者不仅仅是购买产品,而是要通过亲身感受,体验耐克公司在科技前沿的创新。因此,耐克公司不仅引领零售和体育创新,也在重新定义体育零售的未来。耐克上海 001 体验店内有很多大型的体验装置,目的都是让消费者更能感知到耐克的技术。如三层天花板上固定着一个巨大的履带传送设备,各种经典款球鞋循环往复地在上面传动,给人一种耐克球鞋生产车间的体验即视感(图 3-36,左上)。潮鞋体验区用类似车间的陈列,还原了球鞋的草图设计、人机工程、材料研究等设计流程,让消费者在体验球鞋视觉效果的同时,感到耐克对待设计的匠心之处(图 3-36,左下)。女士试衣间里有自然光、瑜伽室和健身房三种不同灯光的效果。此外,这里还有耐克亚洲首家推出的"一对一设计"高端定制服务,顾客可以自己选择不同的材质、鞋底、鞋带、配件等,并参与鞋品的个性化设计,直观感受"一双鞋的诞生"(图 3-36,右)。耐克公司已经上线了微信小程序,消费者可以通过小程序预约定制服务。

图 3-36　耐克体验店通过大型体验装置为顾客提供个性化服务

除了营销体验设计外,2016 年奥运会期间,耐克还利用"运动社区思维"将跑步、时尚与数字体验相结合,在菲律宾首都马尼拉市中心打造了全球首座 LED 互动跑道赛场。这个数字增强现实体验项目的独特之处在于:不只让跑者在繁华的都市中找到慢跑的好去处,也不再孤零零地独自运动，而是创造出一个"虚拟的你"陪着你一起跑。从俯瞰的角度看，这座名为"无限运动场"的8字形无限运动场呈现限循环形状，就像一个巨大的耐克鞋底原型，全长共200米，最多可同时容纳30人跑步，环绕跑道的LED墙投影出跑步者的虚拟影像。当跑步者进入无限体育场后，可以从8项基本运动训练挑战中选出一项。在设定初始圈数后，安装在跑步者跑鞋上的传感器让虚拟影像出现在旁边连续的LED大屏上，并伴随跑步者一同前行（图3-37）。随着跑步者的速度越来越快，其虚拟影像的身材也将越来越高大。超精密射频识别（RFID）技术追踪跑步者的轨迹并控制"分身"的跑步速度。通过不断挑战自己的"分身"，你将会越跑越快，并享受挑战自己极限的乐趣。

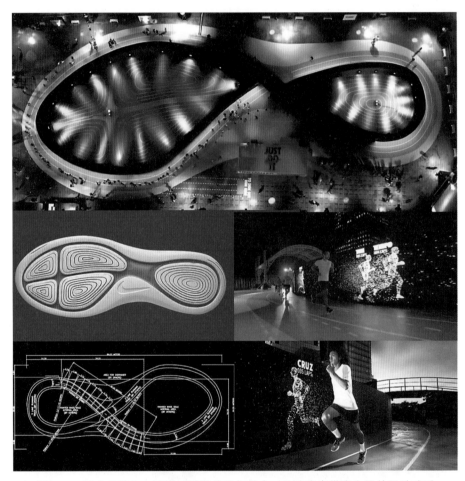

图3-37 耐克将跑步、时尚与数字体验相结合，为跑步者带来全新的运动感受

　　面对数字化和新零售业态的冲击，耐克将全新的体验式零售与高度创新的数字化转型相结合，通过交互体感技术、增强现实技术和射频识别技术，重新定义了其品牌的科技形象与未来生活方式，同时传递给消费者科技与艺术相结合的理念。耐克将产品体验做到极致，而且也为用户体验设计开辟了一个新天地。

思考与实践

一、简答题

1. 体验经济与用户体验设计有何联系，体验经济如何改变设计范式？

2. 什么是体验，体验有哪些类型，什么是"甜蜜地带"的体验？

3. 什么是"看不见的设计"，海面冰山模型说明了什么现象？

4. 星巴克臻选烘焙工坊的理念是什么，如何将体验设计带入商业环境？

5. 为什么说迪斯尼乐园是全球最早和最成功的体验设计范例？

6. 什么是互联网产新兴设计，举例说明该设计领域的职业特征和岗位分布？

7. 用户体验设计师需要哪些素质或能力，主要的工作范围与职责有哪些？

8. 心理学家麦克利兰提出的冰山模型对用户体验设计师的能力培养有何启示？

9. 校园招聘的基本流程是什么，如何有针对性地准备企业的招聘考试？

二、实践题

1. 自助式服务不仅可以降低商业成本，而且也提升了顾客的服务体验。借助智能手机实现汽车自助型无人加油（图 3-38）可能是今后高速公路服务区服务模式改革的方向。请调研该领域的智能产品并从用户需求、用户体验和功能定位三个角度设计"自助加油"的 App。

图 3-38　结合远程客服管理和手机 App 的自助式加油服务

2. 参观上海迪斯尼乐园，并从普通家庭（3 口之家，月均收入 1 万元）的角度，体验该乐园在服务、管理、价格、娱乐性、可用性方面存在的问题和改进设想。①如何通过智能化的园内服务 App 来提升用户体验？②如何解决乐园服务设计中的商业回报、技术成本、用户需求三者的矛盾。

第 4 课

智能时代的用户体验

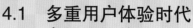

2020 年,随着智能语音、智能图像、自然语言处理、深度学习等技术越来越成熟,人类正进入万物智慧互联的超级互联网时代,虚拟与现实不再拥有清晰的边界,新兴媒体与智能环境不仅开阔了我们的视野,也成为艺术与科技相结合的纽带和桥梁。随着 3R 技术（AR/MR/VR,增强现实 / 混合现实 / 虚拟现实）、深度学习与情感计算等技术的发展,建筑、空间与环境的"媒体化"和"智能化"日益加深,而且借助 VR 技术与脑波芯片,虚拟世界也越来越"真实化",这一切使得我们对数字时代的用户体验设计有了更深刻的认识。本课将系统梳理智能时代的用户数字体验的类型、形式与表现,为读者展示数字时代多重用户体验现象。未来的体验设计师更需要掌握科技发展的趋势,成为多模态设计师和技术创新体验的艺术家。

4.1 多重用户体验时代

2016 年,著名的"硅谷预言家"凯文·凯利(图 4-1)在成都进行了一个名为《回到未来》的主题演讲。他认为在今后 25 年,科技的发展将给世界带来新的趋势,其中最重要的技术就是人工智能,它是机器感知并让产品更为智能的技术。凯文·凯利指出:人工智能早已来临,只是我们还没有感受到。未来人工智能系统解读 X 光片的本领比医生更高;查阅法律证据的能力也比律师要强;带有人工智能技术的刹车系统比人的判断更好,而且车载 GPS 导航设备要比人对空间的认知要好很多……凯文·凯利预言:随着智能时代的到来,追求速度和效率的工作,如流水线装配等,应该更多地让机器完成,而注重体验和创造性的工作,如艺术与科学则归于人类。同时人类需要与智能产品进行更多的交流,虚拟现实带来的不是知识,而是情感体验。

图 4-1　凯文·凯利对未来趋势的判断(《回到未来》的主题演讲现场)

2020 年,随着智能语音、智能图像、自然语言处理、深度学习等技术越来越成熟,人类开始进入万物智慧互联的超级互联网时代。现在雨后春笋般出现的智能语音产品,如"天猫精灵"、小米智能音箱"小爱同学"等就是范例(图 4-2)。AI 包含 AI 技术、大数据、云计算等,IoT(物联网)包含传感器、端与边缘计算等,AI 与 IoT 的结合是 AIoT,也就是万物互联的超级互联网。听觉是人类仅次于视觉的第二大信息输入来源,语音交互(Voice User Interface,VUI)相对于图形交互界面(Graphic User Interface,GUI)有着更广泛的发展前景。人工智能与深度学习让自然语言理解得到了长足的发展,智能语音产品进一步推动了智能驾驶、智能家居、智能医疗等服务的创新,并带给消费者更丰富的用户体验。

20 世纪 90 年代,随着苹果 Macintosh 计算机和微软 Windows 系统的推出,图形交互界面代替了字符用户界面(CUI)并成为信息时代的标志之一。今天,触控交互、人脸识别和智能语音已经成为智能时代的标志之一。除了听觉和视觉外,人的感官还有嗅觉、味觉、触觉和体感,未来的多模态交互设计将是所有感官的一个结合,这个界面称为可拓展交互界面。随着 AIoT+5G 的快速发展,万物互联的超级互联网正在形成,5G 将会赋能整个 IoT 并真正实现万物智慧互联。在 PC 时代,互联网可连接的设备在 10 亿数量级,在移动互联的时代,

图 4-2   小米科技打造以智慧家庭为中心的 5G+AI 与 IoT 智能物联网生态

它的连接设备到了 50 亿的数量级，未来在 AIoT 时代，预计将实现 500 亿连接规模。所以人机交互与用户体验的边界更广阔，XUI 成为"无处不在的计算"的窗口（图 4-3）。

图 4-3   可拓展交互界面将会成为智能时代用户界面的发展趋势

从某种意义上看，人类正在进入"超用户体验"时代（图 4-4），虚拟与现实不再拥有清晰的边界，5G 时代的数字媒体与智能环境不仅拓展了我们的视野，也成为艺术与科技相结合的纽带和桥梁。世界正在朝着以"虚拟 / 真实混合体验"为代表的智慧时代迈进。随着 3R 技术（AR/MR/VR）、深度学习与情感计算等技术的发展，建筑、空间与环境的"媒体化"和"智能化"日益加深，不仅现实世界正在逐渐"迪斯尼化"，而且借助 VR 技术与脑波芯片，虚拟世界也越来越"真实化"，这一切使得我们对数字时代的用户体验设计有了更深刻的认识。未来交互不仅有 GUI、VUI 和 XUI，甚至还会有更令人难以置信的新媒体出现。人机交互将从规则指令进化到自然语言交互，如微软机器人小冰、小米机器人小爱和用户的对话与交流；这种新的人机交互不仅生动、自然，而且更智能、更高效，也能带给用户更多的惊喜和期待。

人工智能不仅为用户带来多重体验，而且还会颠覆人类以往的工作、学习和生活方式。生活方式的改变源自新技术、新文化和新的服务方式。技术日新月异，创新意识不够的设计师不可能变得强大，所以未来的体验设计师更需要掌握科技发展的趋势，将产品设计得更加自然、更接近于人的本能。人工智能时代的设计师是综合了人类 5 感的多模态设计师，是为所有感官创造体验的艺术家。

图 4-4　随着人工智能科技的发展，人类正在进入"超用户体验"时代

4.2　虚拟现实体验

虚拟现实（Virtual Reality，VR）涉及计算机图形学、人机交互、传感、人工智能等领域，是这些领域的技术所生成的集视觉、听觉、触觉为一体的交互式虚拟环境。用户借助数据头盔显示器、数据手套、数据衣等数据设备与计算机进行交互，得到与真实世界极其相似的体验（图 4-5）。虚拟现实产业与 5G、人工智能、大数据、云计算等前沿技术不断融合创新发展，进一步促进了虚拟现实的应用落地，催生了 5G+VR/AR（Augmented Reality，增强现实）、人工智能 +VR/AR、Cloud +VR/AR 等新业态和服务。VR/AR 混合现实技术将自然语言识别、机器视觉等人工智能技术融入行业解决方案，从而为教育、医疗、设计、装配、零售等行业带来更深入的人性化体验。

在过去的 30 多年中，人们对于 VR 的探索经历了从科幻小说、军事工程、电影、3D 立体视觉到沉浸体验的多个阶段，由此不断深化了对这种媒介的认识。早期的虚拟现实还是文

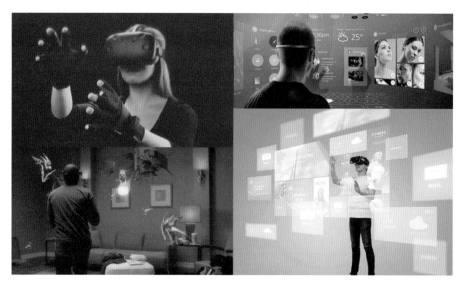

图 4-5　VR 的核心就是打造集视觉、听觉、触觉为一体的交互式虚拟环境

学中的模糊幻想。1932 年，英国著名作家阿道司·赫胥黎在《美丽新世界》中，以 26 世纪为背景描写了未来社会人们的生活场景。书中提到"头戴式设备可以为观众提供图像、气味、声音等一系列的感官体验，以便让观众能够更好地沉浸在电影的世界中"，可以说是对虚拟现实最准确的描述。1981 年，美国数学家和科幻小说家弗诺·文奇，在其小说《真名实姓》中首次具体设想了 VR 所创造的感官体验，包括虚拟的视觉、味觉、气味、声音和触感等；他还描述了人类思维进入计算机网络，在数据流中任意穿行的自由境界。1984 年，著名科幻小说家威廉·吉布森在《神经漫游者》里，将未来世界描绘成一个高度技术化的世界，裸露的天空是一块巨大的电视屏幕，各种全息广告被投射其上，仿真之物随处可见。世界真假难辨，虚幻与真实的界限已经模糊，而人们可以将大脑直接"接入"到虚拟世界。1992 年，美国科幻小说家尼尔·斯蒂芬森出版了第一本以网络人格和虚拟现实为特色的赛博朋克小说《雪崩》。2002 年，斯皮尔伯格执导的《少数派报告》描绘了 2050 年的 VR。由汤姆·克鲁斯扮演的未来警官通过手势和虚拟 3D 投影与远程的妻子进行跨时空交流（图 4-6）。从沃卓斯基兄弟的《黑客帝国》（1999 年）到斯皮尔伯格的《头号玩家》（2018 年），电影中的各种 VR 场景展示了一个个全新的科幻世界。

虽然早在 1989 年，美国 VPL 公司创始人杰伦·拉尼尔就提出了虚拟现实的概念并通过一个头戴式设备打开了通向虚拟世界的大门。但当时这个头盔显示器要 100 万美元，这个价格根本没有办法创造消费市场。30 多年以后，随着智能手机的出现，特别是 5G 高速网络推动了 VR 技术的提升以及成本的下降，这对高清 VR 视频的传输是极大的利好。传统 VR 头盔让人晕眩，最主要的原因在于计算与传输能力的瓶颈。得益于专业 AI 芯片和 AI 空间定位算法加上 5G 带来的延时下降，晕眩问题的解决指日可待。随着 VR 清晰度的提升以及体验感的增强，将会引起 VR 视频行业的质变。届时，可能各种 VR 直播会兴起，人们不再满足于观看各种平面内容，而是沉浸于全景视频的体验中。

图 4-6　电影《少数派报告》中的未来刑警通过 VR 和家人见面

　　2020 年，基于 VR 的游戏《半衰期：爱莉克斯》成为 VR 体验走向真实化的里程碑（图 4-7）。当有怪物向你扑来，你会像现实生活中一样，很自然地举起椅子把怪物隔开。指虎型手柄控制器的设计提供了可识别单个手指动作的功能，现实里手怎么动，游戏里的"手"就怎么动。这些技术为 VR 用户走向自然体验和自然交互开启了大门。我们在 VR 游戏或社交中分享的是真实的体验。通过虚拟现实技术，我们可以体验跨越时空、俯视大海、穿越星际太空的感觉。虽然摘下设备之后，我们可能不记得看到了什么，但是那种经历却是难以忘怀的，这就是虚拟现实的力量。虚拟现实技术通过虚拟世界的社区构建产生了现场的幻觉。我们在虚拟世界中与他人分享经验。虽然这些人是"替身"，但是我们却能真切地感受到他们的存在。

　　随着 VR 技术的发展，未来人们的工作、学习与生活将会逐渐远程化，在线工作、在线教育与在线社交会成为常态。距离的消失将意味着人类社会运转方式的一次变革。从交通业、地产到旅游业都会产生各种各样新的挑战。同时，新的体验需求会推动科技与艺术更高层次的融合，成为体验设计发展新的机遇。

图 4-7   超真实 VR 游戏《半衰期：爱莉克斯》的画面

4.3   增强与混合现实

当前，中国虚拟现实产业发展重点已由单一技术突破转向了多技术融合。多项政策支持鼓励虚拟现实赋能各产业和重点场景，实现创新发展，包括 VR、增强与混合现实（AR/MR）、拓展现实（XR）以及裸眼 3D 技术等都是其中的重点。2020 年 11 月，文化和旅游部发布的《关于深化"互联网 + 旅游"推动旅游业高质量发展的意见》指出，坚持技术赋能，推动虚拟现实、增强现实等信息技术革命成果应用普及，深入推进旅游领域数字化、网络化、智能化转型升级。赛迪顾问数据显示，2020 年中国虚拟现实市场规模为 413.5 亿元，同比增长 46.2%。技术驱动硬件升级、虚拟现实在教育等行业应用范围拓展、一体机等虚拟现实设备性能不断优化等因素将大大提升用户体验，吸引更多用户进入虚拟现实市场，进一步加快整个市场发展。

2021 年 3 月，微软发布了重金打造的混合现实协作平台"微软网格"（Microsoft Mesh，图 4-8）。该平台将为开发人员提供一整套由人工智能驱动的工具，用于创造虚拟形象、会议管理、空间渲染、远程用户同步以及在混合现实中构建协作解决方案的 3D 虚拟传送技术。借助微软的智能眼镜 HoloLens 以及"微软网格"服务平台，客户能够在虚拟现实中举行会议和工作聚会并可以通过"全息"场景进行交流。

从用户体验上看，VR 是利用计算设备模拟产生一个三维的虚拟世界，提供用户关于视觉、听觉等感官的模拟，有十足的"沉浸感"与"临场感"，但你看到的一切都是计算机生成的虚拟影像。AR 指的是现实本来就存在，只是被虚拟信息增强了的影像或界面。MR 则是虚拟现实技术的进一步发展，将真实世界和虚拟世界混合在一起产生新的可视化环境，环境中同时包含了实时的物理实体与虚拟信息。MR 技术最重要的过人之处就在于能够使人们在相距很远的情况下进行实时交流，极具操作性。例如，在 5G 网络的加持下，相隔两地的医生能同步进行手术和指导。这也是"微软网格"想要带给人们的崭新未来。在微软发布会上，智能眼

图 4-8　微软发布的混合现实协作平台"微软网格"

镜 HoloLens 负责人艾利克斯·基普曼以全息化身的形式出现，模拟其身体的光线能够随着真实肉身的运动而实时变化。与此同时，著名导演詹姆斯·卡梅隆和 Niantic 首席执行官兼创始人约翰·汉克也同时以全息远程的方式与基普曼一起参加了大会。作为增强现实手机游戏《精灵宝可梦 GO》的游戏制作人，汉克还在大会为来宾演示了如何利用"微软网格"来实现与玩家共享游戏体验的场景（图 4-9）。

图 4-9　玩家利用"微软网格"来共享《精灵宝可梦 GO》游戏体验

　　增强现实是一项基于将虚拟对象和信息放入用户真实环境中，提供或附加针对性信息的技术，用户借助智能眼镜还能看到增强现实层中的文本和图像。谷歌（Google）是第一家推出增强现实智能眼镜的大型技术公司。2013 年，谷歌以 1500 美元售价推出了命名为"探险者"的智能眼镜——谷歌眼镜（Google Glass）。该眼镜具有和智能手机一样的功能，可以通过声音控制拍照、视频通话和辨明方向以及上网冲浪、处理文字信息和电子邮件等。由于市场定位不准、售价太高和涉及侵犯隐私等问题，2015 年，谷歌公司停止了这个项目。随后谷歌公司汲取教训，重新研究了智能眼镜的市场定位，重点是需要解放双手的业务场景，如医疗行业与制造业。2017 年，谷歌发布了新一代智能眼镜即"谷歌眼镜企业版"。该产品主要面对医疗高科技企业用户（图 4-10）。在配置上，除了摄像头像素依旧是 500 万，支持幅面为 720 像素的摄影摄像外。它支持 5G WiFi 与蓝牙连接，拥有 2GB 的内存与 32GB 的硬盘容量。内置气压计、磁力感应、眨眼感应和重力感应等传感器，包括 GPS 都一应俱全。电池容量为 780 毫安，足够支撑一整天的工作。在工厂里，谷歌眼镜可以协助工程师观察机械结构并协助工程师维修或操作复杂机器。在医疗领域，谷歌公司与远程医疗服务公司及 Augmedix 合作来推广新版谷歌眼镜。该眼镜用户主要是门诊医师。他们可以佩戴眼镜和病人进行交谈，无须现场记笔记或者写病历，而眼镜摄像机会将医生与患者的交流与互动传给公司的"智能病历助手"，该程序借助语音识别与图像识别，会自动生成患者的病历并返回给医师参考，由此减少了医生在繁忙工作上花费的时间，受到了医生的好评。

图 4-10　谷歌眼镜企业版主要面对医疗及高科技企业用户

增强与混合现实被认为是替代智能手机的下一代媒体。脸书（Facebook，现更名为 Meta）公司首席执行官马克·扎克伯格对构建一个以 VR 和 AR 为基础的"元宇宙"世界充满期待。他曾经指出："虽然我希望手机在 21 世纪 20 年代的大部分时间仍然是我们的主要设备，但我们将获得前所未有的增强现实眼镜，它将重新定义我们与技术的关系。"扎克伯格还预测，增强现实将带来巨大的社会变革。"想象一下，如果你可以生活在自己选择的任何地方，并可以随时随地进行各项工作"。目前该领域已经成为全球高科技争夺的焦点，包括苹果、亚马逊、微软等都在跃跃欲试。但正如凯文·凯利所指出的：未来 25 年的科技趋势可能难以预测，不过有一件事是确定的，那就是最伟大的产品今天还没有被发明出来。

4.4　视听盛宴：XR+裸眼3D

2021年2月11日除夕夜，一年一度的春节联欢晚会如期而至。中央电视台通过首次直播的 8K 超高清影像带给全球观众一场"视听盛宴"（图 4-11）。本届春节联欢晚会的突出特色就是技术创新，展示了"5G＋8K＋AI＋裸眼 3D"快速发展的最新成果，是"艺术与科技融合，时尚与创新齐飞"的经典数字娱乐体验的范例。例如，武术节目《天地英雄》将虚拟山水自然融入武术场景，AR 技术营造出清奇意境。时装走秀表演节目《山水霓裳》借助MILO 技术、镜面虚拟技术使得歌手李宇春能够迅速变身模特，数字舞台效果更是美轮美奂。在全息投影技术的支持下，18 个不同造型的模特完美诠释了"中国风"；AI 与 VR 裸眼 3D演播室技术的结合，使得传统舞台空间突破物理形态，虚拟与现实的边界被重构成为本届春晚最大的亮点。

图 4-11　央视 8K 超高清影像带给全球观众一场"视听盛宴"

除夕之夜，香港歌手刘德华通过"云录制"的方式，空降联欢晚会舞台。一袭红衣，劲歌热舞，一曲红火热闹的《牛起来》，洋溢着浓浓的年味儿（图 4-12）。2021 年春晚在舞台效果上充分运用了 AI+VR+ 裸眼 3D 技术等，其中扩展现实（XR）技术成为体验设计师关注的焦点。扩展现实（Extensible Reality）技术是指通过计算机技术和可穿戴设备等产生的一个真实与虚拟组合的、可人机交互的环境，是虚拟现实、增强现实和混合现实技术以及其他沉浸式技术的融合与统称。作为一种综合性的高新技术群，扩展现实技术离不开多种技术的支撑，包括输入技术、处理技术、输出技术和智能传感技术等。输入技术即对运动、环境做出感应和交互触发的技术；处理技术即输入信息识别、数字内容生成、虚实融合处理等技术，使真实和虚拟空间无缝融合；输出技术即依靠视觉、听觉、触觉、味觉及嗅觉反馈的技术，为用户提供情境化的真实感官体验；智能传感技术即依靠人工智能、物联网和高速传输网络等，保证数据从云端到边缘、再到设备端的传输稳定性。目前，扩展现实技术的应用不仅常见于文艺演出、影视制作、艺术展览、赛事直播等消费娱乐领域，还逐渐向医疗、教育、工业等垂直领域渗透。可以预见，扩展现实技术在各领域的应用将大有可为，将催生出全新的生产生活方式。或许你会在虚拟教室上一堂真人互动课程，做一场模拟实验；或许会进入虚拟世界，随手随心勾勒就能进行直观的设计。XR 将现实与虚拟无缝对接，在虚拟与现实间自如切换，产生了全新的体验感受。

图 4-12　牛年春晚充分运用了 AI+VR+ 裸眼 3D 等扩展现实技术

为了给观众带来震撼的视听感受，9 台 8K 摄像机为中央电视台超高清电视频道输送了 8K 画质的电视信号。这是世界上第一个 8K 超高清电视频道上的 8K 直播，利用智能切换和智能跟踪技术实现了多视图同步显示。除夕夜，北京、上海、深圳、成都、海口等 10 个城市通过 8K 公共巨型屏幕或 8K 电视同步播放了晚会实况，让观众体验了丰富多彩的视听效果。这些公共场所包括北京国家大剧院、上海国际媒体港、深圳福田银河广场、成都春熙路购物街等。

2021 年春晚采用的 AI+XR+ 裸眼 3D 技术，配合全景自由视角拍摄、交互式摄影控制、特种拍摄和实时虚拟渲染制作，为电视机或手机观众带来了丰富的体验（图 4-13）。该技术通过三面 LED 显示屏来构建可视的虚拟 3D 空间。摄像头跟踪系统提供演员的空间位置数据，并且通过 VR 渲染引擎将虚拟场景实时呈现在 LED 屏幕上。通过这套系统，导演可以让现场表演者与周围的虚拟元素进行对位互动，从而突破了传统虚拟现实技术的局限性，并在虚拟空间与现实世界之间实现了无缝连接。这种方式不仅打破了传统的舞台空间呈现方式，而且画面新颖并充满科技感。本次晚会由 100 个 4K 摄像机进行现场 360° 沉浸式拍摄，可自由旋转 3D 视角，实现了流畅和炫酷的画面效果。

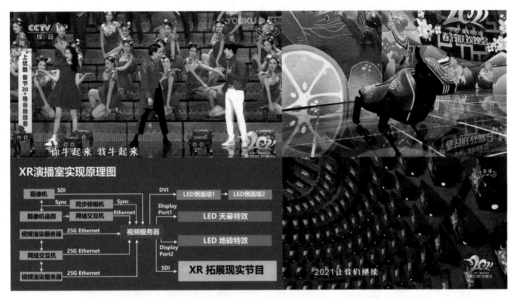

图 4-13　央视采用了 XR 演播室技术，为观众带来了丰富的视听体验

为了增强全景虚拟现实视频的沉浸式视听体验，在舞台设计上，2021 春晚舞台观众席后方和上方用 154 块屏幕构成了超高清大屏幕，与采用 61.4 米 ×12.4 米的 8K 超高清巨型舞台主屏，以及地屏、装饰冰屏一同构成了一个穹顶演播空间。工作室还部署了 6 套超高清虚拟现实摄像机，配备专业的 3D 声音捕获技术设备，并使用 5G 技术将高质量的虚拟现实内容与现场表演融为一体。实现了 3D 图像和 3D 音频的无缝集成。声场随虚拟现实视频的视角而变化，从而为电视观众提供最佳的身临其境的感受。牛年春晚代表了一场高科技的视听盛宴，为今后 XR 视频产业的发展树立了新的标杆。与此同时，这种综合景观的设计也为新媒体设计师提出了更高的要求。

4.5　数字沉浸与幻境体验

2020 年，日本著名新媒体艺术创作团体 teamLab 在东京一家数字博物馆内展出了名为《四季花海：生命的循环》的大型交互体验装置秀（图 4-14）。这个作品的核心就是一面巨大的 LED 屏幕，上面循环播放的是由菊花、海棠花、月季花、葵花组成的"花海"。所有的花卉按照一年四季的顺序依次盛开和凋谢。巨大的花卉随风摇动，观众则像小人国的孩子置身其中，体验着目不暇接的美景。除了花卉的绽放、盛开与漫天花瓣随风飘落的胜景外，观众还可以向这些花卉挥手致意，而它们也仿佛有知觉一样，会通过低头、聚拢、摇动等方式来回应观众。

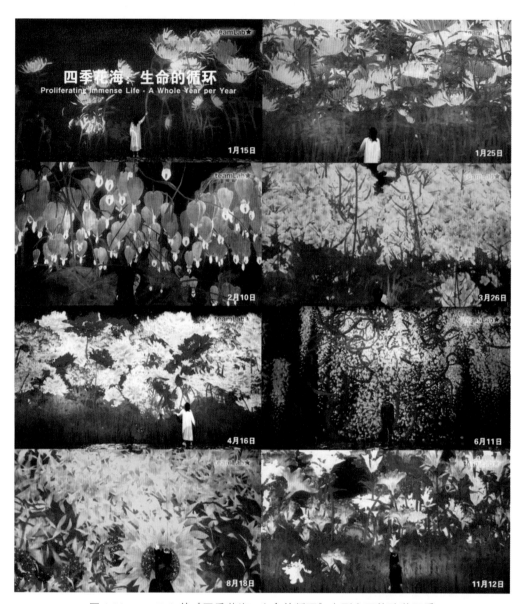

图 4-14　teamLab 的《四季花海：生命的循环》大型交互体验装置秀

teamLab 艺术总监猪子寿之在接受《艺术新闻（中文版）》的一次采访中，以 teamLab 交互装置作品为例，阐述了他对"数字沉浸与幻境体验"美学的理解："科技拓宽了艺术的表现形式。其中一种方式是把艺术扩展为无尽的体验，就像我们的作品《永恒怒放的生命》中那不断变化的图像。另一种方式是改变艺术作品与观赏者间的关系。另外，科技能够让我们在作画时使用海量的信息。倘若没有技术的协助，没有人能在有生之年处理完如此巨大的信息量。我们在东京晴空塔里展出的《东京晴空塔壁画》就是个很好的例子。"《东京晴空塔壁画》（图 4-15）是一个巨幅的东京景观鸟瞰图。这个高 3 米、长 40 米的作品由 13 块 LED 屏幕无缝拼接而成。画作类似动态的《清明上河图》，将东京江户时代的历史与未来相互穿插，丰富细致地表现了鸟瞰东京的宏大景观。而细节之处的车水马龙、市井百姓、妖魔鬼怪则以二维动画表现，成为可游可赏，可近观可远眺的大型互动作品。该作品借鉴了 2.5D 游戏的

45° 平铺视角，用海量的手绘与 CG 结合，呈现了一幅现实与虚构、历史和未来相混合的"东京浮世绘"，也诠释了猪子寿之的"海量数据美学"所具有的当代性与体验性。

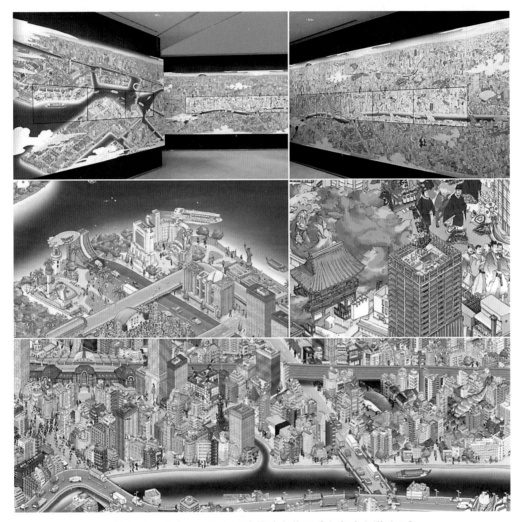

图 4-15　日本 teamLab 团队的动态装置《东京晴空塔壁画》

　　2018 年 9 月，由清华大学美术学院设计团队打造的"重返·海晏堂"主题展览也是数字沉浸体验装置的佳作（图 4-16）。为了让这座百年前毁于战火的"万园之园"重现辉煌，该团队结合了近 20 年的复原研究成果，通过 CG 技术重现了海晏堂的历史原貌。观众置身于 360° 环形空间内，巨大的环幕与地面屏幕无缝连接。该作品通过联动影像、雷达动作捕捉、沉浸式数字音效等手段，打破时间与空间的局限，展现圆明园海晏堂从遗址废墟重现盛景的全过程。在将近 7 分钟的沉浸体验秀中，观众可以用自己的脚步"揭露"出封存在地下的海晏堂遗址，亲身参与圆明园的探索发现。"重返·海晏堂"通过震撼人心的场景开启观众的穿越之旅，带领观众见证圆明园的数字重生。和 VR、AR/MR 以及 XR 一样，数字沉浸体验拓展了用户的视角，调动了全身的感官，为观众打造了一场有温度、可感知、可分享的心灵之旅。

图 4-16　由清华大学美术学院团队打造的"重返·海晏堂"虚拟体验馆

4.6　可穿戴与智能家居

1. 可穿戴技术与产品

在未来学家的眼中，可穿戴技术是人类与机器智能相互融合的一个必经阶段。从桌面计算机到笔记本计算机，从平板计算机到智能手机，从无人驾驶到智能家具，从可穿戴到可移植，人与技术的关系逐渐从形式上的延伸到真正的融合，代表了未来人机关系发展的前景，也是用户体验设计师未来的战场。美国麻省理工学院教授、媒体实验室（Media Lab）创办人、未来学家尼古拉·尼葛洛庞帝在其著名的《数字化生存》一书中，把世界分成比特和原子两种状态。可穿戴设备的最大魅力，就是让传统意义上原子状态的信息变成了比特：人的运动、体征情况、人像画面、眼部动作都可以通过传感器成为数据。眼镜、手腕、手指、足部甚至心脏都变成可量化的数据。与此同时，通过 3D 打印技术、内置微芯片、

LED 光纤以及石墨烯纤维等技术打造的可穿戴服装与服饰（图 4-17）也跨界成为时尚界的亮点。

图 4-17　借助 3D 打印技术和 LED 光纤打造的时尚表演秀

　　智能眼镜是可穿戴技术的重要领域，由于眼镜具有可隐身、高效率和便携性的特点，已成为观影（3D）、监控、导航、通信、声控拍照和视频通话等功能最直接的应用产品。2014年谷歌公司推出的智能眼镜无疑是这类产品的代表。目前智能眼镜已经被应用到多个领域。2018 年春节，中国警察首次使用了具备面部识别技术的智能眼镜，这可以用于抓捕人群中的"逃犯"和"可疑人员"。这款眼镜在测试中能够在不到 100 毫秒的时间内就从存储了一万名嫌疑人信息的数据库中确定了个人身份，比传统的固定摄像头更快。据报道，中国郑州铁路警方首次使用了这种配备人脸识别技术的人像比对警务眼镜。这种眼镜可以对人群进行高效筛查，找出人群中的嫌疑犯和冒用他人身份证件人员（图 4-18，上）。同样，在 2018 年年初，英特尔公司推出名为 Vaunt 的智能眼镜（图 4-18，下）。该眼镜通过激光直接在瞳孔投影来呈现信息，其内部配有低功率的激光器、智能芯片、加速器、蓝牙芯片以及指南针等。该眼镜可以让你在 AR 环境中看到某人的生日或别人给你的手机发的信息等。

　　手表作为历史最悠久，持续时间最长的"智能设备"，它从机械表时代开始，就是大家可以随身携带的设备里最精密最复杂的一件。在易用性和方便性上，手表几乎是智能穿戴中最合适的载体。不论是基础传感器的安置，还是信息通过震动或屏幕的传递，又或者用于社交时的方便程度，手表的形态都是最完美的。因此，智能穿戴的起点和核心就是智能手表。智能手表的用户界面设计对设计师来说是一次非常新鲜的体验和挑战。

　　智能手表（智能腕表）的主要功是通过各类传感器监测运动 / 生理 / 健康指标（图 4-19）。常用功能包括监测睡眠、监测心率、跑步记步、远程拍照、音乐播放、录像、指南针等。针对老人有超精准 GPS 定位、亲情通话、紧急呼救、心率监测、久坐提醒、吃药提醒等。儿童智能手表核心是 GPS 定位、远程监听、智能防丢、历史轨迹、电子围栏和计步器。智能手表主要通过屏幕、声音和震动完成以手机为核心的推送信息传递及初步的社交功能。从用户界面设计上看，智能手表最突出的特征就是它能够支持可交互的表盘，而这些都是通过自身的应用驱动实现表盘中的计时、通话、日历、天气和社交等功能。可交互表盘可以实现拖

图 4-18　人像比对警务眼镜（上）和 Vaunt 的智能眼镜（下）

曳标签、点按切换、长按通话等。智能手表可以采用更多的交互方式，如语音、滑动、长按、手势等来取代传统点击的方式。未来通过距离 / 运动 / 位置传感器的发展，对创新手势（如旋转操作，图 4-20）以及更深入的社交功能的支持，智能手表这一品类将变得越来越不可或缺。

图 4-19　智能手表可以提供运动 / 生理 / 健康指标的监测

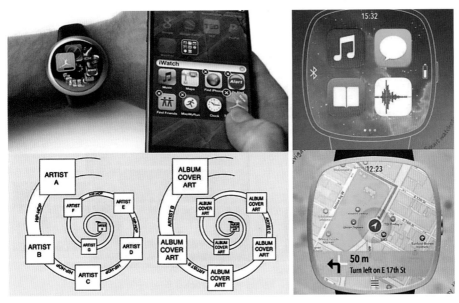

图 4-20　基于创新手势（如旋转操作）的手表用户界面设计

2. 智能家居体验设计

说起智能家居，你第一个想到的是什么？是让小爱同学帮你在冬夜睡前关掉所有灯光，还是喊 Siri 替你在出门前帮你"打点"好家里所有的电器？无论是哪一种，不可否认的是，随着智能家居越来越深入普通家庭，人们对于它的认知也不再只局限于"远程开关"，更多的自动化设计以及它带来的生活上的便利都给人们的日常生活带来新的体验。早在 2014 年，苹果公司就发布了 HomeKit 智能家居平台。2015 年推出了来自 5 家厂商的智能家居产品，随后，苹果 iOS10 增加了家庭应用，以管理控制支持智能家居设备，也就是可以通过 iPhone、iPad 控制灯、空调、风扇以及其他家用电器。2016 年以后，建筑商开始提供支持 HomeKit 的门锁、各类灯具、插座、家居摄像头、窗帘、空气质量检测仪等。这些智能家居配件也可以借助 Apple TV 唤出 Siri 语音操作。你还可以预设常用的场景：清晨起床，启动窗帘开关；步入门厅，屋内各处的灯光同时点亮，空气净化器风扇悠然转起……苹果智能家居平台实现了多种自动化功能和远程控制，成为体验设计的典范。2018 年，小米生态链企业绿米联创，即国内全屋智能品牌 Aqara 加入到苹果生态之中，是目前国内支持 HomeKit 设备数量最多的品牌，涵盖智能插座、调光系统、窗帘电机、智能摄像机、智能门锁、空调伴侣、门窗及人体传感器等众多品类，提供基于苹果 HomeKit 的全屋智能体验产品（图 4-21）。

作为带有高科技属性的设计公司，苹果公司最大的优势就是通过智能科技来开发能够丰富用户生活体验的设备或工具。因此，家庭被视为使用这些宝贵资源的重要场所。在智能家居方面，苹果依靠 HomeKit 和第三方硬件建立起了完整的智能家居生态系统，如 iPhone、iPad、智能音箱 HomePod、智能电视机、智能眼镜、Apple TV、iWatch 智能手表等设备，将个人、家庭、建筑紧密连接在一起（图 4-22）。苹果公司充分利用了智能手机与可穿戴设备来推动数字家庭理念的发展。哪些智能家居设备能够进一步促进和丰富用户体验？随着时间的推移，在增加功能和提高性能方面，哪些设备有很长的路要走？上述问题最有可能由苹果公司的设计师和工程师来解决。

图 4-21　绿米联创提供了支持苹果 HomeKit 的全屋智能体验产品

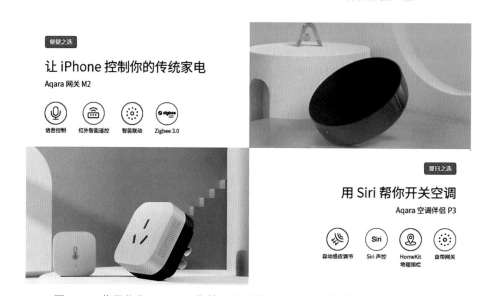

图 4-22　苹果依靠 HomeKit 和第三方硬件建立起了完整的智能家居生态系统

　　国内智能家居的领跑者无疑是小米科技。早在 2017 年，小米科技发布了第一款智能音箱 "小爱"。后来 "小爱同学" 被移植到手机等设备。2019 年，小米正式对外宣布其 "双引擎战略"，即万物智慧互联（AIoT）与智能手机，AIoT 第一次被提到和手机一样的战略地位。AI 智能语言带来了一些革命性的变革，"小爱同学" 也成为小米的 AIoT 战略的核心。类似苹果公司的智能音箱 HomePod 以及家庭智能中控 Apple TV，"小爱同学" 不仅仅是智能语音助理，它更是一个数字家庭控制中心（图 4-23），周围层是内置 "小爱同学" 的设备，是小米自研或者合作公司生产的智能设备（30+ 品类），更大的外围层是支持 "小爱同学" 控制的设备（共计 34 个品类）。"小爱同学" 不仅包括语音和自然语言，还包括视觉系统。未来通过视觉交互，"小爱同学" 可以带来很多让人惊艳的用户体验。目前，小米智能家居产品已经在人们的生活中无处不在，"小爱同学" 随着小米的 AI 战略也将不断发展。从未来发展上看，智能家居将从 GUI 发展到 VUI。其中,GUI 代表的是图形交互,同时也是手势交互(Gesture)。VUI 不仅是语音控制,也是视觉交互,因此,万物智慧互联增加了人和设备之间的互动。智能家居中所有的设备,包括检测温度、湿度、门窗、人体、水浸、烟雾、燃气、光照和睡眠等的各类传感器以及智能开关、插座、窗帘电机、空调控制器、调光器、门锁等各类智能控制器都可以通过一句话、一个手势或一个眼神和你进行交互。周围所有的智能设备或家电产品在"小爱同学"的控制下,形成了用户直接接触的环境,包括智能空间的感知和智能设备的唤醒,由此实现贴心的服务。

图 4-23　小米科技借助"小爱同学"建立起智能数字家庭的生态系统

　　5G 时代的大数据、云计算和人工智能推动了智能家居兴起。苹果与小米科技正是这个浪潮中的佼佼者。5G 代表了高速率、大连接、低功耗和短时延的连接,这对需要瞬时反应的信息传输非常关键。通过 5G 可以加速 VR/AR、实时远程医疗、远程教育、游戏、高清视频直播和沉浸式体验等领域的突破与创新。无论是智能家居、智慧工业、智慧农业、智慧医疗与智慧社区等都是万物智慧互联(AIoT)大显身手的战场。

4.7　车联网与智慧出行

　　车联网(Internet of Vehicles)是指按照一定的通信协议和数据交互标准,在"人—车—路—云"之间进行信息交换的网络系统(图 4-24)。车联网通过汽车智能网络和各种传感技术,感知车辆状态信息并借助无线通信网络与大数据分析技术实现交通的智能化管理。整体而言，车联网产业是汽车、电子、信息通信、道路交通运输等行业深度融合的新型产业形态。从狭义上说，车联网是指通过搭载先进传感器、控制器、执行器等装置，运用信息通信、互联网、大数据、云计算、人工智能等新技术，使得汽车具备部分或完全自动驾驶功能，由单纯交通运输工具逐步向智能移动空间转变的新一代汽车。智能汽车通常也被称为自动驾驶或无人驾驶汽车等。从用户体验角度来看，车联网实现了人们"第二空间"汽车的智能化，同时也是万物智联中的一部分。车联网在推动汽车产品升级的同时，赋予了汽车感知和智慧，让汽车从交通工具向智能终端进化，具备交互和服务的能力。

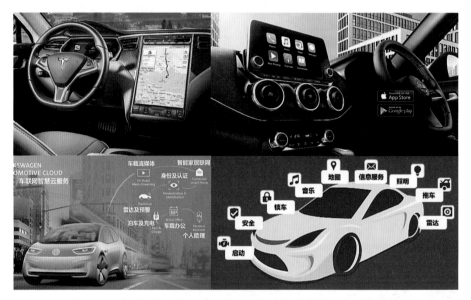

图 4-24 车联网即"人—车—路—云"之间的信息交换网络系统

今天，很多汽车已经装载了数字化的仪表控制系统。当汽车成为物联网中的联网设备，我们将适应这一场景：早晨被闹钟吵醒后，日历提示你上午开会的时间和地点。洗漱完毕，吃完早餐，无人车会根据用户的行程安排来执行接送任务。你也可以通过触屏界面控制车里的空调和娱乐系统并获知路况信息。汽车将和冰箱、洗衣机等智能家电一样，成为满足我们生活需求的一个工具。"20 年内，买无人驾驶汽车会和过去买马那么平常。"这是特斯拉 CEO 埃隆·马斯克在 2016 年的一个预言。今天这个预言可能会提前实现。随着自动驾驶技术的突破、人工智能和汽车行业的飞速发展，人们逐渐相信"会自己开的车"正在从科幻电影走向现实，万物互联、万物智能的新时代已经到来。无论是谷歌的 Waymo、通用的 Cruise、百度的阿波罗，还是新无人驾驶初创公司 Roadstar.ai、景驰、小马智行、驭势科技、智行者等，梦想将变为现实。2015 年，阿里巴巴和上汽集团共同投资创建了智联网汽车平台"斑马网络"，开创了互联网汽车的先河。2018 年，腾讯集团发布了智慧出行战略并整合车联网、地图、位置服务、汽车云、自动驾驶、乘车码等业务，结合网络安全、AI、内容服务、微信等协同服务，为汽车行业提供完整的一体化的数字化解决方案。

随着智能科技的发展，今天无人驾驶技术已经接近成熟：特斯拉汽车通过 8 个摄像头提供了 360° 视角以及 250 米距离的可视范围；增强雷达可以在不良天气条件下，提供更为清晰准确的探测数据，激光雷达能够更准确测量障碍物距离并增强汽车的感知能力。随着车载芯片计算和处理能力的加强，计算机将能通过图像识别和其他传感器的结合，更准确地判断实际路况，随时处理各种极端情况，判断各种可能的事故，由此不断提升汽车的安全性能。2019 年 4 月，特斯拉正式对外发布全自动驾驶（Full Self Driving，FSD）芯片，众多车手和用户亲身体验了无人驾驶的乐趣（图 4-25）。随着 5G 时代云计算和深度学习技术的拓展，相信无人驾驶汽车和智慧出行将会指日可待，智能科技与大数据不仅会使驾乘人员更安全、更自由，而且也通过更舒适的空间设计和智能娱乐设计，带给司乘人员更丰富、更流畅的用户体验。未来的智慧出行还将成为推动城市绿色环保与共享经济发展的重要力量。

图 4-25　特斯拉在 2019 年正式对外发布了全自动驾驶 FSD 芯片

案例研究：　大数据与未来体验

随着智能时代的到来，"数字体验"或者"场域审美"正在成为当代艺术领域的时尚先锋。互动式、沉浸式与多模态场景带给观众耳目一新的多感官体验。新一代艺术家和程序员渴望通过大数据与人工智能来创造一种新的视觉语言。数据能成为灵感创意的源泉吗？信息本身能够成为一种艺术形式吗？机器人是否会做梦，或者人类是否能与机器共情？虽然我们时刻被数据所包围，但是直到今天，将数据视为艺术材料的设计师或者艺术家仍然很少。来自洛杉矶的新媒体艺术家雷菲克·安纳多尔就是这个领域的佼佼者。

2020 年 12 月，安纳多尔和他团队的最新作品《量子记忆》在墨尔本维多利亚国家美术馆展出（图 4-26）。安纳多尔利用人工智能、机器学习和大数据视觉计算将网络公共数据库中的大约 2 亿幅图像变成了一幅幅动态立体雕塑作品。安纳多尔受到了量子理论的启发，将照片海量数据通过谷歌人工智能算法转化成机器生成的"风景"，也就是由各种绚丽多彩的粒子构成的图案。这些滚动的冰川、海洋与岩浆呈现了自然与数字景观的震撼。在作品播放过程中，计算机还会自动追踪观者的位置和动作，触发不同的风格和音乐。量子算法的独特之处在于它给每一次的图片处理都加入了随机元素，所以我们看到的数字雕塑中每一个动态帧都是独特的，数字大自然也会随着时间、空间和观者而变化，形成独一无二的瞬间。安纳多尔用大数据与智能计算打开了通向未来的景观。

图 4-26　安纳多尔和他团队的动态数据装置作品《量子记忆》

安纳多尔毕业于加州大学洛杉矶分校的设计媒体艺术专业，在此之前曾在伊斯坦布尔比尔吉大学获得视觉传达设计硕士学位以及摄影摄像学士学位。在他的作品里你能看到多维度的视觉整合，不仅是平面上的美感，更有空间和时间的深度。在人工智能、机器学习等算法的加持下，安纳多尔专注于创造动态数据雕塑，并通过结合光、影、声的沉浸式表演，打破了数字世界和真实世界之间的看不见的墙。为了解释他作品中的创意，安纳多尔提出了"数据的诗学"的概念，来形容大数据时代的"场域审美"，即由于海量数据与动态变形所引起观众的奇观感。例如，在其动态雕塑作品《深圳的风》（图 4-27）中，安纳多尔利用可视化

图 4-27　动态数据雕塑作品《深圳的风》（上）和《博斯普鲁斯海峡》（下）

数据的方式，将从深圳机场收集的深圳全年的风速、风向、阵风模式和温度等数据转换为由抽象数字积木构成的数据海洋。同样，他的另一个数据雕塑作品《博斯普鲁斯海峡》，将土耳其国家气象局采集的海洋数据转化为诗意的海浪体验（图 4-27，下）。

作为多媒体艺术家兼导演、谷歌艺术和机器智能项目驻场艺术家，安纳多尔运用实时音乐与视觉特效打造公共艺术雕塑、呈现沉浸式感官体验。他的作品多数是对数字媒体与物理实体互动关系的探索。他的画笔是人工智能算法，颜料是大数据，而画布则是建筑空间，由此重新定义了建筑结构与媒体艺术的紧密关系，使得观众耳目一新。2018 年的作品《融化的记忆》（ *Melting Memories* ）结合生物智能技术，为参观者实时呈现了人脑的运行机制（图 4-28 ）。该作品得到了加州大学旧金山分校神经图形学实验室的支持，将用户的脑电图波谱转化为多维视觉结构。该装置会记录并模拟观众的大脑思维过程中的变化，其震撼的可视化效果为观众留下了深刻的印象。

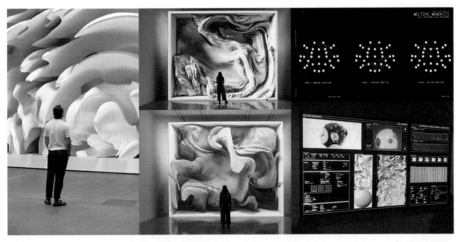

图 4-28　安纳多尔的脑数据动态雕塑作品《融化的记忆》（左和中）及原理图（右）

《巴别图书馆》是阿根廷作家博尔赫斯的一本短篇小说。作家构想了一个由浩渺的图书馆构成的宇宙。受到该小说的启发，安纳多尔的沉浸式动态雕塑作品《档案梦境》，让观众通过多感官互动来实现对图书馆知识档案的探索。该作品通过机器学习的方式，将纽约公共摄影档案馆所存储的超过 1 亿张照片进行采集与可视化处理，并通过人工智能构建的图像叙事系统来预测或重构出新的图像。该作品由巨大的 360° 无缝拼接 LED 展厅构成，观众可以漫步其中，感悟一个由纽约的历史与未来融合而成的梦境世界（图 4-29 ）。

在信息时代，数据意味着品质与资源，精密的算法搭配可观的数据意味着生活质量的提高，并推动艺术与科技的快速融合。安纳多尔利用这个时代最有力的媒介——大数据与智能计算，将他的艺术感悟转化为极具表现力的光影艺术。2018 年，安纳多尔接受了一项委托对洛杉矶迪斯尼音乐厅进行改造，这是洛杉矶爱乐乐团 100 周年的大型庆祝活动。该团队完成的光影艺术装置《WDCH 梦想》以数据驱动的动画模式，将爱乐乐团的影像投射到迪斯尼音乐厅。42 台大型投影机直接将这个绚丽多彩的"数据雕塑"展示在音乐厅的外墙上（图 4-30）。这件作品将语音、触摸、触控、手机交互和手势界面等多感官设计相融合，借助机器学习重构了乐团过去 100 年来超过 77TB 的数据资料，并通过粒子系统与动态影像进行可视化展示，由此为现场观众打造了一种多模态的、更具凝聚力与冲击力的超现实体验。

图 4-29　安纳多尔的沉浸动态数据雕塑作品《档案梦境》

图 4-30　安纳多尔和他的团队的光影艺术装置《WDCH 梦想》

思考与实践

一、简答题

1. 什么是多重用户体验时代？举例说明智能时代用户界面的发展趋势。

2. 什么是 AIoT+5G？举例说明万物智慧互联在农业、制造业及娱乐产业的应用前景。

3. 尝试体验 VR 的游戏《半衰期：爱莉克斯》并说明 VR 技术的最新进展。

4. 微软网格带给 MR/AR 哪些革命性的变化？混合现实技术未来的发展前景是什么？

5. 牛年春晚应用了哪些炫酷的视听体验技术？什么是拓展现实（XR）技术？

6. 举例说明什么是"数字沉浸与幻境体验"，teamLab 装置的美学基础是什么。

7. 可穿戴与智能家居技术带给用户哪些新的体验？苹果 HomeKit 的优势有哪些？

8. 分析特斯拉的自动驾驶技术，调研国内车企在该领域的现状与发展趋势。

9. 安纳多尔的"大数据雕塑"是如何实现的？这些作品能够带给观众哪些体验和思考？

二、实践题

1. 狗狗不仅是人们家庭生活的重要伴侣，也是许多爱狗人士的精神寄托（图 4-31）。请设计一款可以帮助主人实时监控宠物活动和健康状况的可穿戴设备，其主要功能包括：①健康监测；② GPS 防走失预警；③动物脑波分析（动物心理与情绪）；④动物叫声的语义识别。

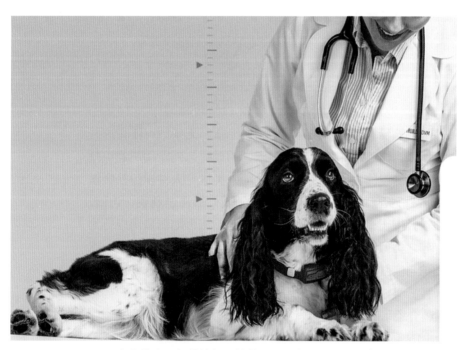

图 4-31　宠物作为人们的伴侣，其健康问题也受到了人们的关注

2. 有形媒体把现实世界本身作为界面，而把数字界面隐藏起来。请你寻找一棵大树的树洞，在里面设计一个可以录音并播放音乐的交互装置，吸引大家在树洞中留下"自己的秘密"。

第 5 课

用户体验设计理论：体验与需求

//////////

　　用户体验就是情感体验，痛苦、沮丧、失望、愤怒、绝望、无奈……所有这些感觉都可以用"痛点"来代表。体验意味着欲望与需求，而理解与判断用户痛点就是用户体验设计理论的出发点。设计思维的核心是以早期人类学、人种学和社会学所构建的田野调查的研究实践为基础，移植到产品设计领域，即通过观察、访谈、记录和分析推理来聚焦需求并提出有价值结论的理论与方法。旅程地图是用户行为可视化的重要分析方法，与之类似的服务蓝图则是服务体系可视化分析的手段。本课将深入探索用户体验理论与实践的核心方法，包括设计思维、用户旅程地图、服务蓝图、定量与定性、卡片分类法、移情地图与用户画像。为了深入阐明用户需求与体验的心理基础，本课还介绍了心流与体验理论以及 KANO 需求分析模型。

5.1　聚焦需求：设计思维理论

早在 20 世纪 80 年代，斯坦福大学教授，美国著名设计师、设计教育家拉夫·费斯特就创办了斯坦福设计联合项目（Stanford Joint Program in Design）并成为 D.School 的前身。1991 年，IDEO 设计公司创始人戴维·凯利开始在斯坦福大学任教并逐步推广该公司探索出的设计方法论，也就是人们通常说的"设计思维"（design thinking）。随后，在斯坦福大学的支持下，他和其他几位斯坦福大学教授一起，在 2005 年共同发起成立了 D.School，即著名的哈素·普拉特纳设计学院（Hasso Plattner Institute of Design）。几乎同时，美国著名的卡内基 - 梅隆大学商学院也把 IDEO 的设计思维引入课程。由此，设计思维开始在设计界、学术界引起广泛关注，也成为各大知名企业普遍采用的创新方法。

设计思维最初是源于传统的工业设计方法论，即需求与发现（need-finding）、头脑风暴（brainstorming）、原型设计（prototyping）和产品检验（testing）这样一整套产品创意与开发的流程。1991 年，IDEO 公司设计师比尔·莫格里奇等人在担任斯坦福大学设计学院教授时，将这套设计方法整理创新成为交互设计的基础（图 5-1）。莫格里奇等人将该方法归纳为五大类：同理心（理解、观察、提问、访谈），需求定位（头脑风暴、焦点小组、竞品分析、用户行为地图等），创意，尝试或者观点（POV），可视化（原型设计、视觉化思维），检验（产品推进、迭代、用户反馈、螺旋式创新）。其中，同理心（empathy）或移情思考是问题研究的开始。观察、访谈、角色模拟、情景化、故事板与原型设计是设计思维的关键步骤。

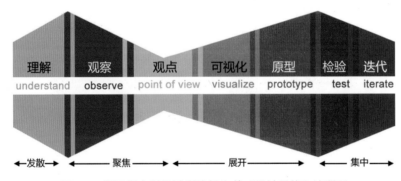

图 5-1　斯坦福大学设计学院提出的"设计思维"流程图

设计思维也是问题导向设计。VB 之父、库珀交互设计公司总裁艾伦·库珀将他在 IDEO 工作期间的研究总结为"目标导向设计"（goal-directed design）并提出了一个用户体验设计的操作流程。无论是斯坦福大学的"设计思维"还是艾伦·库珀的"目标导向设计"，其核心都是以早期人类学、人种学和社会学所构建的"田野调查"的研究实践为基础，通过观察、访谈、记录和分析推理出有价值的结论。田野调查（fieldwork）是研究者亲自进入某一社区，通过直接观察、访谈、居住体验等参与方式获取第一手研究资料的过程。该方法在早期西方探险家或殖民者对非洲、亚洲和太平洋岛屿国家的土著居民的研究中被广泛采用，并成为一整套行之有效的科学研究方法（图 5-2）。艾伦·库珀指出："交互设计不是凭空猜测，成功的交互设计师必须在产品开发周期的紧迫而混乱中保有对用户目标的敏感，而目标导向设计也许是回答大部分重要问题的有效工具。"

图 5-2 20 世纪初人类学家对太平洋岛国土著居民进行的田野调查

在斯坦福大学设计流程图的基础上，2004 年，英国设计委员会（Design Council）归纳出设计的"双钻石"设计流程（double diamond design process，简称 4Ds，图 5-3），它反映了在设计过程中思维发散与收敛的过程。该流程强调前期研究，并在前期研究的基础之上得出最终的解决方案。因为这样获得的最终解决方案往往是经过精挑细选、仔细验证后的结果，也能确保产品投入市场后不会有太高的风险。英国设计协会将该设计过程分为四个阶段：探索、定义、发展和执行，可以归纳为：发散思维、创造情景，聚集问题、甄选方案，创意思考、视觉设计，迭代模型、深入设计。前面是确认问题的发散和收敛阶段，后面则是制定与执行方案的发散和收敛阶段。该流程是一个将混沌发散的思维过程进行不断收敛的过程。

无论是设计思维还是"双钻石"设计法都强调四个基本宗旨：从用户出发、分析思维与直觉思维相结合、发散 - 收敛的创意方法以及共同认可的团队协作模式。该过程是左脑（聚

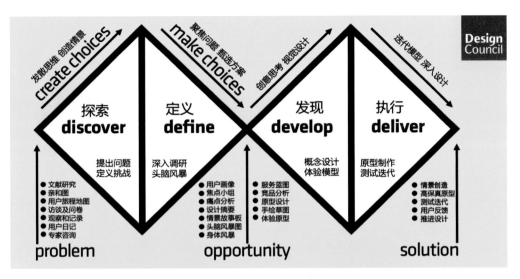

图 5-3　英国设计委员会提出的"双钻石"设计流程图

拢）与右脑（发散）不断碰撞、迭代和激荡的循环过程，符合大脑创意的规律。设计思维图中，前 3 个阶段为发散思维到分析思维的过程，第 4、5 个阶段则是创意的核心。设计思维不仅是体验设计的研究方法，而且也成为设计学领域的重要实践指南。通过设计思维指导体验设计还有两个重要的基本原则："从用户的需求出发而非商业策略先行"以及"商业策略与用户行为相辅相成"。而这两个基本原则都需要设计师提供具体的证据或者产出物：用户观察与采访阶段需要提供相应的文档，如照片、录像、笔记、用户日记、亲和图（affinity diagram）、文献研究、草图等原始文件。在深入调研和头脑风暴阶段，则需要提供用户画像、用户体验地图、商业画布、设计摘要等产出物。

　　设计思维是一套体验设计的行为准则，它将社会、服务与产品的创新纳入设计体系，扩大设计的视野。设计思维要求团队先去尝试了解一个问题的产生根源，而不是马上拿出解决方案。例如，文盲和青少年失学表面上看是教育的问题，而底层的原因则是与社会不公、愚昧、贫穷等问题联系在一起。因此需要设计团队不仅从设计角度，还需要从社会学的角度来寻找解决方案。2015 年，哈素·普拉特纳设计学院曾经组织了一个"设计思维：提高文盲的日常生活经验"的暑期国际工作营。来自美国、瑞典、尼日利亚、博茨瓦纳、南非、瑞士、希腊和埃及的 40 名学生、教练以及合作机构的成员参加了这个活动。来自不同背景的学生团队成员彼此包容，相互协作，通过设计思维来迎接问题的挑战。在工作营中，每个研究小组都有一名资深设计师来指导，帮助这些学生完善产品原型（图 5-4）。

　　通过设计思维，各小组都拿出了独特的解决方案。例如，可以通过文字输出读音的软件，这可以用来帮助文盲来阅读互联网信息或新闻。另一个创意是通过手机实景图片来帮助用户识别地理信息并实现导航，这对于有认知障碍的人群来说是"雪中送炭"。还有的研究小组建议通过建立手机视频 App 为用户提供诸如找工作、医疗或者失业保险等服务。这些想法和原型设计得到了项目合作机构的青睐。这个项目还促成了德国第一个针对文盲的"阅读与写作"的 App。

图 5-4　哈素·普拉特纳设计学院的暑期设计思维工作营现场

5.2　旅程地图：用户行为可视化

《西游记》是中国古典四大名著之一，也是我国最著名的幻想艺术文学作品。作者相传是吴承恩，成书于 16 世纪明朝中叶，主要描写了唐僧、孙悟空、猪悟能、沙悟净师徒四人去西天取经，历经九九八十一难的故事。《西游记》自问世以来在中国乃至世界各地广为流传，被翻译成多种语言。《西游记》不仅在中国，而且在海外也有着很高的知名度和大量的粉丝，其原因是该书所具有的"英雄旅程"的故事结构更容易被西方观众理解。欧美魔幻文学，如《指环王》《纳尼亚传奇》《哈利·波特》等所具有的英雄传奇、旅途探险、追求真理、拯救世界和魔法修炼等故事都可以在《西游记》中找到对应的影子。因此，从 1913 年开始，《西游记》就有多个译本被介绍到欧美各国（图 5-5）并受到了世界各国读者的喜爱。

从某种角度上看，用户体验的路线和《西游记》有几分相似。二者都是为了完成某个特定的目标或任务而经历的时间旅程。唐僧一行在旅途中历经了种种磨难。同样，人们的数字

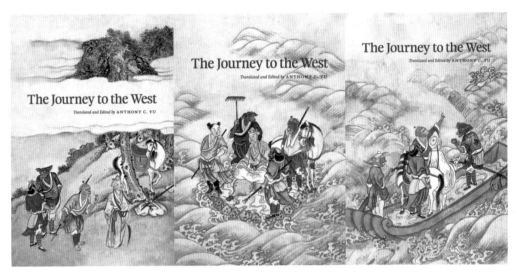

图 5-5　古典文学《西游记》深受欧美各国读者的青睐，图示为英文版封面

生活也会遇到各种障碍或种种不方便，从而带来沮丧、失望甚至绝望的感觉。虽然语境不同，但唐僧当年如果没有 3 个徒弟降妖伏魔、挑担喂马，就无法完成重任。同样，在数字时代，这些高徒就是用户所依赖的技术或媒介，如智能手机或 iPad、家庭智能音箱或周围的智能环境等。因此，用户体验路线图（用户体验地图）就是用可视化图表的方式，将用户完成一项任务（活动）的过程记录下来，并在图上标示出用户与环境（技术或服务）的接触点以及相关的用户体验（痛点、爽点）。路线图的目标，和《西游记》一样，都是为了让英雄（用户）战胜旅途中的挫折（技术障碍）而圆满完成任务。

　　用户体验路线图可以拆分为三个部分：任务分析＋用户行为构建＋产品体验分析。首先需要分解用户在使用过程中的任务流程，找出接触点，再逐步建立用户行为模型；随后进一步描述交互过程中的问题；最后结合产品所提供的服务，比较产品使用过程在哪些地方未能满足用户预期，在哪些地方体验良好。以旅客出行服务为例，其过程：查询和计划→挑选机票服务机构→订票→订票后，出行前→出行或计划变更→出行后。这个过程涉及一系列的前后衔接的轨迹和服务触点（图 5-6），用图形化方式对这些轨迹和触点进行记录、整理和表现，就成为服务设计最重要的用户研究的依据，也是产品制胜的法宝。

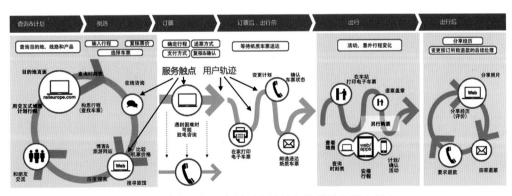

图 5-6　旅客出行服务前后衔接的行为轨迹和服务触点

用户体验的行为触点的类型包括：物理的、数字的和情感的。以顾客购物的轨迹为例（图5-7），彩条为事件发生的时间轴，代表用户购物从想法到实施完成的全部时间。图中的S形曲线就是用户体验地图，具体标示了从线上到线下，所有的行为触点。彩条的下方为线下（物理的）行为触点，彩条上方为线上（数字的）行为触点，这个旅程代表了用户从虚拟购物到实体购物，再回到网络分享的全过程。可以假设一个购买洗衣机的家庭主妇，从需求（欲望）开始，经历了计划、浏览和搜索，包括浏览广告、货比三家、最后确定购买的网络旅程。随后就是实体购物旅程：消费者和销售人员、前台、收款、客服中心、安装调试工程师的交互。最后是消费者以会员的身份完成售后服务评价和会员分享等。该过程的可视化就是典型的用户体验地图。

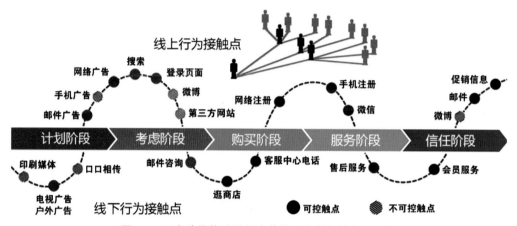

图 5-7 用户购物体验地图中的物理和数字的行为触点

用户体验就是情感体验，痛苦、沮丧、失望、愤怒、绝望、无奈……所有这些感觉都可以用"痛点"来代表。从营销学上说，消费者在生活当中所担心的、纠结的、不方便的或与身心健康相关的问题，就是痛点。设计师要做的就是发现某个问题，然后解决某个问题。痛点就是用户体验聚焦的核心，是产品设计、交互设计和服务设计改进的出发点，也是"以人为本"设计哲学的关键之处。同样，除了不好的用户体验，还有让用户感觉"爽"的体验，如兴奋、喜悦、有趣、成就感、代入感、满足感和幸福感等。"爽点"是即时满足，从心理学上看，当人们做某事（如吃美食，看美景、短视频、综艺、电影，听音乐、段子等）就会分泌多巴胺等化学物质，从而产生愉悦的体验。当人们的各种想法或欲望得到即时满足，这种感觉就是"爽"。"爽点"是用户体验的高潮，也是好的体验设计所追求的目标。

无论是痛点或者爽点，都可以在用户体验路线图上体现出来，连接这些情感接触点的折线或者曲线就是用户的"情感体验线"（图5-8）。在虚拟环境中，用户与电商或数字媒体的交互行为，如购物、游戏、阅读或观影等都是数字触点，每个触点在情感纵坐标上会呈现为用户体验。同样，实体购物流程，如店面的档次、服务的热情、购物的便捷、售后的贴心等都是实体服务的触点，也就是人与人的互动环节，同样也是情感接触发生的地方。情感接触点是顾客记忆的重要部分，也是用户体验路线图的重要内容之一。对优质服务的体验（爽点多）是用户再次光顾和分享、点赞的基础，而负面的体验（痛点多）则会使得用户懊悔不已、退避三舍。

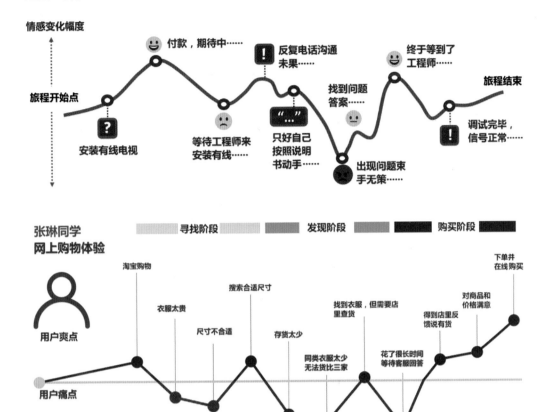

图 5-8　用户体验地图中的情感接触点与情感体验线（示意情绪的变化）

5.3　服务蓝图：服务体系可视化

从"连接人与信息"到"连接人与服务"，用户体验在产品设计中扮演着越来越重要的角色。那么如何精准地优化服务体验？如何捕捉到遍布产品和服务流程中的每个用户体验痛点？为了解决这些棘手的问题，20 世纪 80 年代，美国金融家兰·肖斯塔克将工业设计、管理学和计算机图形学等知识应用到服务设计方面，发明了服务蓝图（service blueprint，图 5-9）。服务蓝图通过可视化、透明化的方式来描述顾客行为、前台员工行为、后台员工行为和支持过程。顾客行为是顾客在购买和消费过程中的步骤、选择、行动和互动。与顾客行为平行的部分是服务人员行为，包括前台和后台员工（如饭店的厨师）。前台和后台员工间有一条可视分界线，把顾客能看到的服务与顾客看不到的部分分开。例如，在医疗诊断时，医生既进行诊断和回答病人问题的可视或前台工作，也进行事先阅读病历、事后记录病情等不可视或后台工作。蓝图中的支持过程包括内部服务和后勤系统，如餐厅的后厨和采购、管理机构。蓝图中的外部互动分界线表示顾客与服务方的交互。垂直线表明顾客开始与服务方接触。内部相互作用线用以区分服务员和其他员工（如采购经理）。如果垂直线穿过内部互动线，就表示发生了内部接触（如顾客直接到厨房接触厨师的行为）。蓝图的最上面是服务的有形展示（如购买产品、点餐或将车开入停车场）。

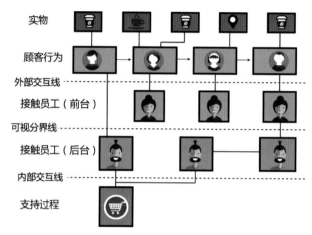

图 5-9　服务蓝图包括顾客行为、前台员工行为、后台员工行为和支持过程

服务蓝图是一种可准确描述服务体系的工具，以流程图为核心，通过持续地描述服务提供过程、服务接触、员工和顾客的角色来直观地展示服务。服务蓝图有两大要素：服务时刻（横轴，服务触点）和服务序列（纵轴，服务路径与服务体系）。相比用户体验地图来说，服务蓝图不仅有时间信息，还有空间信息，涉及的因素更全面、更具体、更准确。服务往往涉及一连串的互动行为，以旅店住宿为例，典型的顾客行为就可以拆解为网上搜索→选房→下订单→网银支付→前台确认→付押金→住店→清洁服务→退房→退押金→开具发票等，可能还包括残疾人（轮椅）、会员、取消订单、换房、提前退房、餐饮、叫车、娱乐和投诉等更多的服务环节。因此，最典型的方法就是在服务蓝图中的每一个接触点上方都列出服务的有形展示，让隐形的服务变得可视化。例如，酒店的清洁服务属于隐性服务（清洁时旅客往往不在房间内），但欧美很多酒店就在服务员清洁旅客房间时，准备有各种小礼品，让顾客在惊喜中把无形的服务（清洁）转化为有形的温馨记忆。

服务蓝图不仅可以描述服务提供过程、服务行为、员工和顾客角色以及服务证据等来直观地展示整个客户体验的过程，更可以全面体现整个流程中的客户体验过程，从而使设计者更好地改善服务设计。例如，美国麦当劳餐厅是大型的连锁快餐集团，主要售卖汉堡包、薯条、炸鸡、汽水和沙拉等。作为餐饮文化的翘楚，麦当劳服务蓝图的控制点在 4 方面：质量（Quality）、服务（Service）、清洁（Cleanliness）和价值（Value），即 QSCV 原则。从麦当劳餐厅的服务蓝图（图 5-10）可以看出，从顾客进门开始，到顾客离开一系列的连续性服务，都体现了该餐厅高效的服务效率。前台服务、后台服务分工明确，餐厅支持过程严谨流畅。但对于就餐者的用户体验是否就是完善了呢？图中示意的红色、绿色和黄色的圆圈分别代表了在服务的不同环节，可以进一步改善用户体验的方式。例如，在客户排队等待的过程中，时间就被浪费了。如果借鉴"海底捞"的服务模式，就可以通过一系列的排队附加服务来减轻食客们等待中的烦躁、焦虑的情绪。

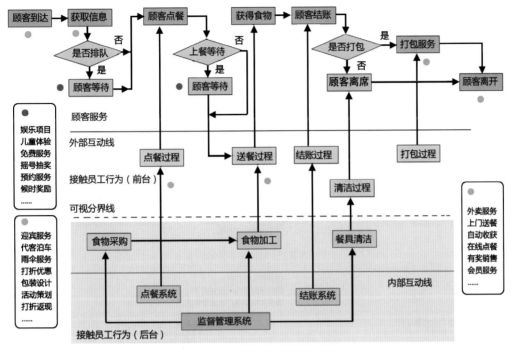

图 5-10　麦当劳餐厅的服务蓝图

5.4　用户研究：移情地图法

体验是基于个人的感受。虽然人类深层的心理活动是难以把握的，但通过观察用户的言谈举止，通过与用户谈话并了解用户的所及所得、所听所闻，我们就可以基于同理心和共情来掌握用户的所感所思，从而进一步分析出用户的痛点或者爽点。这个研究方法就叫作"移情地图法"（Empathy Map，图 5-11）。移情也称为共情、同理心、同感。人本主义创始人、心理学家罗杰斯认为移情是指一种能深入他人主观世界并了解其感受的能力，也就是人们常说的"换位思考"的能力。移情地图由 XPLANE 公司开发，该设计从 6 个角度帮助设计师更加清晰地分析出用户最关注的问题，从而找到更好地解决问题的方案。

类似于用户体验路线图，移情地图突出了目标用户的环境、行为、关注点和愿望等关键要素。例如，旅游者对当地旅游服务的感受就可以用移情地图表现出来（图 5-12）。无论是赞美还是吐槽，用户的感受或期待就是产品或服务能够提升或改进的契机，设计师也能够据此了解什么是用户的"刚需"。移情图 6 个维度的主要关注点是：①用户看到了什么？即描述用户在他的环境里看到了什么，环境看起来像什么，谁在他周围并影响他的决定，谁是他的朋友，他每天接触什么类型的产品或服务，他遭遇的问题是什么。②用户听到了什么？环境是如何影响用户体验的？他的朋友在说什么？他的配偶和家人说了什么？③用户真正的感觉和想法是什么？这个产品好用吗？设法描述你的用户所想的是什么，对他来说什么是最重要的，什么东西感动了他，什么事情让他失眠，尝试描述他的梦想和愿望是什么。④他说些什么又做些什么？他会给别人讲什么事情？⑤这个用户的痛苦是什么（痛点）？他最大的挫折是什么？有什么障碍阻滞他达到目标？他会害怕承担哪些风险？⑥这个用户想得到什么（爽

图 5-11　移情地图：对用户情感体验的定性分析

点）？他真正希望想要和达到的是什么？移情地图是对用户情感体验的定性分析方法，也是用户研究中的重要手段之一。此外，用户体验的分析研究离不开环境、语境与技术，设计师应该结合特定的语境，来探索改善技术或者服务的空间。例如，对儿童的早期教育的交互设计就离不开参与、交流、学习与分享等亲子共同的体验环境（图 5-13）。

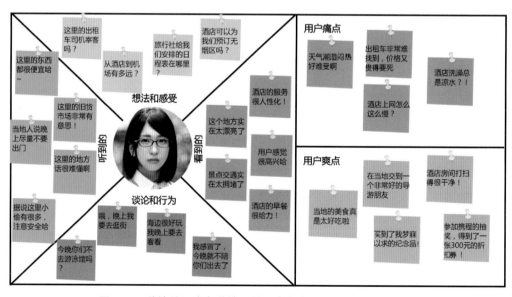

图 5-12　移情地图或者移情图从 6 个角度分析用户痛点及爽点

图 5-13　儿童早期教育中的"交互与共情"的方法

5.5　综合分析：定量与定性

　　研究用户行为从观察开始。观察时可以帮助我们了解用户的感受，古人说"听其言观其行"方可了解一个人。观察使我们知道用户潜在的需求，了解人们想要做的事情以及我们如何做才能把它们做得更好。著名瑞典化学家、工程师、发明家、军工装备制造商和"黄色炸药"的发明者阿尔弗雷德·诺贝尔曾经说过："可以毫不夸张地说，观察和寻求异同是所有人类知识的基础。"观察与思考是用户体验研究的出发点。实践出真知，现场有创意，用户体验离不开深入实地的调查研究。观察与询问往往是交织在一起的场景。我们可以通过采访用户或进行问卷调查采集信息，也可以借助网站或 App 后台所提供的大数据来整理用户行为数据，从而挖掘出最有价值的信息。用户行为分析方法主要就是观察法、访谈法、问卷法和数据分析法（图 5-14）。其中观察法和访谈法属于定性分析，问卷法和统计法（数据分析法）属于定量分析（图 5-15）。结合这 4 种方法，用户体验设计师就可以深入理解用户的行为特征和情感诉求。与此同时，设计师还可以通过观察与思考了解相关行业、文化、技术等更广泛的领域，如体验式医疗服务、体验式养老服务以及体验式旅游服务等。

图 5-14　用户行为分析方法主要就是观察法、访谈法、问卷法和数据分析法

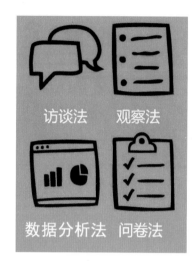

定性研究

是指通过发掘问题、理解事件现象、分析人类的行为与观点以及回答提问来获取敏锐的洞察力。**具体目的**是深入研究消费者的看法，进一步探讨消费者之所以这样或那样的原因。

定量研究

是指确定事物某方面量的规定性的科学研究，就是将问题与现象用数量来表示进而去分析、考验、解释从而获得意义的研究方法和过程。

图 5-15　用户研究的 4 种方法可以归纳为定量研究和定性研究

5.6　信息归纳：卡片分类法

通过贴纸或卡片分类方法可以对事物的特征进行归类并快速建立现象之间的联系。移情地图严格来说就是一种卡片墙或桌面分类的方法。该方法不仅是构建概念产品结构与功能的便捷原型工具，同时也是可靠且低成本的用户观察与分类的工具，借助它能够归纳用户类型，挖掘出用户所期待的产品功能，高度还原用户心理并帮助团队建立用户画像。卡片分类是一个以用户测试为中心的设计方法，研究者在每张小的索引卡上写下一个观点，召集多个参与者按照自己的理解对其分类。分类过程包括对卡片分类，给每个标签带上内容或者功能，并最终将用户或测试用户反馈进行整理归类，可结合使用统计方法进行合并归纳和分析，是在一堆无序的观点或意见中发现潜在结构的方法。测试用户在卡片分类过程中展现了其真实的心理模型和认知方式，为研究者提供了高度还原的用户心理以及使用视角，从而构建更为合理易用、易于理解的产品架构，最终让产品变得简单易用。卡片分类法广泛用于构建用户移情地图，能够帮助设计团队将前期的用户访谈、问卷调查和行为观察的要点整理归类，从而快速发现问题和确认用户的需求核心（图 5-16）。贴纸墙的方法还可以结合集体讨论（头脑风暴）、焦点小组的自由会议形式，集思广益，推进产品设计。除了帮助定位用户画像外，卡片分类还可以帮助产品开发者对产品、项目或信息进行逻辑整理归类，是一种快捷定位产品功能与架构的方法。虽然该方法具有一定的局限性，但能够为产品架构设计、导航设计、产品菜单及分类设计提供极大帮助。

在产品开发过程中，卡片分类法可以用于多个场景：①项目设计初期的信息构建与用户研究。通过构建移情地图，设计团队可以了解用户对产品功能的体验并为架构设计提供依据（图 5-17）。②发现和改进产品存在的问题。设计团队利用墙报贴纸的形式对产品架构、线框

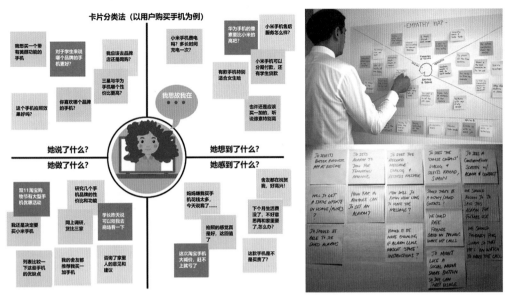

图 5-16　卡片分类法广泛用于构建用户移情地图及帮助总结用户行为特征

图、界面风格进行优化（图 5-18）。③产品升级换代以及风格重构。卡片分类可以帮助团队了解目标用户对改版的看法和建议。已上线的产品可以寻找实际用户进行卡片分类测试，若是还未面世的产品，就要寻找具有潜在目标用户特性的用户进行测试。最终的产出物为《卡片分类研究报告》。

用户吐槽和痛点分析

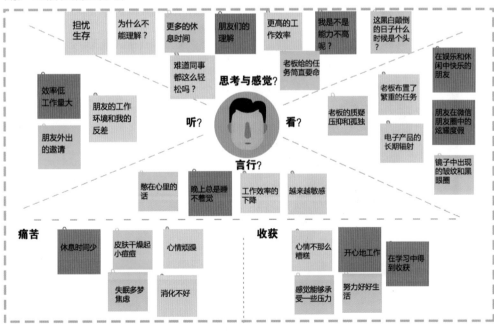

图 5-17　借助卡片分类法构建用户移情地图（不同颜色的卡片可以帮助归类）

图 5-18　利用墙报贴纸可对产品架构、线框图、界面风格等进行优化

　　除了用于用户研究与产品改进，卡片分类法还可以在创意设计领域大显身手。例如，IDEO 设计公司在 30 多年的设计实践中，总结了一系列的创意方法。随着公司规模的扩大和公司业务不断向多领域拓展，无论是新职员的培训还是与跨地域、跨文化领域的客户沟通，都需要有一套携带方便、简洁易行、图文并茂的设计规范。因此，20 世纪 90 年代，在比尔·莫格里奇的倡议下，IDEO 设计公司就设计了一套如扑克牌样式的创意卡片（图 5-19）。

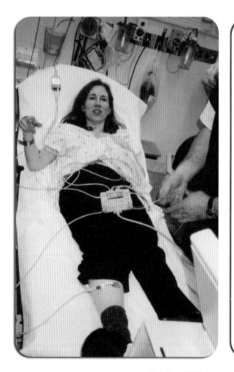

分析	观察	咨询	尝试

角色扮演

方法：分析解决方案中涉及的角色并将角色分配给团队内部成员扮演。

益处：在一个真实或者模拟的场景中去扮演用户的活动，能帮助团队成员对真实用户产生移情、发现产品相关的问题

案例：在一个医疗设备的设计中，IDEO成员扮演了医疗场景中的医生、护士、病人、麻醉师等角色去了解手术室中各成员间的协作关系。

图 5-19　用于分析、创意与产品开发的 50 张卡片（方法）

　　该套创意卡共计 50 张，每一张都有相关的文字解说和插图。IDEO 公司将这些卡片分为分析（学习）、观察、咨询（访谈）和尝试 4 个类别。有了这套"创意设计卡"，设计师就

有了随身的"锦囊妙计",可以针对不同的环境、场景、目标、人群与媒介选择相关的卡片。这套卡片的重点在于帮助设计师收集信息并获得洞察力。分析与观察类则侧重于用户行为研究,即人们是怎么做的,咨询或访谈类则是引导用户提供对产品或服务的看法。最后是尝试类,也就是设计师通过制作产品原型和演示,为用户提供设计方案。这 50 张卡片,从定性到定量,从主观到客观,几乎涵盖了当前所有的用户体验设计、交互与服务设计的方法,可以说是 IDEO 设计公司多年实战经验的积累和总结(图 5-20、图 5-21)。这 50 张卡片不仅生动诠

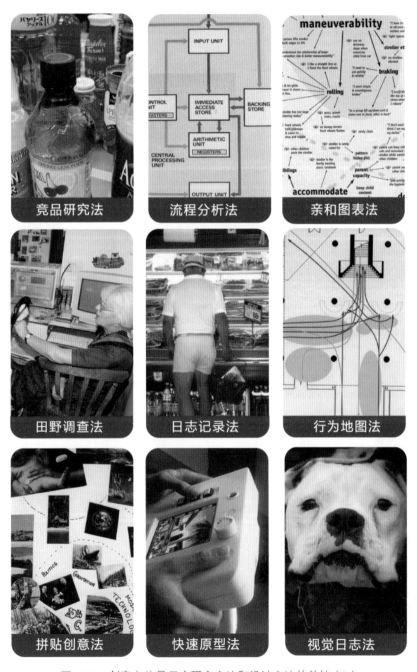

图 5-20　创意卡片是用户研究方法和设计方法的总结(1)

释了用户研究、头脑风暴、原型设计以及数据分析等方法，而且还结合设计实践，总结和归纳了企业的实践经验，为设计思维的推广做出了重要的贡献。

图 5-21　创意卡片是用户研究方法和设计方法的总结（2）

5.7 虚拟角色：用户画像

用户画像又称为"用户角色扮演（user scenario）"，最早源自 IDEO 设计公司和斯坦福大学设计团队进行 IT 产品用户研究所采用的方法之一。交互设计之父、库珀设计公司总裁艾伦·库珀在 IDEO 设计公司工作期间，提出了"人物角色"（persona）的概念。为了让团队成员在研发过程中能够抛开个人喜好，将焦点关注在目标用户的动机和行为上，库珀认为需要建立一个真实用户的虚拟代表，即在深刻理解用户真实数据（性别、年龄、家庭状况、收入、工作、用户场景/活动、目标/动机等）的基础上，"画出"一个的虚拟用户。用户画像是根据用户社会属性、生活习惯和消费行为等信息而归纳的一个标签化的用户模型（图 5-22）。构建用户画像的核心工作即是给用户贴"标签"，即通过归纳提炼出的用户特征。利用用户画像不仅可以做到产品与服务的对位销售，而且可以针对目标用户进行产品开发或者体验设计，做到按需设计、对症下药、心中有数。

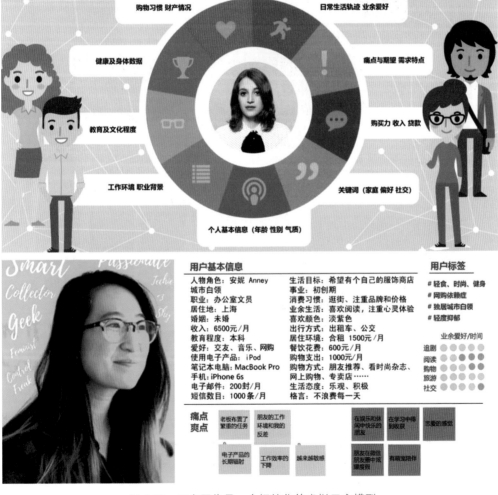

图 5-22　用户画像是一个标签化的虚拟用户模型

建立用户画像的方法主要是调研，包括定性和定量分析。在产品策划阶段，由于没有数据参考，所以可以先从定性角度入手收集数据。例如，可以利用用户访谈的样本来创建最初的用户画像（定性），后期再通过定量研究对所得到的用户画像进行验证。用户画像可以通过卡片分类法（图 5-23）来逐渐清晰化。亲和图又叫 KJ 法，是日本川喜一郎首创，这是一种使机会点明确起来，帮助参与者进行理性思考并可达成共识的工具。其操作方法是：首先可以将收集到的各种关键信息做成卡片，然后请设计团队共同讨论和补充；其次在墙上或在桌面上，将类似或相关的卡片贴在一起，对每组卡片进行描述并利用不同颜色的便利贴进行标记和归纳（图 5-24），例如，在一场用户分析的头脑风暴会议上，设计师根据目标用户的特征、行为和观点的差异，将他们区分为不同的类型，每种类型中抽取出典型特征，赋予一个名字和照片、一些人口统计学要素和场景等描述；最终就可以形成用户画像。例如，针对旅游行业不同人群的特点，其用户画像就应该包括游客（团队或散客）、领队（导游）和其他利益相关方（旅游纪念品店、景区餐馆、旅店老板等）。

图 5-23　用户画像可以通过贴纸墙等卡片分类法完成

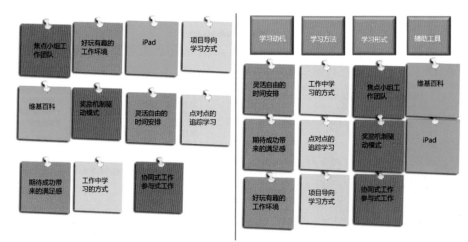

墙报上随机分布的贴纸卡片　　　　　墙报上分类后并经过小组讨论共识后的贴纸卡片

图 5-24　不同颜色的贴纸对于归类和分析非常必要

用系统的角度去体察一个设计或者服务，最好的办法就是将其放入到一个具体情境中进行分析。情境是一个舞台，所有的故事都将会在这个情境中展开。在这个舞台上，无论是甲方（服务方）还是乙方（消费方），都可以转化为典型的人物角色（演员）来完成互动行为。例如，腾讯公司在进行旅游服务设计时，就将游客、当地农民和城镇青年的不同诉求归纳成3 个用户画像。他们还结合了真实的调研数据，将用户群的典型特征加入到用户画像中。与此同时，调研团队还在用户画像中加入描述性的元素和场景描述，如愿景、期望、痛点的情景描述。由此让用户画像更加丰满和真实，也更容易记忆并形成团队的工作目标。

　　用户画像的价值在于为产品设计、精准营销、数据分析、内容推荐等一系列工作提供依据。精准营销将用户的群体细化，针对特定群体，利用短信、邮件、推送与活动等手段，通过客户关怀和奖励激励等策略扩大用户群。设计师可以根据用户的属性、行为特征对用户分类，统计不同特征下的用户数量与分布；分析不同用户画像群体的分布特征（图 5-25）。大数据通过各类标签聚焦用户特征。基于这些标签，以用户画像为基础，营销团队可以构建推荐系统、搜索引擎、广告投放系统，提升服务精准度。对于产品设计来说，用户画像可以透彻地反映用户心理动机和行为习惯，对于提升产品的针对性与可用性必不可少。用户画像还可以预测潜在的用户需求，并帮助开发者将注意力集中在"刚需"上，避免无的放矢。

图 5-25　用户画像的格式没有统一的规范，设计师可以采用定性或定量方法

5.8　体验理论：心流与挑战

　　体验类产品，如 App、游戏、电影或装置艺术等的设计初衷是为了给用户创造独特的体验历程，然而几乎所有这类产品的研究人员都面临着同样的挑战：如何客观评估玩家使用产品时的体验。我们都应该有过这样的体验：无论是打游戏还是进行艺术创作，往往会全身心

地投入到这件事情中，集中全部注意力甚至会"废寝忘食"。美国心理学家、芝加哥大学教授米哈里·希斯赞特米哈伊把这个状态称为"心流体验"（flow experience）。他于 1990 年出版了《心流：最优体验的心理学》并成为该理论的奠基人。按照他的说法，心流体验的本质是个人能力的延伸，只有当任务的要求（挑战）与当事人的能力正好匹配时，才能产生心流的状态（图 5-26）。挑战和能力是成正比例的增长，当能力超过了挑战，就产生了可控感；而随着挑战水平的降低，事情会变得乏味。例如，面对同一款游戏，初出茅庐的"菜鸟"和资深的"骨灰级玩家"的体验是完全不同的。心流体验实际上就是用户在从事某项活动时的满足感、幸福感和沉浸感，也是产品的评价标准之一。例如，一个好的游戏可以使玩家产生流畅爽滑的感觉并使得玩家兴奋而忘我。

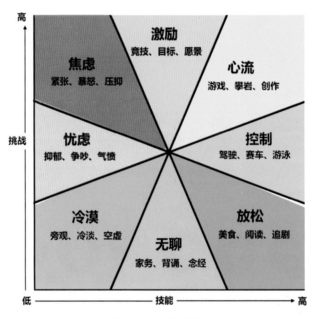

图 5-26　心流模型

"心流"（flow）指的是那种彻底进入"忘我"状态，专注并沉浸在所进行事物之中的感觉，例如，一位沉浸于创作的艺术家往往会忘了时间的流逝。让设计师感到最为愉悦的时刻就是"设计或发现了新事物"或者"找到了问题的答案"，而最令他们享受的体验是类似于发现的过程。无论是画家、科学家、工程师还是设计师或园艺师，对发现与创造的喜爱程度超过其他一切。"心流体验"即运动员所谓的"处于巅峰"的状态，或者作家、艺术家及音乐家所说的"灵思泉涌"的时刻。即使普通人在打牌、跳舞、游戏等娱乐活动时，或者在外科手术成功、高难度的商业交易达成、与好友分享美食，甚至亲子嬉戏的时候，也能感受到内心充满了激情、热情和幸福感、巅峰感。这种感受与日常生活中的无聊常态截然不同。

心流的产生与任务的挑战感和用户的技能等级有关。挑战感指的是某个交互行为中，用户的目标对用户产生的挑战难易度的感知。例如，我们所说的某事情很有挑战，就是指这件事对我们来说感觉到了高挑战感。技能等级描述的是用户在进行交互过程中的技能水平，也就是完成某事的能力。心流理论与体验设计密切相关。虽然创造力是每个人都有的能力，但成功者更在意的是"设计或发现新事物"所带来的强烈的快感。希斯赞特米哈伊指出："每个人生来都会受到两套相互对立的指令的影响：一种是保守的倾向（熵的障碍），由自我保护、自我夸耀和节省能量的本能构成；而另一种则是扩张的倾向，由探索、喜欢新奇与冒险的本能构成。"例如，好奇心较重的孩子可能比古板冷漠的孩子更大胆，更爱冒险。从事设计、绘画、体育与创意类工作的人往往更容易获得心流体验（图 5-27）。

图 5-27　从事设计、绘画、体育与创意类工作的人往往容易获得心流体验

心流体验的"八等分放射图"诠释了人们生活中的不同心理状态。例如，驾车是需要较高技能的，但是挑战感并不强，这时能够感觉到的就是控制感。但一名车手在高速赛车或飙车时的"极限运动"的感觉更接近于心流状态。当人们的工作技能提升或者学习水平提高、有一定的驾轻就熟之感时，工作和学习就有一种激励的感觉。如何达到更高的职业巅峰呢？答案是提高挑战的难度。图 5-26 中的"激励"与"控制"是两个重要的环境，较其他区域更容易获得心流体验。而当某人处于"焦虑"或"忧虑"状态时，则应退而求其次，从较低的挑战难度入手。在"冷漠"和"无聊"的状态时，人们难以进入心流状态，这个状态是很危险的。但有时人们会自觉心有余而力不足，甘愿沉沦，如酗酒、吸毒并以此自我麻痹。

根据希斯赞特米哈伊的解释，心流体验有 9 个基本特征：清晰的目标、即时反应、技能与挑战相匹配、行动与知觉的融合、专注能力、控制感、忘我状态、时间感消失和目标体验。依据心流体验产生的过程可将这 9 个特征归纳为 3 类因素：①条件因素，包括清晰的行动目标、即时的反应速度、挑战与技能匹配，只有具备了这三个条件，才会激发心流体验的产生；②体验因素，即个体处于心流体验状态时的感觉，包括行动与知觉的融合、专注能力和控制感；③结果因素，即心流体验的结果，包括忘我状态、时间感消失和目标体验。

要达到心流体验状态，必须在挑战度与技能两方面都提升（图 5-28）。如果挑战度高，但技能水平低，随之带来的是焦虑和痛苦（图 5-28 左上角的红点），《左传·曹刿论战》中说的"一鼓作气，再而衰，三而竭"就是指这个状态。技能水平高而挑战感低，带来的往往是无聊的感觉，"杀鸡焉用牛刀"就是这个道理。随着挑战越来越难，我们就会感觉到焦虑并且失去心流。这时，如果技能水平适合挑战难度，我们就会重新进入心流状态。例如，英语单词量的积累就是一个坚持不懈、循序渐进的过程。同样，高级别的钢琴师（八级以上）如果参加四级钢琴水平考试肯定会感觉到无聊。用户（玩家）对产品原创性、创新性和美感的需求以及对易用性、可控性和可用性的需求正是心流理论对体验设计理论的最大贡献。

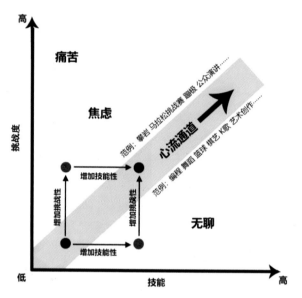

图 5-28　心流体验要求在挑战度与技能两方面提升

5.9　需求分析：KANO模型

在体验设计与产品设计中，如何分析用户的不同类型的需求？东京理工大学教授狩野纪昭提出了卡诺（KANO）模型分析法。该方法通过一套结构型问卷和分析方法对顾客的需求进行细分。KANO 模型能帮助我们更好地了解用户需求的类型，识别用户对新功能的接受度，帮助企业了解不同层次的用户需求，同时找出顾客和企业的接触点，帮助企业筛选出使顾客满意的至关重要的因素。KANO 模型定义了三个层次的用户需求：基本型需求、期望型需求和兴奋型需求。产品设计的核心就是要重点解决用户痛点（基本型需求），抓住用户痒点（期望型需求）。在确保这两者都解决的前提下，再提供给用户一些兴奋点（兴奋型需求）。

基本型需求是用户认为产品必须有的属性或功能。基本型需求往往就是用户的痛点或者"刚需"，对于用户而言，这些需求是必须满足的，理所当然的。当不提供此需求，用户满意度会大幅降低，但优化此类需求，用户满意度却不会得到显著提升。例如，对于普通上班族消费者来说，智能手机的基本功能就是打电话、发短信或微信、朋友圈、拍照分享、新闻浏览（如今日头条）等；而对老人而言，身体机能的衰退以及对亲情陪伴的需要，使得老人手机或者平板计算机的界面与功能设计就有了新的"必选项"。例如，"一键联系家人或家庭医生"，视频通话，安全监控（独居老人），GPS 定位以及简洁、清晰、紧凑的界面就是"刚需"（图 5-29）。企业的做法应该是注重不要在这方面减分，并通过合适的方法在产品中体现出这些要求。

图 5-29　老人对电子产品的需求应该更关注陪伴、互动与亲子关系

期望型需求是指用户期望产品提供更多的功能或服务，但并非必需的产品属性或服务行为。在定性研究中，用户所谈论的通常是期望型需求。例如，对于餐饮外卖服务来说，尽可能短的物流配送时间就是期望型需求。早期外卖刚兴起时，用户对于配送的要求是"尽快安全送达最好"。随着物流服务的提升与团购网站的相互竞争，用户的期望就变成"越快越好"，以致部分餐饮企业提出了"10 分钟必到"的承诺。物流配送时间没有一个最低的限制，因此还不足以构成企业必需的服务。然而，物流配送越快，用户体验就越好。

兴奋型需求是指提供给用户一些完全出乎意料的功能或服务行为，使用户产生意外的惊喜。无论是线下还是线上，兴奋型需求均有很多成功的案例。例如，淘宝商城（现已更名为"天猫"）在 2009 年第一次推出的"双 11 全场 5 折购物"活动，一度让大多数用户兴奋不已。这些就是典型的兴奋型需求，完全出乎意料。同时我们也看到兴奋型需求在应用过程中的受限点：一旦应用多了，就不再"出乎意料"了。

卡诺（KANO）模型分析法如图 5-30 所示。该图除了包含上述三种主要用户需求类型外，还包括反向型需求和无差异需求。无差异需求（需求具备度的横轴位置）即用户根本不在意的需求。无论提供或不提供此需求，用户满意度都不会有改变。对于这类需求，企业的做法应该是尽量避免。反向型需求属于设计师"画蛇添足"的功能，用户根本都没有此需求，提供后用户满意度反而下降。总而言之，无论是产品设计还是体验设计，需要尽量避免无差异型需求和反向型需求，而需要尽力做好基本型需求和期望型需求，如果可以的话再努力挖掘兴奋型需求。KANO 模型主要是通过标准化问卷进行调研，根据调研结果对各因素属性归类，解决需求属性的定位问题，以提高用户满意度。此问卷调查表划分维度有两个：提供时的满意程度和不提供时的满意程度。该问卷通过 5 级满意度（非常满意、满意、一般、不满意、很不满意）来挖掘用户的潜在需求与期望值。

卡诺模型作为一种有效的排序和筛选工具，能够对调研得到的用户需求进行分类和排序，因此受到诸多学者的青睐。例如，利用卡诺模型可以深度挖掘用户潜在需求，并对日常生活用品，如健身车、净水器、文创产品、办公桌等进行改良设计。例如，利用卡诺模型，设计师可以对适老型交通工具进行探究并提出设计的优选方案。

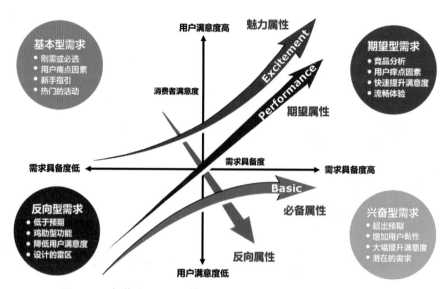

图 5-30 卡诺（KANO）模型分析法及 4 种需求模式之间的关系

2019 年中国 65 岁以上人口占全国人口的比重为 12.6%，60 岁以上人口占比为 18.1%。根据预测，"十四五"期间，全国老年人口将突破 3 亿，我国也将从轻度老龄化迈入中度老龄化。目前市场上的老年电动代步车，虽然其性能相对稳定，车速较慢，也更环保，比较适合老年人和残疾人的驾驶习惯（图 5-31），但车辆安全性和易用性方面仍存在很多隐患，事故屡屡发生。此外，交通违法、乱停乱放、占用车位、"飞线"充电等乱象长期存在，这也给驾车人、行人和街坊四邻带来极大的安全隐患。因此，需要从用户体验设计的角度，对适老型交通工具开展更深入的研究，构建出符合多方利益相关者诉求的服务模型，并借助智能化手段来改进产品设计与服务管理模式。我们可以借助卡诺模型，通过问卷调查、观察、访谈等用户研究方法，获得老年人、社区、城管等利益相关方在代步车使用和管理中存在的痛点以及需求，随后根据卡诺模型的 4 项需求进行分类并找出各方的"刚需"。设计师可以对需求的可实现性进行评价、设计推演和原型迭代，不断探索提升用户与相关方的体验和满意度的设计原型及服务模式，以至完成最终的优选方案。

(a) 单人   (b) 双人

图 5-31 老年电动代步车

案例研究：博物馆体验设计

传统博物馆的用户体验差是一个众所周知的事实。早在 1916 年，美国波士顿博物馆研究员本杰明·吉尔曼就提出了"博物馆疲劳症"（museum fatigue）的概念来说明游客在博物馆常常会感受到的头晕眼花、身心疲惫的现象。在博物馆游览时，即使游客努力地集中精神参观藏品，也很容易感到疲惫和无聊；又或是场馆规模太大，半天下来往往参观者会累得要死，而走马观花看一件展品只能分配到 10 秒不到的时间，这让许多游客兴味索然。许多研究报告指出：博物馆疲劳症的发生与多种因素有关，如信息过载、类似的艺术品太多使得游客注意力下降；空间展位不合理使得游客疲于奔命等。还有的原因就是展品与观众缺乏互动，游客对展品相关的背景知识储备不足或不熟悉等。总之，博物馆疲劳症是由于博物馆或美术馆的展品无法满足观赏体验而造成的游客身体或精神疲劳的现象（图 5-32）。

图 5-32   在传统博物馆中游客的疲劳症随处可见

为了解决这个问题，各大博物馆一直在努力，其主要思路就是以下两个。

一是从类型陈列转向叙事型陈列。20 世纪中期前，博物馆更重视"收藏"和"研究"。但按风格、品类陈列的传统展览，风格类似的藏品看久了很容易让人审美疲劳。从 20 世纪 70 年代以来，博物馆开始逐渐强调如何与观众沟通，展陈的叙事性、趣味性、交互性也就变得重要起来。许多新概念与新方法，如语音助手等被引入到博物馆中。1955 年，阿姆斯特丹的 Stedelijk 博物馆推出了第一个博物馆音频指南。从那时起，这种能够为观众讲故事、提供更多信息的硬件逐渐成为博物馆体验中不可或缺的一部分。体验式博物馆已经成为当下博物馆改造的热点。美国康纳派瑞历史博物馆通过以观众体验为核心，将历史情境再现，将表演、叙事与文化体验相融合，成为"迪斯尼"式主题文化体验博物馆的典范之一。

二是在传统博物馆的基础上不断扩展表现形式与互动形式。随着行业的发展及展览工程的社会化，当代场馆规模一个比一个大；而策展方出于设计审美和市场效益的考虑，也喜欢搞超大规模展览，这样即使是专业观众也没有足够的时间完整欣赏所有展品。因此，为了提升观众的观展体验，减少观众的认知焦虑，能够打破时空界限的 XR（扩展现实）技术就成为博物馆青睐的对象。XR 是实现博物馆深度体验的功臣之一：观众可以在虚拟世界体验故宫的宏伟建筑与历史文化（图 5-33）。观众不仅可以通过 VR 头盔漫游紫禁城，还可以通过手机 App 进行 3D 场景深度解读，再进一步结合实景导航，游客就可以自助完成故宫的游览。VR/AR 技术成为博物馆吸引观众，创新观展体验并减少博物馆疲劳症的利器之一。

图 5-33　基于智能手机和 XR 的数字虚拟故宫场景

近年来，包括美国奥克兰博物馆、大都会博物馆、自然历史博物馆和法国卢浮宫等许多博物馆都利用 XR 技术来丰富观众的体验。2015 年，大英博物馆首次采用了 VR 技术来增强访客的体验，它使用三星 Gear VR 耳机、Galaxy 平板计算机和沉浸式球型摄像机，让游客身临其境地体验青铜时代的苏塞克斯环和古代村落建筑景观。同样，加拿大战争博物馆的 VR 体验项目让观众穿越时空，进入古罗马角斗场，近距离欣赏角斗士的风采。利用手机 AR 技术来丰富观众对藏品信息的解读是常用的方法。例如，底特律艺术学院的一次艺术巡回展的体验项目，就允许观众用手机对一具古代木乃伊进行"X 光扫描"，从而能够看到木乃伊的内部骨骼等被隐藏起来的信息。我国四川三星堆博物馆也采用了类似的增强现实的方式（图 5-34）。比 AR 更进一步，可以利用 VR+AR 设备建构出一个虚拟空间，让观众身临其境跨越时空，触摸历史，"实地"感受展览所传达的文化风貌。这项体验可以通过 XR 设备和内容开发，与博物馆原本的藏品相结合。例如，观众们既可在故宫博物院中穿越到江西景德镇，感受 1.4 万平方英尺[①]的瓷器考古现场；还可以跟随考古工作者的脚步，从博物馆直通妇好墓

————————
① 1平方英尺 = 0.0929平方米。

开掘现场，了解文物掀开历史尘烟的过程；或是直接进入一幅画作之中，以全新的方式感受画家笔下的风光，并能够与画中人物面对面互动。

三星堆博物馆开放了一个在线展厅，游客可以通过VR技术浏览展品。

图 5-34　许多博物馆利用 XR 和 AR 丰富观众的体验

除了实体博物馆改造外，虚拟博物馆也成为当代典型的流行时尚与科技体验的创新。其中具有代表性的如谷歌名为"艺术和文化"（Arts & Culture）的 App，搭配了谷歌头戴式 VR 显示设备（Google Cardboard），能瞬间将用户送到 70 个国家的上千座博物馆和美术馆中。用户只要拥有智能手机和特定类型的 VR 头盔就可以浏览 3D 数字仿真品，获得与线下无二的观展体验（图 5-35）。此外，谷歌的"文化学院"（cultural institute）项目还与伦敦自然历史博物馆合作，将其收集的 30 万件标本全部"复活"，其中就包括第一具被发现的霸王龙化石，已经灭绝的猛犸象、独角鲸的头骨等，观众可以不受玻璃挡板的限制 360°地尽情欣赏它。

为了医治博物馆疲劳症的顽疾，提升观众的体验，可以预见的是，XR 将以燎原之势席卷整个博物馆界，数字技术与创新体验会成为未来博物馆生存与发展的关键。但想要依靠新技术讲好文化故事并不是一件容易的事。必须承认的是，对于观众来说，展览本身的叙事性、观赏性和愉悦性比单纯"炫技"更为重要。因此，如何将技术、艺术与历史文化融会贯通，是策展人与设计师必须思考的内容。

图 5-35　谷歌虚拟博物馆项目结合 VR 头盔可以实现观众虚拟体验

思考与实践

一、简答题

1. 什么是设计思维？如何理解"双钻石"设计流程？

2. 如何量化及可视化用户行为？什么是用户体验地图？

3. 什么是移情地图？如何借助移情地图来发现用户的痛点和爽点？

4. 什么是服务蓝图？请绘制一幅基于用户微信现场点餐的服务蓝图。

5. 什么是用户研究中的定量与定性方法？常用的用户研究方法分为几类？

6. 卡片分类法可以用在设计的哪些阶段？团队中如何实践卡片分类法？

7. 用户画像必须展示的用户特征有哪些？如何绘制用户画像？

8. 什么是心流体验？怎样才能获得心流体验？挑战与能力如何匹配？

9. 举例说明如何利用 KANO 需求分析模型进行产品或服务设计。

二、实践题

1. 在特殊场合（如驾驶）使用手机往往会导致一些意外的事故发生（图 5-36）。请调研驾驶员使用手机的情景和发生概率。可以进一步通过可穿戴技术为驾驶员设计一款开车时可以提示来电或协助通话的智能腕表。请绘制故事板原型和设计原型说明产品的功能定位和使用场景。

图 5-36　驾驶员低头玩手机往往会导致交通意外的发生

2. 假期外出旅游的人们往往会担心家中的绿植会缺水死亡，请设计一个可以远程控制的自动浇花的智能 App，其中的原型设计包括：①手机 App 界面；②远程摄像头；③自动浇花的机械臂；④ Arduino 芯片连接的传感器电路。

第 6 课

用户体验设计理论：流程与方法

//////////

　　Ajax 之父、交互设计专家詹姆斯·加瑞特在《用户体验要素》一书中提出：设计是从战略层开始，经过范围层、结构层、框架层和表现层的逐步具象化、清晰化的设计流程。基于问题导向的设计的"微笑模型"聚焦于两个核心问题：① 寻找发现"值得"的问题。②为这个问题的解决选择"适合"的方法。从该体验设计模型逐步展开，本课将对用户体验设计的流程与方法进行系统的梳理。内容包括：问题导向 UX 设计，流程设计的瀑布法与敏捷法，基于商业模式画布的企业产品目标战略思考，SWOT 竞品分析，集思广益的头脑风暴会议，信息产品设计架构的原则与方法以及交互产品开发的规范文档（PRD）。本课还基于大学课程实践提供了体验设计的课程任务书以及相关的阶段性任务目标等，可供开设相关课程的师生参考。

6.1 微笑模型：问题导向UX设计

本书第 1.4 节论述了 5S 用户体验模型：产品设计是从战略层开始，经过范围层、结构层、框架层和表现层的逐步具象化、清晰化的设计流程。同样，斯坦福大学的设计思维以及"双钻石"设计法也属于问题导向设计。问题导向的设计（POD）可以用"微笑模型"来解释（图 6-1）。该模型的核心有两个：①寻找发现"值得"的问题，②为这个问题的解决选择"适合"的方法。产品设计的流程从来都不是一成不变，往往需要根据实际情况进行变通或者修改。如果过于依赖流程步骤，可能会拉长设计工期，影响项目进度，也会限制设计师创造力的发挥。例如，快速响应的敏捷开发的设计模式可以让设计团队能够因地制宜、齐头并进地同步完成设计。"微笑模型"强调"移情"与"定义"是发现问题的出发点，而"好的问题"是产品或服务能够真正满足用户刚需、打动人心的关键。例如，随着电商的火爆，天猫双 11、双 12 购物节，618 购物节，周年庆等促销活动令人眼花缭乱。如何能够抓住用户的"痛点"和"痒点"就是考验设计师与商家眼光。一则关于荔枝的手机促销页开门见山，以健康为卖点，强调桂味荔枝的纯天然、无污染的特征，并以原产地商家郑重承诺来打消买家的疑虑（图 6-2），这个创意就是发现了"好问题"的范例。随后，设计师围绕着"健康"这个主题，精心拍摄了包括荔枝特写和采摘场景等大量的照片，并根据荔枝色调进行版式设计。整体页面风格清新自然、生动感人，以照片为核心的设计风格让消费者"眼见为实"。

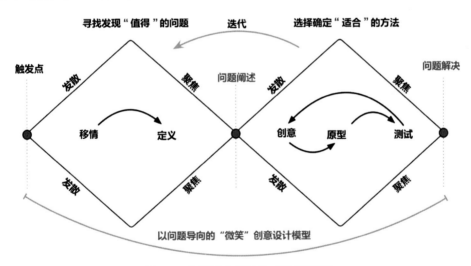

图 6-1 问题导向设计的"微笑模型"

用户体验设计是一项包含产品、服务、活动与环境等多因素的综合性工作流程，具体实践中包括几个步骤：挖掘需求机会点、明确需求方向、探索设计机会点、聚焦设计机会点、发酵可能的设计、定型可行的设计、跟进项目开发上线及验证产品上线结果等。对于设计师来说，工作往往是从一份 PPT 简报和需求文档开始。设计师的工作包括用户分析和调研摸底（用户画像和体验地图）、产品及市场分析（SWOT 和竞品分析）以及项目关键风险评估及预判。要了解用户和研究用户就要走出办公室和用户交谈，看看他们是怎么生活和工作的。换位思考，感同身受，然后才能知道用户的问题在哪里，这就是设计思维强调的移情和同理心。"微

图 6-2　关于荔枝销售的 HTML5 促销页界面设计

笑模型"的核心在于问题思考，就是围绕产品存在的意义、开发的目的、受众的定位及需求、经营者的利益等核心问题展开的头脑风暴。设计师需要明确设计的终极意图和用户的真实需求。有时人们买的不是产品，而是对舒适生活的体验，如"夏季乘凉"的体验需求就产生了折扇、团扇、电扇、迷你风扇、小吊扇、凉席、遮阳伞等一系列产品。战略层就是要解决为什么开发这个产品，针对哪些用户（环境），这个产品针对用户的"刚需"和"痛点"是什么，这个产品应用的场合在哪里等问题。

"微笑模型"除了问题思考还有方法思考。解决问题的方法有多个途径，往往涉及材料、成本、预算、工期、环境影响、维护以及技术复杂性等一系列问题。例如，据报道，深圳图书馆自 20 世纪 90 年代建成以来，读者长期受到暴晒的阳光的困扰，他们只得撑起一把把遮阳伞（图 6-3，上）。同学们针对这个问题开展了调研、讨论和头脑风暴。研究内容包括：①夏日华南地区阳光照射的角度有多大，会持续多长时间；②考虑几种切实可行的"遮阳"设计方案；③暴晒的阳光虽然影响了阅读，但是却提供了充足的太阳能，如何能够加以利用；④哪些人类活动是可以在强光照环境里进行的。根据以上问题的调研和思考提出图书馆的改造方案。该课题非常实际，具有很强的挑战性。有的设计小组提出了在玻璃幕墙外加装绿色植物防晒网的设计方案（图 6-3，下），既遮挡了阳光暴晒，又有效地利用了太阳能并美化了环境。当然这个创意也可能会带来一系列新的问题，如植被养护、防虫、安全性、技术复杂性等，需要在设计原型的基础上经过反复测试、修改和完善才能真正实施。

唐纳德·诺曼指出：用户对产品的完整体验远超过产品本身，这与人们的期望有关，它包含顾客与产品互动的所有层面，即从刚开始接触、体验，到公司如何与顾客维持关系。因此，问题导向设计流程从剖析用户心理及行为分析入手，正是抓住了体验设计的核心。这种设计方法能够规范企业行为，缩短设计时间并避免设计的盲目性。设计思维及其方法不仅被

IDEO、苹果、微软等知名 IT 公司所推崇，而且也成为国内众多互联网创新企业，如百度、360、小米、腾讯、阿里和创新工场等企业所熟悉的项目管理方法和产品创新方法。

图 6-3　深圳图书馆暴晒的阳光给读者造成了困扰及其解决方案

6.2　流程设计：瀑布法与敏捷法

用户体验设计往往是整体产品开发流程的一个环节。因此，设计团队选择不同的软件开发流程（敏捷与瀑布）往往会影响设计开发人员处理项目的方式、团队管理以及与合作伙伴进行沟通的方式。那么，敏捷和瀑布设计流程有什么区别？两种方法各自的优缺点在哪里？瀑布模式是由软件工程师温斯顿·罗伊斯在 1970 年提出的软件开发模型。瀑布模式严格遵循预先计划的需求分析（发现）、设计、编程、集成、测试、维护的步骤顺序进行（图 6-4，上）。步骤成果作为衡量进度的方法，例如需求规范、设计文档、测试计划和代码审阅等。瀑布模式的开发思想源自建筑业，建造房屋的过程通常是从打地基开始，立柱架梁，搬砖筑墙。整个建筑从基础到完成几乎是一气呵成，即使出现小问题需要修修补补，工人们也无须回去对基础进行返工。瀑布模式遵循相同的原理，它将开发过程分为以下 6 个不同的阶段。①发现阶段：团队收集整个项目的完整需求列表。②设计阶段：软件架构师决定如何构建应用程序以及它如何运行，这就需要进行大量的前期策划并需要大量文档。③编程阶段：开发人员根据要求实施设计。④测试阶段：质量检查工程师检查整个代码库是否存在错误或不一致。⑤集成阶段：开发人员集成最终产品的各个部分，并为客户提供原型演示。⑥维护阶段：团队提供支持并修复用户发现的错误。敏捷开发（agile development）则是一种从 1990 年开始引起广泛关注的新型软件开发方法，是一种以用户需求为核心、迭代、循序渐进的开发方法，其过程是在一系列的"冲刺"（sprint）中完成的（图 6-4，下）。

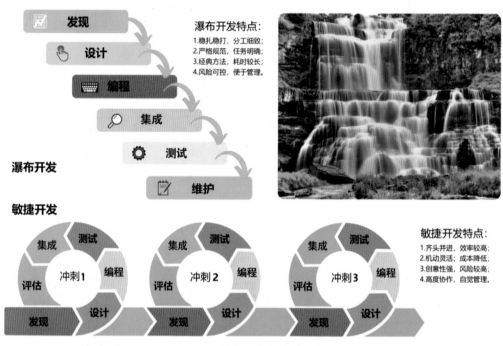

图 6-4　瀑布开发与敏捷开发

敏捷开发是基于《敏捷软件开发宣言》定义的价值观和《敏捷软件的十二条原则》等一系列方法和实践的总称。换句话说敏捷开发是一种应对快速变化的需求的一种软件开发能力，只要在符合价值观和原则的基础上，能让开发团队拥有应对快速变化需求的能力就叫作敏捷开发。与瀑布模式开发相比，敏捷开发的好处就在于它的最终产品能更快地对接市场，但需要更多的团队协作和增量投资。敏捷开发是一种高度协作化的工作方式。在传统的瀑布模式开发中，设计师一般把方案交给开发者后就不再负责后续工作。但在敏捷开发的迭代工作流程中，设计师会和程序员一起协同工作，完成每一次产品迭代。这种开发模式有 3 个特征：①团队合作，集体智慧。这类似于美式橄榄球中的团队拼抢（Scrum）的画面，最大限度地发挥设计师的主观能动性。因此，难点在于如何进行管理，特别是产品经理与设计师、程序员的协同配合。②小团队、混合小组（有客户代表和利益相关者）和开放式工作空间。体验设计师、用户研究员、产品经理与开发人员面对面沟通，缩短与用户沟通反馈的周期，加快提交给用户产品原型的周期（图 6-5）。③目标明确，小步迭代，滚雪球式开发。这个过程鼓励每个合作者思考设计。敏捷设计紧抓用户的"刚需"与"痛点"，要求设计师可以从简洁的设计语言开始，不需要在视觉设计和实现上花费过多的精力，而通过快速和持续不断地交付有价值的产品让客户满意。

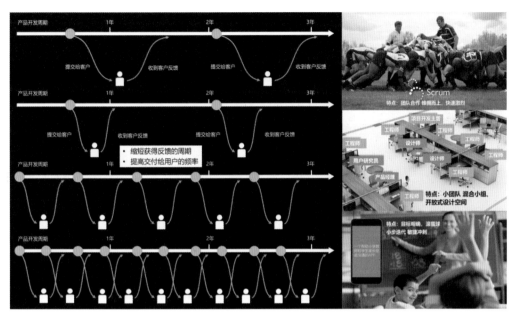

图 6-5　敏捷开发能够缩短与用户沟通反馈的周期，加快产品设计周期

瀑布模式属于逐级递进的模式。由于没有回头路，因此每个阶段都必须 100 % 完成，然后项目团队才能进入下一个阶段。因此，每个阶段都必须有可交付成果和符合审查标准的清晰列表。客户无法预测开发过程中会出现的技术难题以及项目随着时间的变化而出现的新问题。瀑布模式的主要缺点在于不灵活，不善于处理不断变化的要求。而且周期长，占用资源多，产品上市时间慢，由此导致项目失败的风险更高。尽管并不完美，但瀑布模型在某些情况下非常有用。例如该模式易于理解和管理，即使对于初学者也是如此。瀑布模型每个阶段都有一组明确的交付成果，因此简化了项目管理，非常适合具有明确要求和固定预算的项目。瀑布模型对团队组成的变化也不像敏捷软件方法那么敏感。敏捷开发模式的主要优点在于：①更快的上市时间和投资回报率；②产品设计早期的用户反馈有助于改进产品；③敏捷开发是循环 / 冲刺式的迭代模型，持续不断的反馈和调整降低了项目风险；④由于客户的深度参与而提高了透明度，"人人都是设计师"的理念能够更好地发挥项目组成员的主观能动性，使团队在解决技术问题上更具创造力；⑤该模型可以对需求的任何变化做出快速反应，并以较低的成本进行调整。敏捷开发模式的缺点在于：①团队管理难度比较大，而且高度依赖客户的参与；②由于需要频繁地修改迭代，项目的总成本难以预测。

敏捷开发的 6 条基本原则是：①快速迭代。相对那种半年一次的大版本发布来说，小版本的需求、开发和测试更加简单快速。②让测试人员和开发者参与需求讨论。需求讨论以研讨开发小组的形式展开最有效率。该小组包括设计师、客户、测试人员和开发者，设计师可以在其中担任多个职务，如组织者、协调员、培训师、决策者等（图 6-6），充分发挥团队成员间的互补特性，活跃度高、参与感强。③编写需求文档。设计师可以用"用户故事"（user story）的方法来编写需求文档，特别关注现场与环境的影响因素。这种方法可以让我们更多关注用户需求而不是技术实施方案。④多利用口语沟通，尽量减少内部交流的文档。任何开发项目中，团队沟通都是一个常见的问题。团队要确保日常的交流，多进行面对面沟通。通过高效的协作，获取快速的反馈，从而尽早做出调整，减少时间的浪费。⑤做好产品原型。设计师使用草图和模型来阐明用户界面设计会更加简洁清晰。⑥及早考虑测试。传统的软件开发测试用例很晚才开始写，这导致过晚发现需求中存在的问题，使得改进成本过高。

图 6-6　敏捷开发模式下用户体验设计师的多角色职责与任务

6.3　战略思考：商业模式画布

对于设计师来说，仅依靠视觉和体验进行设计是远远不够的，更重要的是需要理解互联网时代的商业与消费模式。正如著名管理学大师彼得·德鲁克说："当今企业之间的竞争，不是产品之间的竞争，而是商业模式之间的竞争。"什么是商业模式？简而言之，商业模式就是公司通过什么途径或方式来获得盈利。瑞士商业理论家阿列克斯·奥斯特瓦德等人的定义为："商业模型是一个理论工具，它包含大量的商业元素及它们之间的关系，并且能够描述特定公司的商业模式。它能显示一个公司的价值所在：客户、公司结构以及通过可持续性盈利为目的，用以生产、销售、传递价值及关系资本的客户网。"商业模式画布就是一种可视化语言，是一种用来描述和评估商业模式，甚至改变商业模式的工具。该画布也是一种思维方式，正如思维导图、用户旅程地图或者创意卡片工具，商业模式画布所蕴含的设计思想不仅可以指导创新企业，而且这个画布也同样适用于设计个人的职业规划。

商业模式画布是焦点会议和头脑风暴的工具，它通常由一面大黑板或墙纸来呈现，画布由 9 部分区域组成，创意小组成员可以将即时贴、照片、图片直接贴在相关区域，也可以直接通过马克笔在区域内填写文字（图 6-7）。画布的 9 个方格的内容如下：①客户细分：哪些客户是你的目标用户。②价值主张：你给能给客户带来什么好处（产品或服务）。③客户关系：怎样和客户保持联系。④传媒渠道：怎么将产品或服务送到客户面前。⑤关键业务：我的优势和主营业务在哪里。⑥核心资源：手上有什么资源能保证盈利。⑦重要伙伴：谁可以和我一起赚钱。⑧成本结构：该产品或服务的成本是多少。⑨收入来源：从哪方面赚钱。

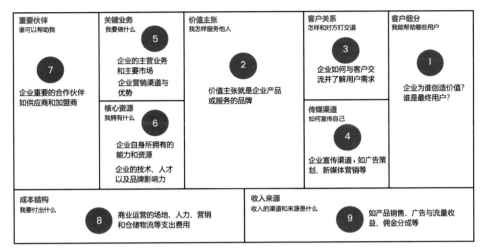

图 6-7　商业模式画布的 9 大区域及其相关的问题

　　该画布类似思维导图，用 9 个关键问题说明公司业务的整体脉络与流程：企业如何服务他人（价值主张）？企业能帮助哪些用户（客户细分）？我的业务与市场在哪里（关键业务）？企业怎样宣传自己（传媒渠道）？我怎样和对方打交道（客户关系）？我拥有什么（核心资源）？谁可以帮助我（重要伙伴）？我付出的成本如何？我的收益如何？商业模式画布形象地简化了一个企业的所有流程、结构和体系等现实事物，设计者借助画布可以分析和了解环境、企业与产品全景，查看各结构之间的关系，获得现阶段与企业和产品方向一致的设计主张，进而做出符合主张的设计。该画布的 9 个区域以产品或服务为核心，构建了企业、市场与客户的生态图。画布各模块间相互关联并影响，例如，价值主张受到细分客户的需求影响，而其决定了关键业务的方向。图 6-8 的红线代表这 9 个区域之间的联系。

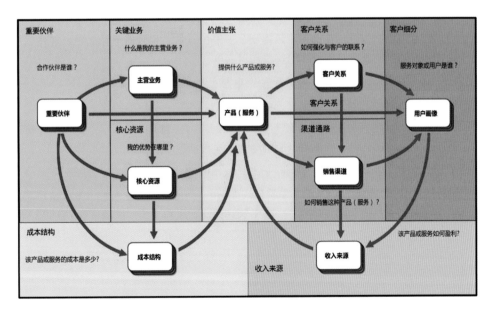

图 6-8　商业模式画布（红线代表相互之间的联系）

下面以小米科技公司的商业模式画布（图 6-9）为例，阐明画布各部分的内容。

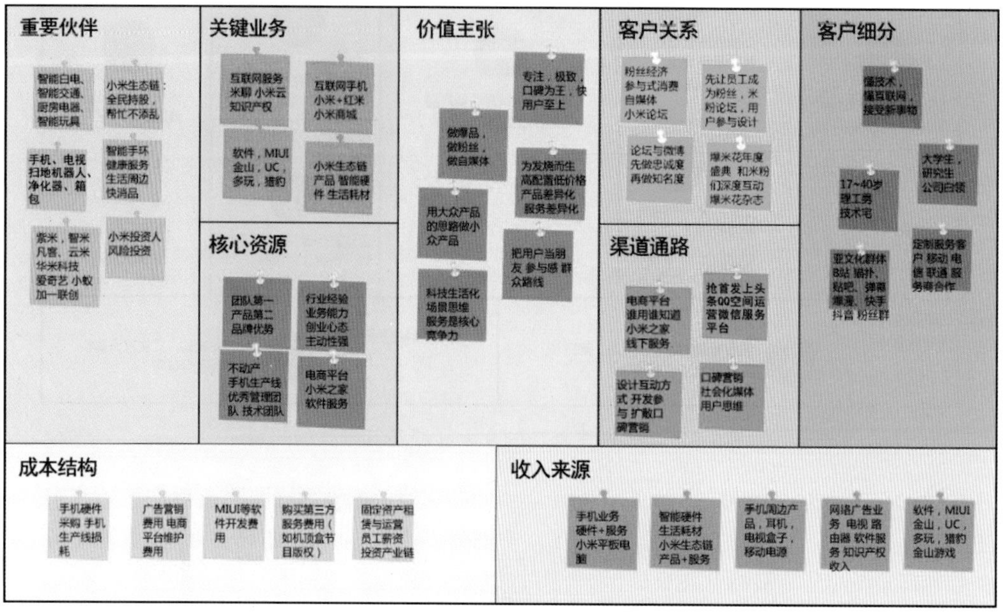

图 6-9　小米科技公司的商业模式画布

（1）价值主张。所有的产品或者服务都是给用户提供一种价值，然后在创造价值的过程中来实现商业利益。价值主张就是企业产品或服务的品牌。例如，"小米手机就是快"这个广告一开始就把产品优势传达给了消费者。

（2）客户细分。设计师必须知道为谁创造价值？谁是用户？小米手机的消费群定位非常清晰：17~40 岁理工男性、技术宅、公司白领、大学生。这些人的特征是接受新事物快，懂技术，懂互联网，但经济能力有限。由此，小米提出了"高配置低价格"的产品战略，并依赖产品的快速迭代和口碑营销建立了庞大的粉丝群和用户群。

（3）关键业务。我们的渠道有哪些关键（主营）业务，有这些关键业务就能存活下去。腾讯的关键业务是社交和游戏；阿里巴巴的关键业务是电商；百度的关键业务是搜索。小米的关键业务包括手机和平板计算机、软件（如米聊、金山、猎豹、MIUI 等）、电商平台和小米生态链产品（路由器、电视机顶盒、空气净化器、移动电源等）。

（4）客户关系。客户关系是一个不断加强与客户交流、不断了解顾客需求并不断对产品及服务进行改进和提高过程。小米的企业价值观是"用户至上""为发烧而生""做爆品，做粉丝，做自媒体""先做忠诚度，再做知名度"。基于这些理念，米粉论坛、微博、QQ 空间、微信、小米之家等都成为小米口碑与品牌影响力的推手。小米科技将客户、供应商作为朋友的思维能够长期保持客户联系，并通过真诚与服务绑定了用户、合作伙伴与投资方，由此打造出了国内最成功的小米智能产品产业链。

（5）渠道通路。将产品或服务送达到消费者手中，这个方式就是销售渠道。同时，广告策划、宣传和口碑等也是必不可少的。例如，小米的营销渠道包括小米商城、第三方电商（如淘宝）和小米之家线下服务。此外，针对高校开学季和"双 11"等活动的促销也是小米销售重要渠道之一。而通过微博、微信、小米论坛和米聊等社会化媒介，小米可以更有针对性通过网络"精准营销"来销售其产品。与此同时，小米还通过个性化设计的电视广告、米粉节现场招贴和手机海报等形式来推广其产品和服务。

（6）核心资源。这个就是指企业自身所拥有的能力和资源如现金流、人才或者品牌影响力。小米科技的核心资源包括手机生产线和固定资产、品牌、金融、电商平台、软件服务、控股企业以及一流的管理团队和技术团队等。小米总裁雷军从小米创办之初，一直在强调硬件、软件和服务。小米模式就是一个树形结构，从小米智能手机、智能音箱、智能路由器出发，开放包容布局更大的市场（图6-10）。其中，手机是移动互联网的入口，是智能家居的遥控器，也是小米生态链攻城略地的法宝。

图 6-10　小米生态链的核心资源，包括智能家居和小米新零售

（7）重要伙伴。谁是我们的重要伙伴？谁是我们的重要供应商？我们能够从合作伙伴那里获取哪些核心资源？合作伙伴都执行哪些关键业务？小米科技的"产品生态链"（图6-11）包括 3 层：手机周边、智能硬件和生活耗材。小米通过"投资＋孵化"的模式，吸引了一大批中小企业和创新团队加盟。小米生态链上超过 80 家企业通过复制小米模式，不断打造出杰出的产品，也使得小米科技在不断发展壮大。

（8）成本和收益。对于企业来说，需要花钱的地方都是成本。例如，电商有场地、人力、营销、仓储、物流和进货成本等。收益则是公司能够生存和发展的前提。互联网盈利模式包括流量变现、佣金分成、增值服务和收费服务模式等。小米科技公司收益主要来自产品与软件服务。2019 年的销售数据显示：小米手环、小米空气净化器、小米电视、小爱音箱等都位列市场前列。近几年来，小米科技公司依靠出色的软硬件服务，打造出的"米家" IoT（物联网）智能家居平台已连接了数以亿计的 IoT 设备，成为数字时代能够与苹果 HomeKit 智能家居平台比肩争雄的民族高科技企业。

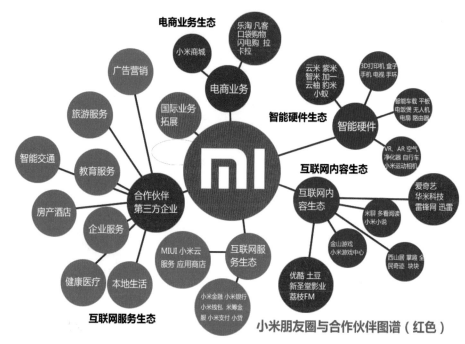

图 6-11　小米产品生态线与合作伙伴（红色代表合作企业）

6.4　比较研究：SWOT竞品分析

竞品分析也叫 SWOT 分析法，20 世纪 80 年代初由美国旧金山大学的管理学教授韦里克提出，随后被麦肯锡咨询公司等企业采用，并被广泛用于企业战略制定、竞争对手分析等场合。SWOT 分析实际上是对企业内外部条件各方面内容进行综合和概括，进而分析组织的优劣势、面临的机会和威胁的一种方法。通过 SWOT 分析，可以帮助企业知己知彼，优化战略。SWOT 分析通过调查研究将企业内外环境的优缺点依照矩阵形式排列，然后用系统分析的思想，把各种因素对比分析，从中得出一系列相应的结论。运用该方法可以对研究对象所处的情景进行全面、系统、准确的研究，从而制定出相应的发展战略、计划或对策等。

SWOT 分析法矩阵（图 6-12）中的 S（Strengths）代表优势，W（Weaknesses）代表劣势，O（Opportunities）代表机会，而 T（Threats）代表威胁。对手存在既是威胁也是本企业产品或服务提升的机遇。因此，SWOT 分析就是知己知彼，取长补短，优化企业竞争力的分析工具。图 6-12 左上角为 SO 战略，代表优势与机会并存的情况，企业可能采取的战略就是抓住机遇，最大限度地发展自己。右下角的 WT 战略恰恰相反，当外部环境与内部环境均不佳时，企业应该保存实力，韬光养晦，加强学习，适度收缩。同理，WO 战略与 ST 战略也都是帮助企业综合判断问题与机遇，从而制订出合理的战略规划的方法。

SWOT 分析法不仅对于企业战略非常有用，而且也可以用来分析产品竞争力和个人职业规划（图 6-13）。SWOT 分析法提出了两组四个简单的问题：产品（或个人）的优势和劣势分别是什么（从内部评估产品或个人）；产品（或个人）面临的其他机会和威胁分别是什么（从外部评估产品或个人）。这些内部与外部因素与商业环境或个人成长环境息息相关。SWOT

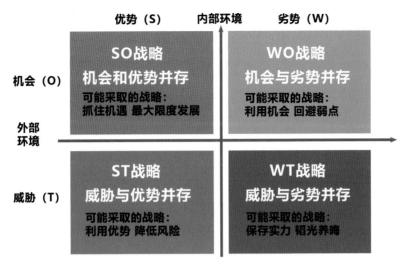

图 6-12　SWOT 竞品分析法的矩阵图

分析法能够帮助设计者快速明确产品的竞争位置，争取项目团队达成共识，而分析质量取决于对诸多不同因素是否有深刻理解。SWOT 分析法还可以被设计者借用，快速找到设计与竞品之间的差异和切入点。但需要注意的是，SWOT 分析法并非定式，设计师需要具体问题具体分析，基于需求对该模型进行拓展变形，而不是局限在条条框框中。例如，分析企业或产品的优势或者环境时也必须考虑时间因素。时过境迁，此一时也彼一时。因此，设计师需要站在发展的角度看问题，关注过去、现在和未来的趋势，从而做出相应的战略选择。

图 6-13　个人职业规划同样可以采用 SWOT 分析法

　　SWOT 分析中的"外部环境"是一个相对复杂的系统。企业可以基于公司战略从政治、经济、社会、技术四方面来分析外部环境。①政治环境，指一个国家或地区的政治制度、体制、方针政策、法律法规等方面。这些因素常常影响着企业的经营行为，尤其是对企业长期的投资行为有着较大影响。②经济环境，指企业在制定战略过程中须考虑的国内外经济条件、宏观经济政策、经济发展水平等多种因素。③社会环境，主要指组织所在社会中成员的民族特征、文化传统、价值观念、宗教信仰、教育水平以及风俗习惯等因素。④技术环境，指企业业务所涉及国家和地区的技术水平、技术政策、新产品开发能力以及技术发展的动态等。这四个维度就是企业或个人对未来趋势判断的依据。

6.5 集思广益：头脑风暴会议

在体验设计中，设计方案的提出往往需要集思广益，寻找团队公认的协作方式，如卡片墙、卡片桌、小组研讨、产品 SWOT 分析或思维导图等工具都可以强化集体创意的优势。群体智慧中最典型就是"头脑风暴"。这种联想和讨论可以产生新观念或激发创意（图 6-14）。头脑风暴法又称智力激励法、BS 法、自由思考法，是由美国创造学家 A.F. 奥斯本于 1939 年首次提出，1953 年正式发表的一种激发思维的方法。这种创意形式由 IDEO 设计公司、苹果公司等最早引入产品设计领域。该方法是一种群体创造性活动，事实证明思想碰撞与语言交流是产生智慧火花的重要途径，集体智慧比个体更具有创新优势。进行"头脑风暴"集体讨论时，参加人数可为 3~10 人，时间以 60 分钟为宜。在头脑风暴中，全程可视化、团队协作、换位思考以及设计思维的贯穿成为大家普遍遵守的原则。

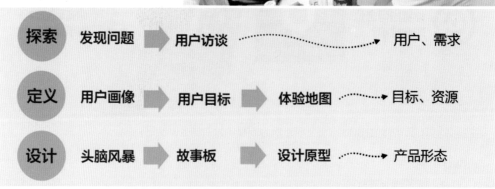

图 6-14　头脑风暴讨论可以让团队产生新观念或激发创意

头脑风暴的目标是产品或服务的概念设计,产出物包括产品概念和设计原型(图 6-15)。头脑风暴的参与者往往是"焦点小组"(focus group)的核心成员。除了设计师外,还可能包含工程师、项目经理、用户、利益相关者和咨询专家等;头脑风暴规则包括:①明确主题。讨论者需要提前准备参与讨论主题的相关资料。②多多益善。在规定的时间里追求尽可能多的点子。也鼓励把想法建立在他人之上,拓展别人的想法。③跳跃思维。当大家思路逐渐停滞时,主持人可以提出"跳跃性"的观点引导思路转变。④空间记忆。在讨论过程中,随时用白板、即时贴等工具把创意点子记录并展示在大家面前,让大家随时看到讨论的进展,把讨论集中到更关键的问题点上(图 6-16)。⑤形象具体。用身边材料制成二维或三维模型或用身体演示,以便使大家更好地理解创意。

图 6-15　头脑风暴与集体讨论是产品设计构想的最初阶段

图 6-16　即时贴墙报是头脑风暴记录、思考和碰撞的工具

头脑风暴的关键在于在不预做判断的前提下,鼓励大胆创意。要大家把自己的想法说出来,然后快速排除那些不可能成功的概念。"头脑风暴"会议往往不拘一格,可以配合演示草案、

设计模型、角色、场景和模拟用户使用等环节同步进行。服务蓝图、顾客旅程地图、用户画像等研究模型也会在头脑风暴会议发挥作用。在会上，大家可以集思广益，围绕着核心问题展开讨论，如用户痛点是什么，用户轨迹中的服务触点在哪里，如何通过竞品分析找出现有产品的缺陷等。除了鼓励提问和思考外，还可以通过内部评选，让大家评选出最优设计方案和最可能流行的趋势并分析其原因，之后集中大家智慧为进一步的原型开发打下基础，最后由团队对这些创意投票表决。无论是设计产品还是设计服务，都会用各种简易材料做出样品或服务的使用环境，让无形的概念具体化（图 6-17）。例如，IDEO 公司的工作室都有手工作坊或 3D 打印机，他们的创新理念是用双手来思考，快速制作样品，并不断改进。此外，让用户实际参与使用各种样品也是头脑风暴的一部分。设计师可以通过观察用户使用样品的实际情况对设计进行改良并完善产品或服务。

图 6-17　纸板等简易材料可以模拟出产品的使用环境

头脑风暴主要有两种类型：直接头脑风暴和质疑头脑风暴。前者尽可能地激发创造性并产生尽可能多的想法，后者对直接头脑风暴的设想和方案逐一质疑并分析其可行性。头脑风暴按照组织形式可划分为 5 种类型：自由发散型、辩论型、击鼓传花型、主持访谈型和抢答型。头脑风暴可用于设计过程中的每个阶段，同时在执行过程中有一个至关重要的原则：不要太早否定任何想法和创意。经过多年的实践，IDEO 设计公司总结归纳了头脑风暴的 7 项原则并以易拉宝的方式放置在会议室中：暂缓判断、鼓励奇想、举一反三、集中主题、逐一发言、利用视觉、以量取胜。需要说明的是，头脑风暴并非创意的万能灵药，也不能期待它能够解决所有的创新问题，但它是一种结合了个人创意和集体智慧的重要机制。麻省理工学院媒体实验室副主任迈克尔·施拉格教授认为 IDEO 的成功并不在于头脑风暴方法论，而是在于它的企业文化。正是 IDEO 员工对于创新的热情推动了他们的头脑风暴方法论，他认为只是创造新概念不叫创新，只有创造出可实行且能改变行为的方法才能称为真正的创新。

当设计团队明确了产品的业务目标和设计目标之后，往往就需要召开头脑风暴会议并针对一个特定的设计内容进行研讨。例如，针对"如何改善小学生校内午餐的膳食结构"的问题，IDEO 就进行了一系列的调研。该团队深入到学校餐厅与学生们一起吃饭，深入观察学生们的午餐情况。通过近一个月的观察、记录、交谈和聆听，IDEO 发现了小学生餐厅普遍存在的营养不均衡、食物浪费、环境脏乱、学生不主动等一系列问题。针对这种情况，设计团队借助头脑风暴等形式集思广益，并由此提出了几种改进学校"装配线式"餐饮设计的思路，如提供更多的学生自助式服务，避免食物浪费；完善家庭小餐桌式布局；由小学生"桌长"来负责分配午餐的流程（图 6-18）；改进学校餐厅灯光和环境设计；改进肉类和蔬菜比例等。这些措施使得学校餐厅的面貌焕然一新，该设计也得到了斯坦福大学专家们的好评。

图 6-18 通过鼓励学生自助式服务来改善小学生午餐

6.6 信息架构：原则与方法

当头脑风暴完成以后，设计团队有了初步的概念设计模型，接下来就需要梳理产品的信息架构（功能、流程、草图及界面）并进行深入的界面设计。原型在这一阶段扮演着重要的角色，原型设计就是信息架构的建设过程，用户能够和设计师一起看到未来交互的软件蓝图、功能和效果，获得较真实的感受，并在讨论中完善未来的设计思路（图 6-19）。通过原型设计，不仅可以使每个开发人员和设计人员对产品的目标了然于胸，相当于做了一份详细的需求分析，同时客户也可以参与到设计过程，并从自身的视角审核并验收设计方案，避免设计团队走弯路并减少其盲目性。这一阶段的工作包括原型设计、信息架构设计、视觉与交互设计。该过程也是对信息的提取、挖掘和不断深化的过程。根据微软技术工程师戴夫·坎贝尔提出的知识建构模型，知识或智慧的获取必须经历对原始数据的去粗取精、去伪存真的过程，也就是洞察力的不断深化的过程。信息架构包括组织系统、标签系统、导航系统和搜索系统。建筑学专家理查德·沃尔曼认为"信息架构是共享信息环境下的结构设计，它通过组织、标记、搜索、网站和内部网之间的导航系统，成为具有可用性和查找功能，能够塑造清晰化信息产品的艺术和科学。"

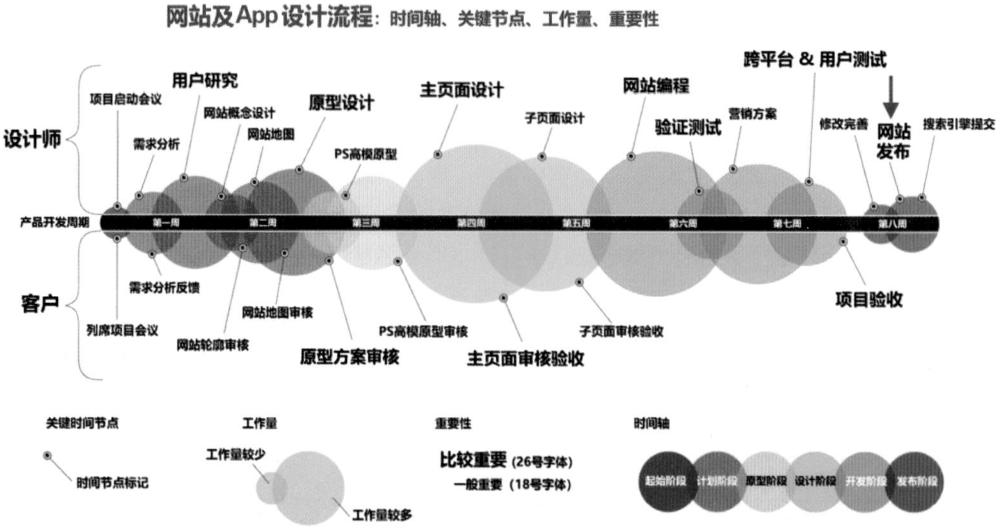

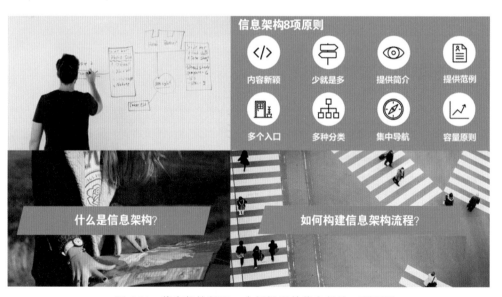

图 6-19　网站及 App 设计开发周期（显示关键时间节点、工作量和重要性）

著名技术理论家凯文·凯利在其著作《科技需要什么》中说过："思想就是对信息的高度提炼。当我们说懂了，意思就是这些信息已经产生了意义。"因此，设计师的原型设计过程也是对信息的梳理和建构，无论是网站还是 App，所有的信息架构都不应该是凭空完成的，而是从用户需求出发来思考。同样，信息架构设计也应该遵循一系列原则和方法。2006 年，交互设计专家丹·布朗提出了著名的信息架构的 8 项原则（图 6-20），即内容新颖、少就是多、提供简介、提供范例、多个入口（网站）、多种分类、集中导航和容量原则。这些原则可以作为构建网站和 App 产品的出发点。

图 6-20　信息架构师丹·布朗提出的信息架构 8 项原则

丹·布朗的信息架构 8 项原则简述如下。

（1）内容新颖：该原则认为内容应被视为有生命的东西。它具有生命周期、行为和属性，因此信息的时效性、新颖性和前沿性至关重要。

（2）少就是多：无论从认知心理学还是信息设计实践，少就是多无疑是一条颠扑不破的真理。例如，三层网站结构和扁平化、瀑布流界面设计原则，都是尽量减少信息的层次或深度，让用户一览无余地进行选择的实践总结。

（3）提供简介：无论是书籍、信息图表、网站或者社交媒体，在标题下都应该提供简介、摘要、内容提要或预览。提供简介或摘要不仅有助于用户快速了解更深层次的信息，而且也使得网站或手机的内容导流及产品推广成为可能。

（4）提供范例：复杂而抽象的信息图表令人生厌，也使得读者"敬而远之"。因此，通过范例来通俗化、情感化图表内容是信息设计师必备的素质之一。

（5）多个入口：假设至少有 50％ 的用户可能使用与网站首页不同的入口点。因此，网页设计师应该提供导航、搜索、关键词或更灵活的接口。

（6）多种分类：灵活的分类方法是吸引用户和提升用户体验的重要手段。

（7）集中导航：信息设计师应该保持目录或导航结构简单清晰，切勿混淆其他事物，让读者在信息的汪洋大海中无所适从。

（8）容量原则：网站的信息内容往往会随着用户的积累和口碑而不断丰富，特别是新闻、电商或是科普教育类网站。因此，设计师必须确保网站具有可扩展性。

6.7　规范文档：产品需求文档

用户体验设计以流程化方式呈现，虽然并非线性流程，但对于企业来说，流程管理代表了交互设计能够顺利完成的时间节点和任务分配。以手机 App 应用程序设计来说，产品开发过程包括战略规划、需求分析、原型设计、交互设计、视觉设计和前端制作（图 6-21）。产品开发流程中每个阶段都有明确的交付文档。战略规划期的核心是产品战略、定位和"用户画像"。产品战略和定位确定之后，用户需求分析，用户特征分析，用户使用产品的动机分析就是"重中之重"。通过定性、定量的一系列方法和步骤，设计团队就可以确定目标用户群并画出"用户画像"（阶段交付文档）。

产品需求文档（Product Requirement Document，PRD）是软件开发中不可或缺的技术文档，主要由产品设计开发人员负责。在产品团队内部，会对产品需求文档进行严格评审，如果需求文档质量不合格，则需要修改和完善直到评审通过。用户体验团队的所有人员要尽可能熟悉产品需求文档的格式，包括产品开发背景、价值、总体功能、业务场景、用户界面、功能描述、后台功能、非功能描述和数据监控等内容。按产品复杂度，该 PRD 从二三十页到上百页不等，其内容包括以下 7 个部分。①文档前页，内容包括封面信息、撰写人、撰写时间、修订记录页、目录页和版权页等；②项目概述，内容包括名词解释、产品目标、受众分析、项目周期、时间节点等；③产品描述，内容包括产品概述及目录、产品整体流程、产品版本规划、产品功能列表；④用户需求，内容包括目标用户、场景描

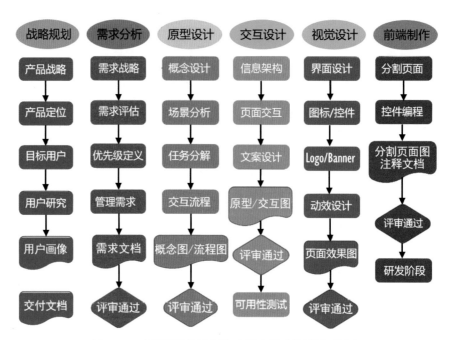

图 6-21　产品开发的流程和支付文档（阶段性成果）

述、功能优先级和产品风险等；⑤功能描述，内容包括框架图、流程图、交互设计图、界面设计（导航）、色彩与风格测试需求、用例编写、验收标准等；⑥非功能需求，内容包括安全、统计、性能、易用性、可用性、兼容性和管理等需求；⑦业务流程，内容包括总体流程图、项目进度及管理、运营计划、推广和开发、项目经费、人员预估、后期维护等（图 6-22）。不同的体验设计项目需求文档的内容也有差别。

文档前页	项目概述	产品描述	用户需求	功能描述	非功能需求	业务流程
封面信息	名词解释	产品概述及目标	目标用户	验收标准	安全需求	总体流程图
撰写人	产品目标	产品整体流程	场景描述	线上线下	统计需求	项目进度及管理
撰写时间	受众分析	产品版本规划	功能优先级	信息设计	性能需求	运营计划
修订记录页	项目周期	产品框架图表	产品风险	框架图	易用性需求	推广和开发
目录页	时间节点	产品功能列表		流程图	可用性需求	项目经费
版权页				交互设计图	兼容性需求	人员预估
				界面设计	管理需求	后期维护
				色彩与风格		
				测试需求		
				用例编写		
				验收标准		

图 6-22　产品开发流程的各个阶段和需要交付的文档（产品策划书）

　　需求分析的核心是需求评估、需求优先级定义和管理需求的环节。要求还原从用户场景得到的真实需求，过滤非目标用户、非普遍和非产品定位上的需求。通常需求筛选包括记录反馈→合并和分类→价值评估→风险机遇分析→优先级确定几个步骤。价值评估包括用户价值和商业价值，前者包括用户痛点、影响多少人和多高的频率，后者就是给公司收入带来的影响。ROI（投入产出比）分析是指投入产出比分析，也就是人力成本、运营推广、产品维护等综合因素的考量。优先级的确定次序是用户价值 > 商业价值 >ROI。产品设计需要考虑的因素很多。例如，飞利浦公司推出的儿童智能牙刷就有定时提醒、科普宣传和亲子互动等功能，将便捷性、趣味性、时间管理与口腔健康护理融为一体，让儿童刷牙行为的体验更丰富（图 6-23）。

图 6-23　由飞利浦公司开发的儿童智能交互牙刷

6.8　用户体验课程设计

对于公司来说，软件开发周期一般比较长，设计团队比较完整，交付的文档也较多，涉及的部门和人员也比较多。但高校的设计课程安排时间相对较短（4~5 周，32~40 课时），学生普遍缺乏实践经验。因此，高校普遍采用模拟项目实践的方式来让学生们掌握相关的知识与方法。该流程包括项目立项、调查研究、情境建模、定义需求、概念设计、细化设计以及修改设计等环节，最后以设计任务书、小组简报汇报、文件夹提交和课程作业展的形式呈现。项目团队既可以选择校内服务，如宿舍环境、校内交通、食堂餐饮、社交及文化、外卖快递、洗浴设施、健身运动设施等，或者是面向社会的研究，如共享单车、旅游文化、购物商场、儿童阅读、健身服务、宠物服务、医疗环境，老人及特殊人群关爱等。对于 4~5 个人的项目小组（图 6-24），可以分别模拟扮演项目经理（负责人）、调研员、设计师、厂商和顾客等不同角色。为了更清晰地分解任务，并参考企业设计团队的项目管理方式，设计了一个"课程实践进程量化评估检查表"（图 6-25）将体验设计流程分解，并以项目小组的形式对产品和服务进行设计和量化评估，由此完成课程实践练习。该量化评估进程表将用户体验设计的流

图 6-24　用户体验设计课程以学生项目团队为核心进行实践

各研究小组根据"用户体验设计"进程表来检查项目完成情况并对各选项进行确认：

小组组长（项目经理）　　研究课题小组成员：

课程选语 (20%)*	用户调研 (20%)*	原型设计 (25%)**	深入设计 (25%)**	报告与展示 (10%)***
□ 研究的意义与价值	□ 访谈（对象+问题+回答）	□ 设计原型草图	□ 简单实地模型（塑料、硬纸板）	□ 规范设计报告书
□ 目标产品或服务对象	□ 问卷调查+五维雷达图分析	□ 创新服务流程图	□ 高清界面设计（PS）	□ 简报 PPT 设计与制作
□ 文献法（网络-论文-检索）	□ 观察法（照片、视频等）	□ 信息结构图（线上模型）	□ 该产品的创新性体验分析	□ 小组项目成果汇报会
□ 商业模式画布	□ KANO 分析法	□ 交互产品界面设计	□ 服务商业模式分析	□ 展板设计与制作
□ 项目计划（时间-任务-分工）	□ SWOT 竞品分析矩阵	□ 产品模型及说明（2D+3D）	□ 产品可持续竞争力分析	□ 课程作业汇报展览
□ 设计研究可行性分析	□ 用户体验地图+移情地图（痛点）	□ 头脑风暴图（蜘蛛图）	□ 科技趋势与 SWOT 竞品分析	□ 创新团队策划书
□ 前期项目 PPT 说明	□ 用户画像和故事	□ 产品商业模式画布	□ 产品体验情景故事板	□ 产品商业前景和风险分析
核心问题：同理心与观察	**核心问题：用户研究故事卡**	**核心问题：头脑风暴与设计**	**核心问题：设计与创新性**	**核心问题：规范化设计**
● 该产品或服务对象是谁？	● 你看到了什么？（观察）	● 该原型设计的优势在哪里？	● 什么是该产品的可用性？	● 报告书是否合规范、美观？
● 产品商业模式画布分析？	● 你了解到了什么？（资料收集）	● 该原型设计费钱费费事吗？	● 该产品的体验优势在哪些？	● 简报设计是否图文高清晰？
● 设计调研的可行性？	● 你问到到了什么？（访谈）	● 该原型设计环保吗？	● 功能-易用性-价格-周期？	● 如何进行演讲和陈述？
● 相关用户调研的可行性？	● 你总结到了什么？（图表分析）	● 同窗会同学喜欢你的设计吗？	● 该产品的谁在同问题有哪些？	● 如何设计汇报模板？
● 这个选题有何意义和创新？	● 你对该服务或产品亲自尝试过吗？	● 该设计有何不确定的风险？	● 竞争性该产品或服务有几家？	● 团队分工与合作总结？
● 该选题预期想要获得什么成果？	● 密集纳列表分析同类产品？	● 产品可持续竞争力在哪里等知	● 该产品的界面设计有何缺陷？	● 创新与创业的可行性？
● 小组如何分工？	● 能发现痛点并设想解决方案吗？	道-技术-服务-价值-品等？	● 该产品的民族性与认同感如何？	● 团队项目进一步的策划？
观察与思考（立项阶段）	**整理与分析（调研阶段）**	**研讨与设计（创意阶段）**	**完善与规范（深入阶段）**	**演示与推广（展示阶段）**
备注栏：	备注栏：	备注栏：	备注栏：	备注栏：
第1周8课时，小组立项、分组5人、文献法、初步汇报。（前期调研的 PPT 项目说明）提供设计的大致方向范围。人员分工与责任。	第2周8课时，项目调研+课堂研讨、服务新究分析会（中期 PPT 项目说明）目前同类服务的普遍问题？市场空白点？用户群分析？新技术商机？	第3周16课时，创意说明汇报会。原创模型、原型设计头脑风暴、（同窗？前景？优势？风险？创新点？与课有产品的矛盾？）	第3周8课时，深入设计展示会手绘、装置、实物、三维建筑、景作说明图。详细设计效果图-规范报告书的整理与撰写。	第4周8课时，课程设计成果汇报会、PPT 报告-提交和现场演示会。设计原型分析、教师讲评、展板设计与课程作业展。

* 该部分选语项可以任选4项，**该部分选语项可以任选5项，***该部分选语项可以任选2项。

图 6-25 "用户体验设计"课程实践进程量化评估表（产品设计任务书）

程与任务清晰化和表格化，为用户体验设计的实践提供了基本的流程与方法，特别是其中的"核心问题"为用户体验设计各阶段提供了目标。该图表简洁、清晰，可以通过进程管理与模拟实践的方法，让学生熟悉体验设计的基本流程和产品研发的环节。该流程的各环节均需要提供交付物，如产品概念图、业务流程图、功能结构图、信息架构图、界面与交互设计等，这与企业团队的提交文档一致。

案例研究： 乌托邦养老社区

或许很少有人知道，美国佛罗里达州中部隐藏着一个几乎等同于天堂的地方。定居此地的老人们就像进入"乌托邦"一样，没有痛苦和家庭烦恼，一切都积极向上，每天只会发生好事。可以尽情享受 100 个娱乐中心、89 个游泳池、11 个宠物狗公园、一个马球场和 50 个高尔夫球场、14 家杂货店、2700 个社交及兴趣俱乐部和连绵不绝的别墅区。这里"夜夜笙歌"，勾勒出一个"世外桃源"。这里就是位于奥兰多西北 110 多千米处的"The Villages"（直译"佛罗里达村"）——世界上最大的退休养老社区，其面积超过曼哈顿。村庄拥有自己的广播电台、报纸和电视频道，就像是一座拥有私人政府的国中国（图 6-26）。

图 6-26　世界上最大的退休养老社区——佛罗里达村

随着老龄化社会的快速到来，发达国家，如欧洲、日本和美国等都面临着养老的严重问题。在一个倒金字塔型的社会，由于老人的数量大大超过年轻人，因此这个问题变得越来越难以解决。荷兰的一家养老院通过当地大学生和老人们的"互助混居"来解决这个棘手的问题（图 6-27）。这家养老院把多余的房间免费租给当地大学生，而他们则需要每个月至少要花 30 个小时陪伴这里的老人。在这段时间里，学生可以带老人出去散步、教他们用计算机、一起看电视，让他们用罐装颜料在纸板上喷涂，认识什么是涂鸦艺术……同样，在意大利，也有许多空巢的老人将多余的房子"免费"提供给当地的学生，但他们需要的是陪伴和倾听，需要年轻人与他们一起同居互助。这种"代代沟通"的服务模式是双赢的，年轻人可以为老人们带来欢乐。他们年轻、富有活力，一个笑容一句话就可以轻松驱赶老人的孤独和压抑。而年轻人通过和老人的相处，获得了生活经验和智慧，也明白了生命的可贵。这种社会创新需要克服代际沟通的障碍以及社会的偏见，特别对年轻人来说是一种挑战。

图 6-27　养老院推出的大学生和老人的"互助养老"模式

随着互联网、手机及社交媒体的普及，有的养老机构借助网络将独居老人、邻居、社会公益组织、社区医院和保健专家连接在一起，通过"互助"与"分享"的方式来解决社区独居老人生活及护理的各种问题，这个思路也成为加拿大温哥华的一个社会创新机构 tyze 解决"社区养老"的方案（图 6-28）。通过这样的公益项目，他们把松散的社交网络转化成整合的资源，使得这个老人周边所有的亲友、邻居或社工等能够在需要时介入陪伴、护理和救助等活动中。虽然这个理想化的服务模式目前还面临技术、资金和隐私等问题的困扰，但作为社会创新的养老模式，无疑给未来的老龄社会提供借鉴。

图 6-28　通过社交网络来解决"社区养老"的方案

与欧洲或加拿大的养老模式完全不同，佛罗里达村的养老社区实践并不要求老人通过交流融入社会,而是完全按照老人自己熟悉的生活方式来养老。这座占地 130 多平方千米的 "村庄" 由亿万富翁莫尔斯建造,其定位很明确,就是给美国富有的老年人,也就是美国 "婴儿潮一代"(二十世纪五六十年代出生)建造一座他们梦想中的城市。虽然说是社区,但这里与美国的其他地方完全割裂。这里的 78 个小社区所有的别墅和建筑都是二十世纪六七十年代的模样,这里有许多欧洲殖民时期的街区,甚至有二十世纪五十年代的海报和标志性建筑。带着对往日 "美国梦" 的无限眷恋,13 万富裕的美国老年人在此过上幸福的生活,没人害怕失业、衰老、病患、家愁、国难或死亡,健身房、游泳池、高尔夫球场比比皆是,世外桃源可以说是这个社区的真实写照(图 6-29)。如今的美国老年人,绝大多数都出生在二战后的 "婴儿潮" 时期。这代人生长在美国,国力和经济都难以匹敌的辉煌时代。而随着时代的改变,曾经的繁荣景象逐渐消逝,老人们开始失落。莫尔斯家族由此发现了商机:将一个普通的养老社区包装成美国梦社区,让老人们沉醉于往日的时光。

图 6-29　佛罗里达村养老社区是一个封闭的乌托邦

这里阳光普照,绿草如茵,人们终日在棕榈树和沙滩海风中沉醉。大家说着 20 世纪的流行语,听着 20 世纪的音乐。这里只接受 55 岁以上的居民,社区甚至不允许他们与儿女同住。老人们与同代人在停止流动的时光中彻夜不停地派对和娱乐,早上 11 点就开始酒吧促销,高尔夫球场上随时可以打到心满意足。每月每人都只需要交 164 美元的娱乐活动费。社区会给他们提供 200 多种娱乐学习项目,如花样游泳、空手道、肚皮舞、园艺、陶艺以及制作火车模型或学计算机等。如果你喜欢披头士、单口喜剧、戏剧、写作、缝纫甚至烧玻璃都能够找到自己的社团。这里每周三晚上会有广场舞时间,老人们可以尽情跳舞,不用怕被投诉(图 6-30)。村庄有各式餐厅、酒吧、夜总会、礼品店、珠宝店、教堂、电影院,也有老年人热爱的服装品牌店、沃尔玛和医院等,改装后的高尔夫球车可以让人们到社区的任何地方。根据美国人口普查局的数据,在 2010 年至 2019 年间,这里的人口激增 37.8%,超过美国任何一个城市。村庄一直在扩张,平均每月就能出售 250 套新房和 200 套二手房,但还是无法满足火爆的需求。世界其他角落发生的苦难,美国正经历的 "新冠" 浩劫,在村庄之外子孙的安危，这一切都与他们无关。这里是老人们的迪斯尼乐园，也是英国作家赫胥黎笔下的"致幻药丸"，能够将人们带入一个"美丽新世界"。

图 6-30　佛罗里达村养老社区的老人们在跳广场舞

1998 年，导演彼得·威尔推出了著名的乌托邦电影《楚门的世界》，展示了一个生活在虚幻世界中的肥皂剧主人公的命运。而佛罗里达村就是一个真实版的"楚门的世界"，一个没有"坏新闻"的虚幻世界，充斥着无尽的酒精狂欢、舞蹈、迪斯科音乐，这个人为建设的"天堂"住着真实的老人。"当你住在村庄时，你就进入了一个角色，每天你需要扮演快乐的自己，好像自己生活在一个幸福的世界，你是这座乌托邦的演员"。这里的环境和历史都是虚构的，莫尔斯家族用民间传说和童话让居民们相信他们住在一个辉煌并充满故事的古城。在这座城市，大家共享同一套价值体系，也遵从同一套规章制度。如果不遵守这些准则，"捣乱者"将会被处以罚款，成为邻居眼中的不受欢迎者并受到排挤。虽然从商业和体验角度上看，"佛罗里达村"无疑是一个成功的案例，它成为了美国梦的象征。但从更深层的角度上看，这座城市割裂了亲情和代际沟通，割裂了社会与现实，也映射出了一个曾经辉煌帝国的夕阳西下与万般无奈的现实。

思考与实践

一、简答题

1. 微笑模型聚焦于哪些关键问题？为什么有两次"发散—聚焦"过程？

2. 产品的瀑布与敏捷开发模式各自的优缺点是什么？

3. 什么是商业模式画布？如何通过这个图表确定企业或产品开发战略？

4. 什么是 SWOT 竞品分析？如何通过 SWOT 发现产品商机或个人职业规划？

5. 头脑风暴会议的提交文档是什么？开会应遵循哪些基本规则？

6. 产品开发各阶段需要交付的文档有哪些？如何撰写产品策划书？

7. 用户体验设计课程可以分为几个阶段？每个阶段的中心任务是什么？

8. 信息架构的基本原则是什么？如何应用到 App 界面设计？

9. 试分析各国养老模式的差异并比较其优缺点。

二、实践题

1. 作为具有悠久历史及文化多样性的大国，我国各地都有自己独特的地方文化艺术和非物质文化遗产，如皮影（图 6-31）、京剧、昆曲、评书、剪纸等。如何利用数字技术来转换或再造传统文化形象？请提出一个基于创新体验设计的数字皮影设计方案。

图 6-31　传统皮影造型夸张，色彩鲜艳，有着悠久的历史和文化传统

2. 旅游是文化创意产业的重要组成部分。对于囊中羞涩，但渴望冒险和新奇体验的大学生来说，如何能利用暑假旅游是个有挑战的创意。请调研旅游市场并设计一个将带货直播、体验分享、旅游地兼职等有偿服务相结合的 App，由此实现大学生"穷游"的可能性。

第 7 课

深入理解用户研究

////////////

在体验设计过程中，用户研究贯穿于整个产品生命周期，是用户体验设计的重要方法和设计的出发点。"工欲善其事，必先利其器"。古人用辩证的思想说明了技术、方法和内容的关系。用户研究方法一般从两个维度来区分：一个是从定性到定量，另外一个是从态度到行为。本课以苹果、腾讯、IDEO 和百度等创新科技企业为例，说明用户研究的基本方法与流程，包括目标用户招募、用户访谈法、现场走查法、问卷调查法、在线访谈法、眼动实验法和数据分析法。用户研究的目标在于收集关于用户的信息，随后加以整理、分析与研究，从中发现问题的普遍性并找到用户的同理心（情感共鸣）以及行为模式（痛点）。用户调研的原始数据与设计师的感悟（愿景）可以用来支持整个团队后期的产品设计与开发。

7.1 用户研究方法概述

　　用户研究（简称"用研"）不仅是产品与服务体验设计的出发点，也是互联网公司用户体验部（UED）的中心工作（图 7-1）。无论是"以用户为中心的设计方法"还是"用户参与式设计"，都要求设计师深入进行用户研究，并在该过程中更多地扮演协调者、观察者和引导者的角色，感性地获得用户的第一手资料，得以从更丰富的角度挖掘用户需求，从而助力产品设计的完善。斯坦福大学教授丹·塞弗指出："用户知道什么最好。使用产品或服务的人知道自己的需求、目标和偏好，设计师需要发现这些并为其设计。"但是由于用户本身在年龄、地域、教育或者消费能力上的巨大差异，不同用户对产品的理解或操控是不一样的。因此，在进行实地调研之前，设计团队首先应该对用户进行细分，并从中确定目标用户。为了得到真实的用户诉求，设计师必须深入客户环境中，甚至扮演"客户"来找到用户的同理心（情感共鸣）。例如，IDEO 公司的调研员深入酒店的水槽中洗衣服，以客人身份入住，在手术室里站在外科医生旁边，在机场警戒线中安抚焦虑的乘客，这一切都是为了培养同理心，更好地将商业需求与用户需求结合，从设计的角度分析并制定合理的设计目标。

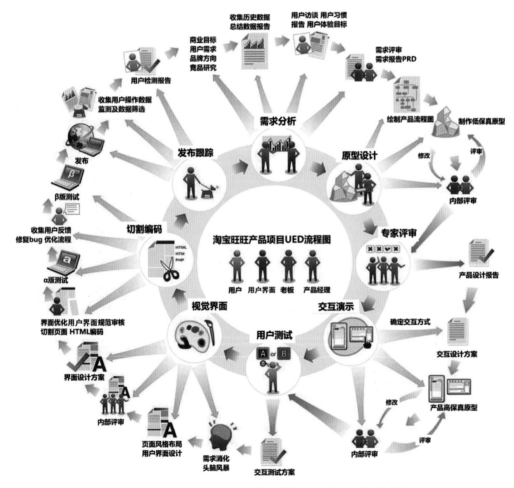

图 7-1　淘宝旺旺产品 UED 工作流程图（示意 25 项工作任务）

　　用户研究贯穿于整个产品生命周期，是现代设计的重要组成部分。对从事用户研究的人来说，需要投入多少时间和精力都是没有明确规定的，研究方法也没有统一的模式，但是至少有一个共同的目标，那就是收集关于用户的信息，用它来支持整个团队的后期的产品开发。无论是现场采访、情境研究、设计研究以及民族志研究等，其操作过程中都有共性的关键步骤：①在理想化的场景中，深入地研究用户；②不仅研究用户的行为，同时也研究用户行为背后的含义；③运用推理、演绎、分析、综合等方法来解释清楚数据所反映的事实；④利用以上步骤中得出的结论去指导设计、服务、产品或者其他的解决方案。

　　在许多用户研究方法中，用户访谈作为一种能够深入用户生活的心理学基本研究方法被广泛应用。用户访谈不仅能帮助你发现新的机会，优化你的想法，而且还能帮助你重新设计产品。访谈并非简单的聊天对话，而是按照既定的要求和目的，系统且有计划的"心灵之旅"。无论是在线访谈还是情境访谈，优秀的访谈是一项需要专门训练的专业技能（图7-2）。用户访谈除了能让你了解到用户的信息和收集相关资料外，还会让你看问题的视角发生改变，而这种新视角对于发现新的商机是至关重要的。当你开始实地调研时，不要专注于你期望了解到什么，而是培养自己广泛的好奇心。在出发去现场之前，需要把团队聚在一起并清空大脑，不要期待着寻找用户的"痛点"或者"痒点"，而让自己对采访现场即将发生的一切都保持开放的心态，这样你有可能会得到意料之外的收获。近年来，随着大数据与数据分析的流行，用户研究有了更多的定量分析手段，但科技仍无法代替现场交流，这也是用户访谈作为设计团队第一手资料来源的魅力所在。

图7-2　用户访谈是用户研究方法中最直接地获取用户想法的途径

　　在产品设计过程中，用户研究主要应用于以下三个阶段。对于新产品来说，用户研究一般来明确用户需求点，获取可能性与机会点，帮助设计师选定产品设计方向或探索新的方向；对于已经发布的产品来说，用户研究一般用于获取用户反馈和发现产品问题，帮助设计师优化产品设计和体验；在产品评估阶段，用户研究主要用于辅助产品的性能测试，为产品做可用性评估和竞品分析，及时调整产品设计策略，提升产品核心竞争力。

　　用户研究方法一般从两个维度来区分。一个维度是定性（直接）到定量（间接），例如用户访谈就属于定性研究，而问卷调查就属于定量研究。前者重视探究用户行为背后的原因并发现潜在需求和可能性，后者通过足量数据证明用户的倾向或是验证先前的假设是否成立。另外一个维度是态度到行为，例如用户访谈就属于态度，而现场观察就属于行为。"定性"和"态度"偏主观感性，需要调研者保持中立、客观的态度，适合了解调研对象对于产品最直接的反馈。而"定量"和"行为"则更偏客观理性，需要数据抓取和行为记录，后期分析过程中调研者若能在数据分析中捕捉到灵感就能提炼出更多有价值的猜想。然而很多情况下定性和定量两个维度的研究是相辅相成的。因此选择合理的方法，执行调研计划，对可能出现的意外灵活应变，才能更好地获取有价值的调研数据（图 7-3）。

图 7-3　用户研究方法包括定量和定性方法以及从态度到行为的研究

　　用户研究常用的方法包含访谈法、可用性测试、焦点小组、问卷调查、A/B 测试、焦点小组、卡片分类、日志分析、满意度评估和观察法等。在产品的不同周期和设计阶段里需要选用不同的方法。例如，在做产品市场分析评估时（评估阶段），需要衡量产品在市场和用户心目中的表现，与产品历史版本或者竞品做一些比较，这时候就应该以定量研究为主，推荐使用的方法有 A/B 测试、问卷调查、可用性测试等；在产品开发的策划需求期（探索阶段），可以采用定性研究和定量研究相结合的方法，如问卷调查、焦点小组等来探索产品的发展方向、用户需求和机会点等；在产品设计及产品测试阶段，重点是检测产品设计可用性，发现并优化实际问题，一般推荐使用用户访谈、问卷调查、数据分析等。

7.2　前期：目标用户招募

　　用户研究最终选定哪个研究方法并不是绝对的，不论哪种研究方法都需要围绕研究目的，权衡预算和精度要求进行选择。定性研究最关键的就是找到最佳的被访者并进行有效提问，即招募和访谈。用户找不对，研究结论或有偏颇或没有目标性，可用性很低。用户找对了，但访谈浮光掠影，没有深入挖掘，无法真实反映用户需求，研究工作也会事倍功半。例如，对智能手机功能的需求研究就必须对不同用户的年龄、性别、职业、经济状况、身体状况、家庭状况等诸多要素进行调查、分析和梳理，从中发现真正的"刚需"（图7-4）。用户招募主要指为研究而去寻找、邀请合适的用户并给他们安排日程的过程，这里包括3个基本步骤：确定目标用户，找到典型用户，说服他们参加研究。

图 7-4　用户招募就是去寻找并邀请合适的用户参加调研

例如，2018年年初，阿里集团要招聘2名"淘宝资深用户研究专员"，年龄要求在60岁以上，录用后年薪在35~40万元。主要是从中老年群体视角出发，深度体验"亲情版"手淘产品，发现问题并反馈问题；定期组织座谈或小课堂，发动身边的中老年人反馈"亲情版"手淘使用体验；通过问卷调查、访谈等形式反馈中老年群体对产品的体验情况和用户需求。具体条件是：① 60岁以上，与子女关系融洽；②要有稳定的中老年群体圈子，在群体中有较大影响力（如广场舞领队、社区居委会成员等）；③需有1年以上网购经验，3年网购经验者优先，爱好阅读心理学、社会学等书籍内容者优先；④热衷于公益事业、社区事业者优先；⑤有良好的沟通能力、善于换位思考，能够准确把握用户感受并快速定位问题。

这条招聘信息发布后，淘宝收到了3000多份应聘的简历。阿里集团经过第一轮筛选后，选择了符合条件的10位中老年朋友参加面试沟通会，并在园区和淘宝产品经理一起座谈（图7-5）。被选出来的这10位叔叔阿姨可以说是老人中的数字精英。他们将要竞争年薪35~40万元的"淘宝资深用户研究专员"的职位。这10位应聘者中，年纪最小的59岁，年纪最大的83岁。他们和"90后"淘宝产品经理在一起，畅所欲言。这个会场也成为一个跨代交流的感人现场。83岁的李阿姨早年毕业于清华大学，她不仅健谈，而且对网络产品也如数家珍，成为现场年轻经理们争相咨询的"网红"。

为什么阿里集团要设立"淘宝资深用户研究专员"的岗位？这和近年来我国快速老龄

化的社会背景有关。统计数字显示，到 2016 年底，浙江全省 60 岁以上户籍人口为 1030.62 万，占总人口的 20.96%，比上年同期增加 46.59 万，老龄化程度明显加深。而在阿里巴巴发布的一份《爸妈的移动互联网生活报告》显示，2017 年，全国近 3000 万中老年人热衷网购，50~59 岁占比高达 75%。其中"80 后""90 后"的爸妈"战斗力"最强。正是看中这巨大的市场潜力，淘宝将全面围绕中老年消费群体的场景和需求定制新的亲情版本，并打通老人与家人之间的互动。淘宝通过设立"资深用户研究专员"岗位，能够将老年用户纳入设计团队。年轻的设计师可以从这些"意见领袖"那里获得第一手资料，这对于相关老龄电子产品和服务模式的研发来说，可以取得事半功倍的效果。

图 7-5　淘宝亲情版沟通会现场（用户体验员首轮见面沟通）

用户招募可以通过广告、自己发问卷邀约或通过中介邀约。在条件和渠道允许的情况下，自己发放问卷邀约用户是较好的选择。设计师应该对邀约对象的背景有一定了解。中介邀约用户的效率较高，省时省力，但有时也会遇到质量较差的用户甚至非目标用户。因此，任何用户体验研究之前，都需要充分了解谁会使用产品。如果用户的轮廓不清晰，产品又缺乏明确目标，将无法开展研究，项目也会变得没有价值。招募开始之前，要确定用户的基本条件，可以从用户的人口统计特征、互联网使用经验、网购经验、技术背景、生活状态等基本信息入手，逐步缩小范围。确定目标用户的过程中，需要了解研究对象与产品使用者之间的区别，对产品要解决的问题，什么人能给出最佳反馈。具体而言，包括哪些细分用户群最受研究影响？只有一个用户群还是有多个用户群？哪些因素对研究的影响最大？哪些是期望的用户特征？哪些不是期望的用户特征？通过探讨这些问题的答案并做记录，去掉无关的信息，就可以最终勾勒出决定目标"用户画像"的基本轮廓和产品特征，如对老年手机用户群的研究就需要细分用户类型与刚需，并筛选出符合大多数退休人群需求的功能

（图 7-6 ）。

图 7-6　老年手机开发应该关注的主要功能模块

7.3　深入：用户访谈法

1. 用户访谈的环境

　　密切观察用户行为，特别是了解他们的软件使用习惯是用户研究的核心。研究团队首先需要选择一个典型的使用场所。在亲临实地前需要做好详细的计划，如调研的目标人群、目的、流程和注意事项等。例如，为了更客观公正地了解用户需求，腾讯公司研发团队通过观察法和用户日志的方法进行记录。用户和访谈员在一间屋子里，而腾讯员工则在另一间屋子里，透过单面透射玻璃和录像设备观察用户使用产品的过程（图 7-7）。这是一个非常客观和接近真实环境的实验方法，可以获得宝贵的第一手资料。IDEO 公司的前总裁汤姆·凯利曾经说过："创新始于观察。"而近距离对用户行为的观察是产品纠错和创意的依据。观察、记录（视频）、A/B 测试和用户日志的方法也广泛应用在心理学和行为学等研究领域，这些用户研究的方法和经验对于设计师来说，无疑是最重要的财富之一。

图 7-7　腾讯采用室内观察评测法来研究用户行为

2. 用户访谈的类型与特点

在腾讯的用户研究中，访谈占有非常重要的角色。与网络问卷不同，在访谈中访问者可以与用户有更长时间、更深入的面对面交流。通过电话、QQ 等方式也可以与用户直接进行远程交流。访谈法操作方便，可以深入地探索被访者的内心与看法，容易达到理想的效果。访谈可以分成会议型访谈和单独一对一面谈（深度访谈）。访谈小组是可以同时邀请 6~8 名客户，在一名访问者的引导下，对某一主题或观念进行深入讨论，从而获取相关问题的一些创造性见解。依据访谈的目的，可以分为结构性访谈、半结构性访谈以及完全开放式访谈（图 7-8）。前者重点为验证性研究而后者则是做探索性研究。探索性研究一般结构不固定，形式较为开放，而验证性研究一般是为了检验已知观点或结论的普遍性，目的更为直接。在明确访谈目标的同时，还需要明确研究主题，调研的目标用户一般都是对该主题或者产品有一定体验或理解的被访者，调研人员也需要熟知研究主题和背景知识，在实际访谈过程中能够更好地融入情境。另外一个准备工作就是设计师需要熟悉产品。如果访谈对象是产品活跃用户或深度用户，那么他对产品的熟悉程度和理解水平可能会远高于研究人员；如果目标用户是低活跃用户或新用户，在访谈过程中极有可能会问到很多与产品相关的问题，这就需要用户研究人员给予明确的解答。因此，访谈前对产品做足了功课，不仅是对访谈对象最起码的尊重，也直接关系到访谈的深度和效果。

用户访谈根据场景可以分为会议型访谈和一对一的深度访谈。会议型访谈比较适合探索性研究，通过了解用户的态度、行为、习惯、需求等，为产品收集创意、启发思路。在进行活动时，可以按事先定好的步骤讨论，也可以进行自由讨论，但前提是要有一个讨论主题。主持人需要把握好小组讨论的节奏，激发思维，处理一些突发情况等。虽然会议型访谈更为经济、高效，但对问题的深入了解则不如深度访谈。二者的区别在于探索和验证。深度访谈更适合定性而会议型访谈的主题更为分散，可以多角度启发设计师的思路。

图 7-8　访谈的分类：结构性访谈、半结构性访谈以及完全开放式访谈

阿里、百度和腾讯等公司更重视专家、资深用户和敏感人群等"意见领袖"的意见（图 7-9）。为了挖掘表象背后的深层原因，深度访谈就成为了解用户需求与行业趋势必不可少的环节。对于用户来说，认知、态度、需求、经验、使用场景、体验、感受、期望、生活方式、教育背景、家庭环境、成长经验、价值观、消费观念、收入水平、人际圈子和社会环境等因素都会影响他对问题的看法。什么样的话题需要谈得"很深"？隐私、财务、行业机密、对复杂行为与过程的解读等都属于这类话题。因此，深度访谈对访谈员的专业素质要求很高，通常访谈者会根据研究目的，事先准备设计访谈提纲或者交流的方向，这样研究团队才能更有收获。

图 7-9　深度面谈（一对一）更适于定性和专业性的话题

3. 用户访谈的准备与流程

无论是深度访谈，还是会议型访谈，组织者都应该准备好大纲。由于访谈涉及竞品研究、用户体验、个人感受和趋势分析等话题，为了保持研究的一致性，访谈员需要有一个基本的"剧本式"的提纲作为指导。访谈大纲尽可能做到全面、详尽。最开始提问一些简单的问题，拉近距离建立信任，通过渐进的过程逐步深入产品，和用户形成正向互动。大纲应该遵循"由浅入深、从易到难、明确重点、把握节奏、逻辑推进、避免跳跃"的原则。访谈前需要提前准备好需要讨论的产品、App 及竞品资料。存储卡、电池、礼品签收表、记录表、日志、照相机、摄像机、录音笔、纸、笔、保密协议和礼品 / 礼金等也是需要准备好的东西。

座谈会节奏把控与时间分布也是需要注意的环节。从受访对象的投入程度上看，应该是一个相互熟悉、预热、渐入佳境（主题）、畅所欲言、尽兴而谈和意犹未尽的过程（图 7-10）。因此，开场白和暖身题、爬坡题引入访谈主题。第一核心题（本次讨论的主导问题之一）、过渡题（轻松讨论、休息）、再度上坡题（与主题相关性较高的问题）、第二核心题（本次访谈的主导问题之一）、下坡题（补充型问题）和结束题构成访谈的主要内容。全部访谈时间控制在 1.5~2 小时。访谈员的提问技巧包括：避免提有诱导性或暗示性的问题；适当追问和质疑；关注更深层次的原因；营造良好的访谈氛围；注意访谈时的语气、语调、表情和肢体语言；如果需要验证访谈定性结论的可靠性，还可以基于访谈内容设计一份调查问卷并发给产品的其他核心用户，以此获得定量数据的普遍性验证。

图 7-10　用户访谈座谈会（上）的节奏把控与时间分布（下）

完成访谈并不意味着工作的结束。用户研究员还必须整理访谈笔记，回顾访谈影像资料，最终完成用户分析报告。在观察与访谈活动中，视频记录是非常重要的环节。随着手机录音录像等便捷工具的普及，户外或现场视频采访也成为直观了解用户需求的方式之一。在每次访谈结束后，需要及时对访谈内容进行转录并整理，输出给需求方。可以重新过一遍记录文档，如语音、视频、文字记录等，再输出完整的原始调研记录和相关文档供后续相关人员参考还原真实情境，最终也需要按照一定分析整理产出最终的用户需求调研总结。

7.4　实境：现场走查法

情境体验与走查的基本思想源于民族志研究。民族志是人类学独一无二的研究方法，是建立在田野工作的基础上，通过直接观察、访谈、居住体验等参与方式获取第一手研究资料的过程。借助这种方法西方人才开始理解其他民族是如何看待自己和这个世界的（图 7-11）。因此，与其要求人们来你这里接受采访，不如去他们那里进行访谈。要接受他们的世界，就必须进入他们的世界。情境体验与现场走查不仅可以培养你与用户的同理心，同时也让你对用户行为的环境感同身受。从其中获得的第一手经验也能让你获益良多，这是用户研究最有价值的资料。

图 7-11　情境体验与走查的基本思想源于民族志研究（图示田野调查情景）

　　心理学家研究表明：尽管人们有可能无意识地做出决策，但他们仍然需要合理的理由，以向其他人解释为什么他们要做出这样的决策。在这个过程中，情景化用户体验就能够起到很重要的作用。模拟产品的使用过程是发现问题的最好方法，也就是设计师亲自体验使用者的感受并真正发现问题和解决问题。现场走查法允许设计师随手记录心得或描绘用户路径，而助手则可拍照或通过视频记录该过程。例如，设计师为了研究不同手机用户的应用环境，就采集了大量的资料，对于不同用户在不同情境下的产品体验有了更深刻的理解（图 7-12）。

图 7-12　设计师对不同情境下手机的使用方式进行研究

　　百度公司认为"设计对象不是交互，而是情感"。因此，他们将情景化用户体验、故事板和用户画像结合在一起，从具体的环境分析入手，对交互产品（如手机）体验进行深入的分析。他们用故事串起整个设计循环，从而形成了迭代式产品设计的流程（图 7-13）。这个过程可以分割为"热阶段"和"冷阶段"，前一个阶段重点为发散思维，以调研为核心，用户画像—情景化研究—故事板组成了这个循环。后一个阶段为分析、创意与原型开发阶段，重点是借助用户研究的成果进行创意和开发，属于收敛阶段。在这里，环境、角色、任务和情节是构成故事的关键：可信的环境（故事中的"时间"和"地点"）、可信的用户角色（"谁"和"为什么"）、明确的任务（"做什么"）和流畅的情节（"如何做"和"为什么"）是研究的关键。百度 UED 还特别针对"95 后"的年轻时尚群体（图 7-14）的手机用户习惯进行了一系列的定量和定性分析。这些结果成为百度公司后期产品开发的重要依据。

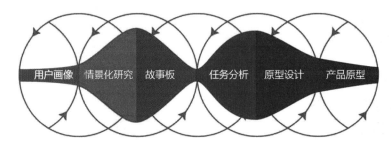

图 7-13　百度公司的迭代式用户研究流程（热阶段＋冷阶段）

图 7-14　"95 后"时尚群体的手机功能需求是百度公司研究的重点

现场走查法也适用于构思用户体验故事。如果想知道喜欢旅游的"美拍一族"对自拍软件的需求（图 7-15），就要看他们是什么人（特别是普通用户）以及他们身处什么环境（自驾游，全家游，集体组团游）；他们使用哪些工具（手机，自拍杆，美颜软件）或设备，他们这样做的目的是什么（分享，炫耀，自我满足），等等。对情景 - 角色关系的探索不仅可以发现问题，而且可以通过产品设计或改善服务来解决问题。例如一款专为旅游者使用的美图软件，虽然"简单易用"和"社交分享"是基础，但考虑到不同的人群，所有可能的特效，如美白、祛斑、亮肤、笑脸、卡通、魔幻、搞怪、对话气泡、音效、小视频、Gif 动图等都可能是这款手机软件的亮点，如何决定取舍？关键在于用户需求与产品定位。情景化用户的方法可以更好地帮助你划定产品的功能范围和限制，让你的产品在同类产品中脱颖而出，更具竞争力。

图 7-15 "美拍旅游族"对自拍软件和自拍杆的需求

　　用户访谈、情境调研、观察与日志以及用户画像都属于定性研究。相比调查问卷、数据分析等定量研究来说，这种体验不仅鲜活生动，而且更有助于探索和发现新的想法。用户不会直接告诉你他们的需求和痛点。所以，要挖掘现象背后的"为什么"就不得不提升访谈技巧。只有当明白用户为什么需要它时，才能意识到他们想要的究竟是什么。情境体验与现场走查最大的价值就是培养设计师的同理心。这不仅是做好用户研究必须掌握的关键技巧，而且也是"以用户为中心的设计"（UCD）理念的核心。从"为用户而设计"（专家视角）到"由用户来设计"（参与者视角），换位思考与移情设计已经成为当下设计师必须了解和掌握的重要设计原则，只有勇敢地审视自己的世界观，才能开放地接纳他人的世界观，也才能学会倾听并和用户建立密切的关系，从而让用户真正参与到设计的决策过程中。

7.5　定量：问卷调查法

　　问卷调查是定量研究方法，可以用于描述性、解释性和探索性的研究，也可用于测量用户的态度与倾向性，相对于访谈和观察这种定性研究，具有更精确、更普遍的优点（图 7-16）。问卷调查首先要明确目标客户，其结果对调查的结论影响最大。此外，调查的时间也很重要，不同调查需要在不同时机进行。调查有多种规模和结构，而时机最终取决于研究人员想开展哪种调查，希望得到什么结果。因此，用户研究员首先要明确产品定位、产品规划及架构等问题，需要对产品有全面的了解，然后再明确调查目的。调查目的是问卷调查的核心，决定了调研的方向、研究结果如何应用等。接着，要根据研究目的，确定调研的内容和目标人群，调研内容越细化越好，目标人群越清晰越好。在投放过程中，问卷活动的奖励机制也会影响用户参与的积极性和回收数据，需要提前做好准备。

　　问卷调查特别适用于帮助解决一些不确定性问题和假设猜想，调查用户对于产品的态度和观点，以及用户的使用行为习惯和使用目标等对于产品使用的现状反馈。项目前期可以用

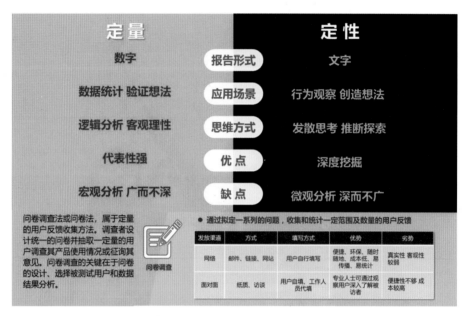

图7-16 问卷调查是定量研究方法，具有更精确、更普遍的优点

于收集用户资料，了解用户需求，验证设计想法，为产品设计提供参考。项目后期的调研可以了解用户满意度，收集用户建议，为设计改进提供参考。问卷设计的逻辑性和针对性决定了研究结果的走向。问卷需要注意的问题包括：①问题要避免多重含义，每个问题都应该只包含一个要调查的概念。②尽量具体，以免含糊其辞。保持一致性，提问题的方式尽量一致。③问题应该与被调查者有关，问卷的数据处理要剔除极端值和无效问卷。④问卷的逻辑要清晰，线上问卷不适合过于复杂的逻辑。⑤问卷投放最好找目标用户群，减少无效问卷。

调查问卷的设计方法可概括如下3点。①标准问卷结构包括4部分：标题和指导语、用户信息、具体问题、结束语。②具体变量问题（问卷核心内容）包括业务方关注点、用户关注点。③具体问题会有5种类别模块：甄别性问题、变量问题、建议性问题、综合满意度和开放性问答。调查问卷的设计逻辑是：由浅入深、由调研一般感兴趣的问题到专业问题；由核心问题到敏感问题；由封闭问题到开放问题；相同主题放一起，不断增加被调研者回答问题的兴趣。只有处理好这些原则，才能设计出一份逻辑连贯、衔接自然的问卷。收到问卷之后，调研员还必须完成分析数据、可视化图表呈现和推导得出结论等后续工作。总之，对于数据的解读并非易事，只有充分理解数据是通过怎样的问题得来的，如何收集的，如何计算而来的，再结合对业务的理解，才能真正解读出数据背后的含义。回收得到的数据，可以进行常规数据统计及分析，即求出平均值或者份额进行相应比较分析，得出综合的数据结果。通过SPSS、AMOS等统计软件来处理数据，根据项目情况的不同，可以采用平均数、标准差、方差分析、T检验、因子分析等指标。最后整理数据处理结果，从调研方法、过程到结论，撰写完整调研报告。可通过诸如Tableau等BI工具对结果数据进行可视化呈现。

除了现场调研外，目前国内还有问卷星、爱调查、调查派等在线问卷设计和问卷调研平台。这些在线平台能够在网络上发布问卷并提供统计结果，如问卷星就提供了创建问卷调查、在线考试、360度评估等应用；问卷星还提供30多种题型，以及能够生成饼状、环形、柱形、条形等多种统计结果图形（图7-17），并支持手机填写和微信群发。线上调查有着快捷高效的特征，虽然由于网络的匿名性，统计的结果在准确性和代表性上有一定的欠缺，但对于在校大学生来说，利用线上调查不失为一种节约时间和提高效率的方法。

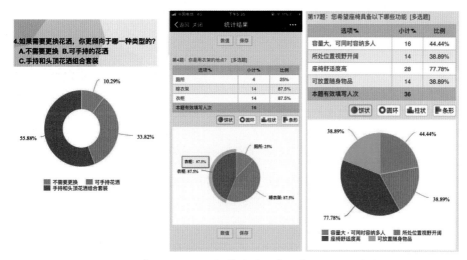

图 7-17　问卷星 App 可以提供在线问卷调查并显示统计结果

7.6　网络：在线访谈法

用户访谈是沟通的艺术。双方不能直接交谈无疑会给沟通带来一定的障碍。但在疫情防控的大形势下，除非全球抗疫形势取得了突破性进展（如疫苗免疫），所有人都必须适应新的在线生活与工作交流方式。无论是会议型的用户访谈，还是一对一的深度访谈，面对桌面计算机或笔记本计算机摄像头进行采访已成为当下流行的趋势（图 7-18）。那么，线上访谈和线下访谈有何区别？需要注意的事项有哪些呢？

图 7-18　全球疫情和"社交隔离"使得远程线上访谈成为选择之一

线上访谈的特征在于虚拟环境交流并受技术环境的影响很大。网络卡顿、图像失真、声音延迟、网络摄像头视角以及环境因素均会影响访谈质量。因此，研究员的功课更要做足：

问题要更短、更简洁、更清晰；如果用户看不清你的表情，只凭声音或影像建立双方信任的难度更高。设计师需要做好采访提纲并提前发给对方。在线访谈缺乏线下的表情和肢体语言辅助，用户往往容易疲劳，精力不容易集中，因此我们要学会分解问题，把大问题分解为一个个具体的小问题，减轻对方的压力和记忆负担，让双方的交流更自然、更放松。下面介绍在线访谈的相关注意事项。

（1）提前测试技术环境：这是准备访谈的第一件事。请不要在访谈开始前5分钟离开计算机。技术人员需要事先调试好计算机音频、视频、网络与相关视频软件，如腾讯会议或者手机微信视频群等，确保摄像机能够清楚地显示你的声音和画面。此外还需要注意室内光线和摄像头的视角，需要给对方清新自然、精神饱满的第一印象。

（2）穿正装，整齐得体：你需要像参加面试一样准备服装并穿戴整齐，不能因为是在线访谈就只注意自己的上半身，而下半身随随便便，如拖鞋睡裤。也许对方看不到，但是这种装束肯定会影响你的精神状态。穿一件简单的白衬衫或上衣搭配一条裙子或一条漂亮的长裤，让你的衣着打扮既简单又专业。

（3）提前准备好进入状态：在访谈之前确保你至少有10分钟的准备时间。准备好用于访谈的设备，如手机或笔记本计算机，必要时可以打开两台计算机，一个用于从客户端监控会议的音视频效果，另一个则用于直接参加会议。

（4）保持目光接触：尽管你没有与用户面对面，但在访谈过程中，保持双方的眼神交流仍然很重要，这表示你对对方的尊重和对访谈内容的兴趣（图7-19）。一个认真、专注、自信、幽默且不会心不在焉的设计师会给用户留下深刻的印象。

图7-19　线上访谈必须提前做好技术准备以及访谈过程的准备

（5）消除环境干扰：你需要在整个访谈过程中与用户充分互动，因此要消除所有的环境干扰和噪音，确保处于一个相对安静的空间并保持手机静音状态。访谈过程中不要随意走动或离开会议室，如有事离开则需要向主持人说明。

（6）将访谈大纲放在手边：相比线下的访谈，视频访谈过程更容易出现各种"意外"，如网络掉线、画面延迟、声音不清等，这会导致用户的情绪受到干扰并影响采访质量。因此，最好大家手边都有采访大纲和主题，避免走神或访谈偏离主题。

（7）简短发言，注重交流：网络环境交流是一个受限制的环境，访谈双方无法借助丰富的表情或肢体动作来形成"交流气场"。因此，要尽量避免长篇大论，滔滔不绝。会议型在线访谈不要超过 1 个小时，而且中间需要有 10 分钟的休息时间。

7.7 行为：眼动实验法

有研究表明，人来自外界的信息大约有 80%~90% 是通过眼睛获取的，可以说眼睛是人心灵的窗口，通过这个窗口可以探究人的许多心理活动规律。例如，人在愉悦或者惊恐的时候，瞳孔会变大，而在烦恼或者厌恶的时候，瞳孔会变小。再如，在看到血淋淋的交通事故场面时，通常会先受惊吓然后产生厌恶情绪，此时瞳孔直径就会先变大然后迅速变小。另外，由于眼球运动具有一定规律，而这些规律揭示了人的认知加工的心理机制。眼动测试就是通过眼动仪来记录用户浏览页面时视线的移动过程，了解用户的浏览行为并评估设计效果的方法。

眼动仪是通过记录眼球角膜对红外线反射路径的变化，来计算眼睛的运动过程，并推算眼睛的注视位置。眼动仪不仅可以记录快速变化的眼睛运动数据，同时还可以绘制出眼动轨迹图和热力图等，直观而全面地反映眼动的时空特征（图 7-20 ）。眼动分析的指标包括停留时间、视线轨迹、热力、鼠标点击量和区块曝光率等，通过将定量指标与图表相结合，可以有效分析用户眼球运动的规律，尤其适用于评估设计效果。例如，红色表示该区域受关注度最高，黄色区域次之，紫色区域再次之，灰色则表示基本没有被关注。眼动测试主要应用于软件可用性研究、广告有效性研究、界面评估和游戏测试等众多领域。在软件和页面可用性研究中，眼动测试可以反映视线是否流畅、是否会被某些界面信息干扰等问题；在广告有效性研究上，借助眼动测试，可以直观地显示广告设计是否吸引人，广告在页面的位置是否有效，等等。在界面评估上，眼动仪同样可以显示用户是否浏览到界面上的重要信息，或者哪些区域最先被用户关注到等关键信息。

图 7-20　通过眼动仪（左）对测试区（右）的视线轨迹进行定量分析

眼动仪作为一个高科技产品，可以让用户研究工作变得更有技术含量。眼动仪分佩戴式和桌面式两种。桌面式眼动仪带有小型独立的摄像头，可以远程遥控并有效地修正头动（图7-21）。因为位置基本固定，这种仪器的输出结果更稳定；但其缺点便是不能移动，不适用于需要移动或改变位置的测试。头戴式眼动仪则相反，虽然可以实现一段距离的移动，测试过程中更自由，但输出的结果不够稳定。同时，眼动仪的重量也导致受测者不适宜长时间的佩戴。除了注视热点图外，注视轨迹图可以记录被试者在整个体验过程中的注视轨迹，从而可知被试者首先注视的区域、注视的先后顺序、注视停留时间的长短以及视觉是否流畅等；该图可以显示不同用户在浏览页面时如何移动视线，每个颜色的圆圈代表1个用户，圆圈越多的区域就有越多的用户进行浏览，圆圈越大，用户浏览越仔细。注视轨迹图对于判断页面设计内容的权重有着很大的帮助。

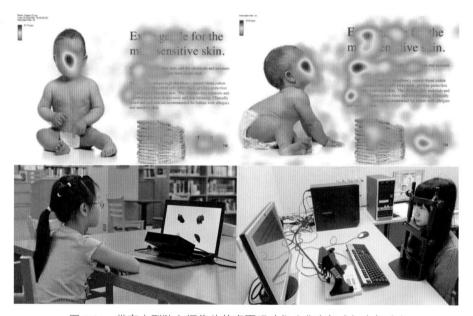

图 7-21　带有小型独立摄像头的桌面眼动仪（非支架式与支架式）

在用户体验与可用性（网页可用性、移动端可用性、软件可用性、游戏可用性）研究中，眼动追踪能够提供用户行为数据，这是一种非常客观和直接的研究方法。眼动测试一般在可用性测试实验室实施完成。安静的空间可以让被测试用户能够全神贯注于任务的执行。支架式眼动仪适用于网页及各种移动设备，但被测试人员活动范围及测试环境均有限制。便携式录像设备及可穿戴式眼动仪的快速发展，使得研究团队可以在现场进行用户眼动测试，由此可以得到更准确的用户行为数据。尽管如此，眼动仪仍无法直接发现用户动机或者心理活动。因此，眼动实验法需要与其他验证或互补的研究方法，如可用性测试或观察法、访谈法等结合使用，才能得到更有价值的信息。

7.8　科学：数据分析法

用户行为数据分析是指通过产品的数据监测和后台数据工具来收集产品的访问量等用户访问产品相关的行为数据（产品流量、点击率、日志分析等）。对数据进行统计分析，获取目标用户特性、用户产品操作行为以及产品关键指标等，结合实际场景分析发现用户喜好、产品可用性问题，衡量营销效果，并为用户关系管理、产品体验提升以及产品营销策略提供方向和依据（图 7-22）。数据分析是企业为了掌握用户行为特征和评估用户体验的一种定量分析方法。大公司内部往往会构建自己的一套产品用户数据平台以支持产品设计团队对于产品数据的统计与分析。若没有内部的数据后台，也可以借助第三方产品数据监测统计工具的支持获得产品数据监测能力。

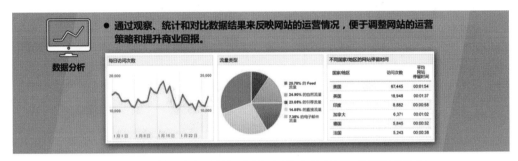

图 7-22　网络用户行为数据分析可以为产品创新与营销提供依据

　　常见的移动 App 统计分析和监测工具有 Google Analytics、百度 ECharts、百度统计、腾讯移动统计、友盟＋、Power BI 等。统计分析的衡量指标为 PULSE 标准，即页面浏览量、响应时间、延迟率、7 天活跃用户数和收益率等。一个产品如果经常出现访问无响应或者延迟率很高，说明用户体验较差。同样，一个电子商务网站的下单流程，如果步骤过多就很难赚到钱。数据采集分为两部分，第一部分是基本数据采集，以用户基本特征为主，包括用户数量、用户特征、分层画像等；第二部分是核心数据采集，以用户行为数据为主，通过数据研究目的和场景来制定数据采集目标。数据分析的产出物是用户行为分析报告、运营数据分析报告或产品数据分析报告。

1. 百度 ECharts 数据分析平台

　　ECharts 是一个免费的可视化图表库。该软件是百度旗下的一款和 D3 类似的基于 JavaScript 的数据可视化图表库，可以提供直观、生动、可交互和个性化定制的数据可视化图表（图 7-23）。它是一个全新的基于 ZRender 的用纯 JavaScript 打造的 Canvas 库。ECharts 不仅提供常见的诸如折线图、柱状图、散点图、饼图、K 线图等图表类型，还提供了用于地理数据可视化的地图、热力图和线图。ECharts 同样支持用于关系数据可视化的关系图、树图，还有用于商业智能（Business Intelligence，BI）的漏斗图、仪表盘，并且支持图与图之间的混搭。ECharts 还支持多种坐标系，如直角坐标系、极坐标系和地理坐标系等。此外，该软件的图表可以跨坐标系存在，例如，可以将折线图、柱状图、散点图等放在直角坐标系上，也可以放在极坐标系上，甚至可以放在地理坐标系中。

　　ECharts 最初是 Enterprise Charts（企业图表）的简称，来自百度 EFE 数据可视化团队，用 JavaScript 实现了开源可视化库。ECharts 的功能非常强大，对移动端进行了细致的优化，适配微信小程序，支持多种渲染方式和千万数据的前端展现，这种设计利于跨组件的数据处理（数据过滤、视觉编码等），并且为多维度的数据使用带来了方便。ECharts 的其他优势包括支持在移动端进行交互优化。例如，支持在移动端小屏上用手指在坐标系中进行缩放、平移等操作。在 PC 端也可以用鼠标在图中进行缩放（用鼠标滚轮）和平移等操作，它对 PC

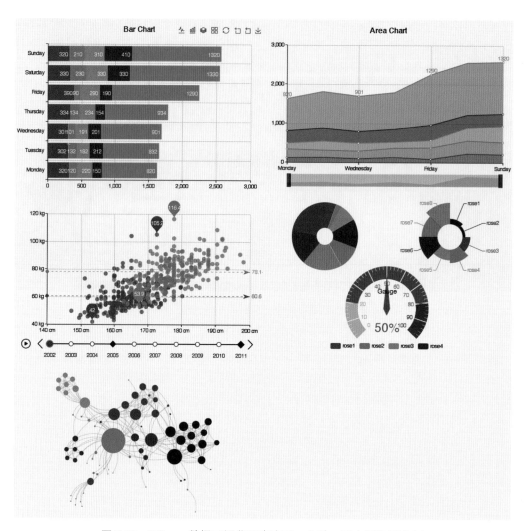

图 7-23　ECharts 数据可视化图表直观、生动、可交互和可定制

端和移动端的兼容性和适应性很好。ECharts 提供了 legend、visual Map、data Zoom、tooltip 等组件，增加了图表附带的漫游、选取等操作，提供了数据筛选、视图缩放、展示细节等功能（图 7-24）。支持大数据量的展现。ECharts 对大数据的处理能力非常好，借助 Canvas 的功能，可在散点图中轻松展现上万甚至十万的数据。

ECharts 除了具备平行坐标等常见的多维数据可视化工具外，还支持对传统的散点图等传入数据的多维化处理，再配合视觉映射组件 visual Map 提供的丰富的视觉编码，可将不同维度的数据映射到颜色、大小、透明度、明暗度等不同的视觉通道。支持动态数据。ECharts 以数据为驱动并能寻找到两组数据之间的差异，然后通过合适的动画去表现数据的变化，这种数据动画配合 timeline 组件就能够在更高的时间维度上去表现数据的信息。但和 D3 一样，ECharts 需要 JavaScript 驱动，因此，对于完全没有编程基础的分析师来说，虽然 ECharts 可视化效果很丰富，但使用起来会有一定难度。

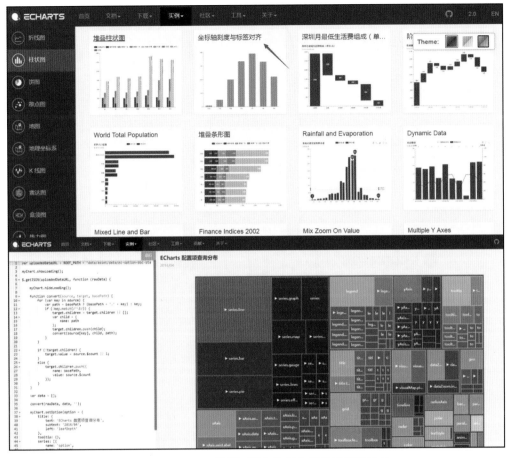

图 7-24　ECharts 数据可视化为用户提供了多种选择

2. 用户体验与产品数据分析

数据统计对于产品和用户研究非常重要。例如，对于改版后的 App，哪些指标能够反映出用户体验的变化？通过网络后台的日志分析，可以了解到该产品的运行效率、任务流程程度、学习难度和路径选择的难度等一系列指标的变化，借助于可视化的图形展示，可以清晰地看到产品在改版前后用户体验的变化（图 7-25）。目前百度常用的数据分析维度主要包括日常数据分析、产品效率分析和用户行为分析，根据研究目标的不同，侧重点也有所差异。前两项更偏向于产品研究，用户行为分析则是属于用户研究范畴。日常数据分析主要包括总流量、内容、时段、来源去向、趋势分析等，通过日常数据分析，可以快速掌握产品的总体状况，对数据波动能够及时做出反馈及应对。产品的效率分析主要是针对具体产品功能、设计等维度的用户使用情况进行，常用指标包括点击率、点击用户率、点击黏性和点击分布等。用户行为分析可以从用户忠诚度、访问频率、用户黏性等方面入手，如浏览深度分析、新用户分析、回访用户分析和流失率等。

通过上述几种数据分析方法，不仅能使设计师直观地了解用户是从哪里来的，来做什么，停留在哪里，从哪里离开的，去了哪里；而且可以对某具体页面、板块、功能的用户使用情况有充分了解，只有掌握了这些数据，设计师才能有的放矢，设计出最符合用户需求的产品。

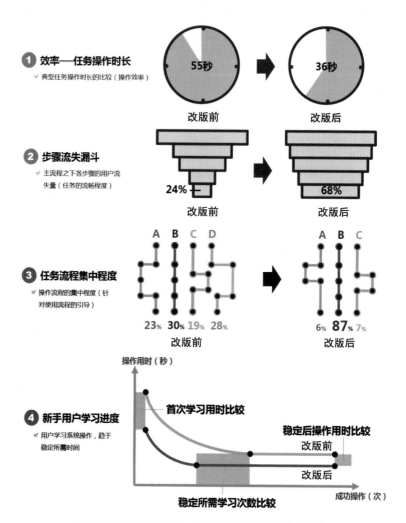

图 7-25　通过网络后台的日志分析得到的产品数据

数据分析属于定量研究范畴，而对用户的深入了解，仅仅靠行为数据分析还是不够的，如果结合一些对用户的定性研究，如访谈、焦点小组和参与式设计等，往往可以了解用户的目标、态度和心理，对用户行为的把握也会更为准确。例如百度对用户行为的研究就采取了综合的分析方法（图 7-26），也就是通过"用户研究—科技趋势—竞品分析—产品追踪"的路线图，多角度分析产品存在的问题与用户的痛点，再结合对科技趋势发展的综合判断，来把握企业战略与发展方向。

3. 竞品分析与五维评估法

数据分析不仅用于用户行为研究和产品数据研究，而且还可以为企业的服务与创新提供依据。例如，竞品分析和产品追踪是百度集团用户研究的法宝之一。任何市场与服务都有同行业的相互竞争。竞品分析是知己知彼、分析市场的重要方法。例如，作为与谷歌公司竞争国内搜索市场起家的百度公司就非常重视竞品分析，如竞争对手的产品定位、目标用户、产品的核心功能等。竞争对手产品的交互设计、盈利模式、产品的运营及推广策略也是百度学习和借鉴的内容。

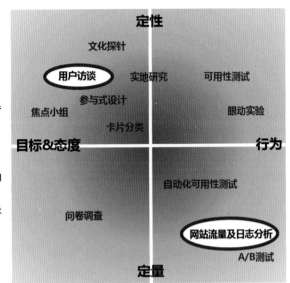

图 7-26　用户研究方法矩阵图：百度对定量与定性方法的灵活判断

　　为了更客观地比较和评价自己产品与其他产品的优势或劣势，百度移动用研部采取了问卷调查 + 五维评估的定量研究方法。五维评估就是五边形雷达图（图 7-27），其中每个顶点分别代表了创新性（innovation，新鲜度、体验度）、易用性（usability，效率、舒适度）、观感度（vision，清晰度、美观度）、品质度（quality，品牌、依赖度）和情感度（emotion，亲和、留恋度）。同心圆从内向外分别为 0~5 级，根据问卷调研的平均值可以标出每个维度的数值，由此可以直观地看到竞品与本产品、本产品的不同版本间的对比评估结果。五维雷达图评估从本质上说是人类学的"比较研究法"的延伸，即先找出同类现象或事物，再按照将同类现象或事物编组或绘图，然后根据比较结果进一步进行分析。

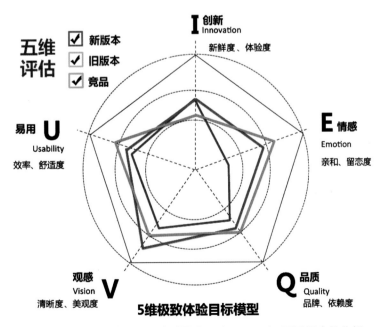

图 7-27　五维评估使用五边形雷达图（IEQVU），可用于定量分析

通常做竞品分析有两个目的：第一个是为了对比，取长补短；第二个是验证与测试。无论是企业还是产品，只要是属于同行业或同类产品，都可以进行比较研究和评估。例如，传统的 SWOT 竞品分析将企业内外部条件进行综合和概括，进而分析组织的优劣势和面临的机遇与挑战。该方法的缺点是过于宏观，对企业产品的创新提供的指导不够。此外，SWOT 缺乏时间要素，对产品过去、现在和未来的动力机制的思考不够深入。五维评估法的优点是更偏向具体产品的评估，不仅分析竞品，还可以比较本产品在升级换代后的用户反馈，并得到直观的统计结果（如图 7-28）。通常网络问卷调查中，对调查取样的范围和取样人群的选择往往会对结果影响很大。百度的五维评估法的取样范围为 100~150 人。除了对普通用户的网络调研外，还有针对高级用户，如产品经理、设计师、资深用户、心理专家等的评估。这样就可以看出一般用户与专家观点的显著差异（图 7-29）。百度通过"五维评估法"再结合对科技趋势的研究，取长补短，能够综合判断出产品的发展趋势。

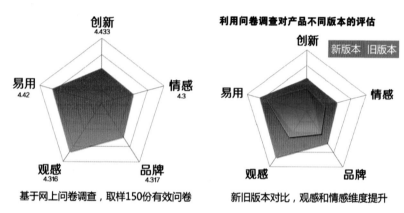

图 7-28　根据问卷调查分析产品不同版本的差异

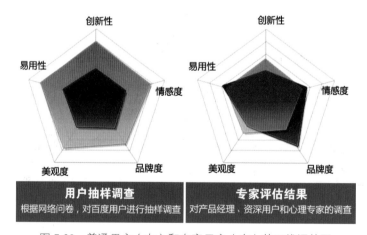

图 7-29　普通用户（左）和专家用户（右）的五维评估图

在《大数据时代》一书中，作者维克托·迈尔·舍恩博格认为："大数据标志着人类在寻求量化和认识世界的道路上前进了一大步。过去不可计算、存储、分析和共享的很多东西都被数据化了。大数据为我们理解世界打开了一扇新的大门。"今天，无论是个人上网、出行、教育、购物及娱乐或是企业的生产和交易都离不开数据信息系统的支持，数据分析法的出现顺应了用户体验从经验到科学、从定性到定量的不断深化的技术与工具的发展趋势。数据分析与可视化不仅可以揭示用户行为背后所蕴含的规律与价值，而且可以帮助企业从定性到定量，科学规划和定位产品创新的方向，推动企业不断深入开拓新的市场。

案例研究：金秀瑶服App设计

"百越服志·金秀瑶服"是一个 iPad 多媒体应用程序（图 7-30），主要介绍广西少数民族的花篮瑶的服饰文化。广西来宾市金秀瑶族自治县地处山区，是我国目前瑶族历史与文化最为悠久的发源地之一。目前根据地域、服饰、方言和民俗的差异，分有茶山瑶、花篮瑶、山子瑶、坳瑶和盘瑶等不同的瑶族分支，金秀瑶族自治县的 5 个瑶族支系文化语言各不相同，各种服饰有 36 种之多，各具特色。2016 年，由熊红云、刘正东教授领衔的北京服装学院学生团队，通过暑期进行了田野调查、收集素材、查阅文献等大量的工作。经过半年多的整理、拍摄、头脑风暴、信息设计、图片加工、原型设计等流程后，最终实现了这个丰富多彩、寓教于乐的 iPad 应用程序。

图 7-30 "百越服志·金秀瑶服" iPad 多媒体应用程序

这个项目的设计初衷在于通过数字化的方式宣传、保护和传承民族服饰文化。一整套瑶族服饰，从头到脚分有头饰、胸饰、背被、腰饰、绑腿，还有精美银饰佩挂。无论衣、褙、襟、裙、头帕，还是腰带、锦袋都以绿、红、黄、白、黑五彩棉线刺绣出各种精美图案。瑶绣是瑶族服饰最重要的元素，彰显着浓烈、古朴、凝重、典雅、重叠之美感，具有深厚的寓意和审美价值（图7-31）。因为服饰多为手工编织，一套衣服的制作需花费较长时间，大多数瑶族姑娘从10多岁就开始为自己编织嫁衣。但我国少数民族地区经济相对封闭落后，当地民族服饰依据传统的制作方法，不仅做工繁复耗时，且不易清洗，也不便劳作，多在婚丧嫁娶等场合才穿。因此，当地人不再制作这些服装服饰，这些传统制作手艺面临完全失传的窘境。为了宣传、保护和传承民族服饰文化，北京服装学院的研究生和本科生在指导老师的带队下，利用暑假深入瑶寨，进行大量的实地考察并采集了丰富的民间服饰资料。

图7-31　瑶绣是瑶族服饰最重要的元素，具有深厚的寓意和审美价值

设计团队的前期调研包括观察法、资料采集法、文献法、访谈法、用户日志等。调研的内容不仅包括服装服饰，还有传统制作工艺、当代民俗、故事传说以及相应的人类学和民族志等（图7-32）。除了金秀瑶族自治县几个瑶寨的实地调研和拍摄外，设计团队还走访了一些收藏当地服饰和制作工具的博物馆，同时查阅了大量的文献资料，如著名社会学家和人类学家费孝通在1937年出版的《花篮瑶社会组织》。该书首次全面系统地介绍了瑶族的族源、

图 7-32　设计团队调研包括观察法、资料采集法、文献法和访谈法

语言、民风礼俗、信仰和家庭关系等情况，开创了中国社会学的新领域。在此基础上，设计团队开始了资料整理和数据库分类、方案策划、头脑风暴和信息框架设计、产品线框图、交互设计、背景音乐、解说词和页面视觉等后期工作（图 7-33）。

图 7-33　瑶族服饰产品设计流程（上）和相关的资源数据库（下）

这个多媒体 App 首先通过一幅动画手绘长卷来展示丰富的瑶族风土人情，随后通过 3D 服饰模型来展开具体的 5 个瑶族有代表性的服饰文化和工艺。界面设计以服饰本身的砖红色为主，主要是为了烘托与呼应瑶族服饰的色彩。界面风格调性清新儒雅，信息表达上注重简约（图 7-34）。其中的交互式 3D 展示能够带给用户更丰富的体验。五套瑶族服饰都以完整的 360° 旋转展示，通过手指滑动旋转就可以清楚看到金秀服饰的真实面貌。这不仅生动直观，而且让用户自己探索瑶族服饰的秘密，寓教于乐，活泼生动。对于一些难懂的服饰工艺及其各配饰的穿戴方式，该 App 也用清晰干净的线条表现出来。传说是瑶族服饰文化中非常有意思的部分，同学们通过绘本插图的形式，将传说的文字和插图紧密结合，显得更加自然，如同有人在你耳旁述说某段故事，娓娓道来展开一段联想和奇幻旅程。该项目经过近半年的研究与实践并最终完成，这是交互式信息产品设计与服务设计相结合的成功案例。该项目在 2017 年中国大学生计算机设计大赛中获得全国一等奖的荣誉。

图 7-34 "百越服志·金秀瑶服"的板块与界面风格，清新儒雅，注重简约

思考与实践

一、简答题

1. 用户研究包括哪些主要方法？其各自的特点是什么？

2. 如何利用观察法与访谈法进行用户研究？访谈有几种类型？

3. 为什么产品设计需要重视先导型和专家型的用户的意见？

4. 什么是迭代式产品设计流程？举例说明如何进行情景化用户研究。

5. 如何进行调查问卷设计？如何借助手机进行问卷调查？

6. 在线访谈如何进行？在线访谈应该注意哪些问题（技术、流程与仪表）？

7. 眼动仪的工作原理是什么？眼动仪有哪几种类型？各自的优缺点是什么？

8. 常见的手机 App 统计和数据分析工具有哪些？数据来源如何确定？

9. 金秀瑶服的服装 App 脚本是如何设计的？简述从用研到产品的流程。

二、实践题

1. 电商的广告设计往往以诱人的颜色、卡通图案和对商品的表现来吸引用户的眼球（图 7-35）。请对青少年群体的网络消费进行用户调研，思考该用户群对相关电商品牌的认知状况。调研方法可以采用定性和定量的方法，尤其要结合网络大数据来发现问题。

图 7-35　天猫商城电商广告的视觉规范及促销主题页设计

2. 今天，产品越来越重视体验，而服务越来越重视人际的交流与分享。下象棋可能是许多老年人晚年的快乐聚会，请重新考察传统象棋，并思考如何进行创新：①户外光线弱的地方；②肢体不便的老人。解决的可能性包括声控象棋、荧光象棋等。

第 8 课

创意与原型设计

　　从创意心理学上看，右脑的形象思维与可视化能力产生了新思想，左脑用语言的形式把它表述出来。左右脑的分工与合作决定了人的创新能力。设计思维是用途广泛的创意与产品设计方法论，也可以说是用户体验设计思想的集中体现。IDEO 设计公司创始人戴维·凯利指出：创意不是魔法，而是技巧。广告创意大师韦伯·扬认为创意不过是"旧元素的新组合"，实现创造力的关键在于好奇、思考、开窍、深入和创造。心理学家希斯赞特米哈伊认为心流是实现创意的关键，洞悉灵感和创意需要酝酿的过程。本课将重点介绍创意心理学、创意设计规律、FdS 草图设计法、原型设计和故事板原型等概念与方法。

8.1 创意设计心理基础

现代物理学奠基人、相对论发明者阿尔伯特·爱因斯坦曾多次强调"想象力远比知识要重要"。他指出："教育的目的并不是传授知识，而是要让学生学会如何思考。"创意的产生不仅与设计师的经历、性格、态度、认知和世界观等要素相关，而且与"右脑思维"有着密切的关系。脑科学家研究发现超强记忆能力、想象能力、创新能力以及灵感和直觉力都与右脑相关，所以右脑又称为智慧脑、艺术脑。左脑是科学家和数学家的大脑，它善于归纳总结、数学运算、分析推理及线性思维，特别优于语言文字（细节描述）。右脑则是艺术家的大脑，属于发散思维和直觉顿悟，擅长创意，自由奔放，多愁善感，爱唱歌，好运动，爱五彩世界，幻想白纸涂鸦，有着无边的想象力（图 8-1）。

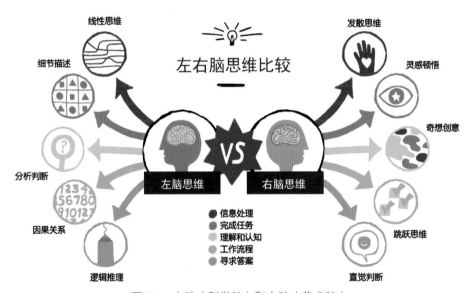

图 8-1　左脑（科学脑）和右脑（艺术脑）

科学研究证实：人类的左脑支配右半身的神经和感觉，是理解语言的中枢，主要完成语言、逻辑、分析、代数的思考认识和行为，它是进行有条不紊的条理化思维，即逻辑思维的"科学家脑"。而右脑支配左半身的神经和感觉，是没有语言中枢的哑脑，但有接受音乐的中枢，主要负责可视的、综合的、几何的、绘画的思考认识和行为，也就是负责鉴赏绘画、观赏自然风光、欣赏音乐，凭直觉观察事物。归结起来，就是右脑具有类别认识能力、图形和空间认识、绘画和形象认识能力，是形象思维的"艺术家脑"。美国加州大学美术教师贝蒂·爱德华兹出版了一本名为《用右脑绘画》的书。她认为观察的秘密在于发挥右脑的想象力。爱因斯坦曾经说过："我思考问题时，不是用语言进行思考，而是用活动的、跳跃的形象进行思考，当这种思考完成以后，我要花很大力气把它们转换成语言。"因此，右脑的形象思维产生了新思想，左脑用语言的形式把它表述出来。左右脑的分工与合作决定了人的创新能力，例如，灵感、顿悟和想象的产生就与右脑密切相关（图 8-2），但是将"创新"的想法逻辑化、规范化、流程化并使之形成可以实现的具体步骤或蓝图，则需要语言和逻辑的配合，或者说需要左脑的协调才能够实现。交互设计中的前期工作，如调研、访谈、竞品分析、数据分析、用户体验地图（行为分析）、用户建模（用户角色）、故事板和故事叙述(story telling)、角色扮演等都与分析、综合、逻辑、推理和归纳等相关，属于左脑思维的范畴；而中后期工作，如思维导图、焦点小组、头脑风暴、原型创意、概念模型则与右脑思维息息相关。创意或"灵感"是建立在大量的研究基础上的最优化解决方案。

图 8-2　灵感、顿悟和想象与右脑密切相关

实现创造力的关键在于好奇、思考、开窍、深入和创造。希斯赞特米哈伊的心流理论认为创意过程可分为 5 个阶段。第一阶段是准备期，人们开始有意识或无意识地沉浸在一系列有趣的、能唤起好奇心的问题中，第二个阶段是酝酿期，在这个阶段，想法在潜意识中翻腾和相互碰撞，不同寻常的联系有可能被建立起来，从发现问题到头脑碰撞是个思维发散的过程，当各种想法相互碰撞时，它们之间就会出现灵感的火花，第三个阶段是洞悉期，就是洞悉灵感和创意的那一刻，第四个阶段是深入期，也就是针对问题的聚焦时期，人们必须决定自己的创意是否有价值，是否值得继续研究下去，这个时期需要有原型设计和各种评价，也包括自我反思、批评或推翻重来的时刻，第五个阶段是制作期，其任务包括深层设计、举一反三、推进原型、修改错误并在实践中检验设计原型。

8.2　创意设计的规律

20 世纪 60 年代初，美国智威汤逊广告公司资深顾问及创意总监、美国当代影响力深远的广告创意大师詹姆斯·韦伯·扬撰写了一本名为《创意的生成》小册子，回答了"如何才能产生创意"这个让无数人头疼的问题。韦伯·扬堪称是当代最伟大的创意思考者之一。他提出的观点和一些科学界巨人，如罗素和爱因斯坦等的见解不谋而合：特定的知识是没有意义的。正如芝加哥大学校长、教育哲学家罗伯特·哈钦斯博士所说，它们是"快速老化的事实"。知识，仅仅是激发创意思考的基础，它们必须被消化吸收，才能形成新的组合和新的关系，并以新鲜的方式问世，从而才能产生出真正的创意。

韦伯·扬认为："创意是旧元素的新组合。"，这是洞悉创意奥秘的钥匙。韦伯·扬据此提出了"五步创意法"——资料收集、设计研究、概念设计、深入迭代和检验设想。经过

30多年的推广，这些方法已成为设计思维的创意原则（图8-3）。韦伯·扬指出：我认为创意这个东西具有某种神秘色彩，与传奇故事中提到的南太平洋上突然出现的岛屿非常类似。在古老的传说中，据传这片海洋会突然浮现出一座座环形礁石岛，老水手们称其为"魔岛"。创意也会突然浮出意识表面并带着同样神秘的、不期而至的气质。其实科学家知道，南太平洋中那些岛屿并非凭空出现，而是海面下数以万计的珊瑚礁经年累月所形成的，只是在最后一刻才突然出现在海面上。创意也是经由一系列的看不见的过程，在意识的表层之下经过一定时期的酝酿而成的。因此，创意的生成有着清晰的规律，同样需要遵循一套可以被学习和掌控的规则。

图8-3　韦伯·扬提出的五步创意法

韦伯·扬指出，创意生成的两个普遍性原则最为重要。第一个原则，创意其实没有什么深奥的，不过是旧元素在头脑中的新组合。第二个原则，要将旧元素构建成新组合，主要依赖以下这项能力：能洞悉不同事物之间的相关性。这一点正是每个人在进行创意时最为与众不同之处。例如，百度手机地图的一则H5广告（图8-4）就巧妙地将《西游记》和《三国演义》中的典故重新包装，寓意"导航"的重要性。因此，一旦看到了事物之间的关联性，或许就能从中找到一个普遍性的原则；或许就能想到如何将旧的素材予以重新应用、重新组合，进而产生新的创意。创意是旧元素的新组合；洞悉事物间的相关性是生成新组合的基础。

在实践中，人们并不缺少创意的想法，但需要通过决心、专注、努力以及对目标的深刻理解才能实现。对于设计师来说，创意不是空中楼阁，同理心、用户体验以及设计思维，能够使我们在不同的概念之间建立联系，由此创意灵感就会浮出水面。例如"共享"与"自行车"、"团购"与"外卖"就是互联网时代服务创新的范例。创意想法也是集体智慧的结晶，讨论与争辩往往会让创意想法变得更清晰、更明确。创意本身也是一种沟通与思想表达的艺术，与别人一起共同研究课题不仅可以少走弯路，也会让你产生新的碰撞火花和新的认知。好的创意思维习惯可以最大限度帮助你发挥创意能力，这些习惯包括好奇心、专注力、执行力、乐观与进取精神和沟通表达能力。对于设计师来说，保持一个开放的心态至关重要。无论是朋友、恋人、老师、老板、同事还是客户，都可以帮助你反思并改善你的设计方案。

图 8-4　百度手机地图的 H5 广告《西游篇》和《客栈篇》

在谈到创意设计规律时，人们或许要问：什么样的设计才算是好的设计？对于 UX 设计来说，评价优秀的设计首先要重视客户的体验，并了解这些产品在他们日常生活中的意义。无论是抖音、美团还是滴滴，都是借助智能手机而应运而生的创新。早在 20 世纪 70 年代，著名的德国工业设计师迪特·拉姆斯就向自己提出了一个重要的问题："我的设计是好设计吗？"他日益担忧这个消费主义世界处在一种"由形态、颜色和噪音所组成的混乱"里，并由此提出好的设计所应具有的条件，即"设计十诫"。拉姆斯认为设计应该是"少，但却更好"（less, but better）并通过易用性和持久的美学使产品变得更具吸引力。他的设计美学在很大程度上是对消费主义和浪费的拒绝，设计越简单，越能长久地为用户服务。他的许多设计，诸如著名的留声机 SK-4（图 8-5，左）、咖啡机、视听设备、家电产品与办公产品等都已成为世界许多博物馆的永久收藏。他在 1958 年设计的 T3 晶体管收音机（图 8-5，中）具有鲜明的极简主义特征。直到半个多世纪后，人们还可以在苹果首席设计师乔纳森·艾夫设计的苹果移动产品 iPod（2001）上面发现它的影子（图 8-5 右）。

图 8-5　迪特·拉姆斯的设计风格

迪特·拉姆斯的"设计十诫"如下

（1）好的设计是创新的。技术和设计同步发展，前者为后者提供了新的机会。

（2）好的设计使产品有用。好的设计强调这种有用性，同时忽略任何有损它的东西。

（3）好的设计是审美的。产品的审美品质也是实用性不可或缺的一部分。

（4）好的设计使产品易于理解。产品的功能应该是不言自明的。

（5）好的设计是不引人注目的。产品就像工具，它们既不是装饰品也不是艺术品。

（6）好的设计是诚实的。它不会使产品比实际情况更具创新性、功能性或价值。

（7）好的设计是经久不衰的。它避免时尚，因此永远不会显得过时。

（8）好的设计是注重细节的。设计过程中的细心和准确性体现了对消费者的尊重。

（9）好的设计是环保的。它使产品节约资源并最大限度地减少物理和视觉污染。

（10）好的设计是尽可能少的设计。更少，但更好！设计应当回归纯粹，回归简单。

作为一名训练有素的建筑师和木匠，拉姆斯受到了包豪斯运动的影响。包豪斯运动将艺术和工业结合在一起，并认为好的设计是要实现美感和实用性。拉姆斯坚持功能主义和极简主义的设计，并期待产品能在更广泛的范围内影响用户和社会。他不是为自己而设计，而是为他人服务。"我们的产品成功地为我们的客户创造了每天的愉悦时刻，我们就完成了我们的工作。"这种重视用户体验及消费者至上的理念在他早期设计的收音机和留声机等产品中体现得淋漓尽致。拉姆斯认为一个设计越富有表现力，它的自然环境就越狭窄，也就更容易过时。他为设计师提出的忠告："设计就是思考。"虽然时代在发展，设计也在不断创新，但无论是工业产品还是 App 设计，注重用户体验仍是设计师永远不变的"初心"。

8.3 FdS草图设计法

2016 年，英国班戈大学教授乔纳森·罗伯茨和林肯大学教授克里斯托弗·J. 海德合作出版了《计算和可视化设计：五张图表的创意思考方法》一书，为计算机编程、媒体设计与软件开发专业的学生提供了完整的解决方案。他们将这套基于草图和设计的工作方法总结为 5 张创意草图（FdS）设计法。其中，创意表格第 1 页主要用于探索各种想法，激发创造力以及用于优化、反思与深入设计方案。创意表格第 2、3、4 页则从多个角度进一步发展和推进了这些想法，而创意表格第 5 页则用于可实现的解决方案，需要提供更多的设计细节（图 8-6，左上）。FdS 草图设计法聚焦创意思考、前期准备和手绘草图的设计流程，将思考、设计与交流活动结合起来，形成一套完整的行动方案（图 8-6，左中和左下）以及可用于信息设计的草图类型（图 8-6，右）。

FdS 设计法从设计研究开始，聚焦于如何构建新的想法或创意。该阶段的核心问题是：你打算要做什么，你有什么想法，你想面对哪些挑战，你的创意从何而来。创意表格第 1 页

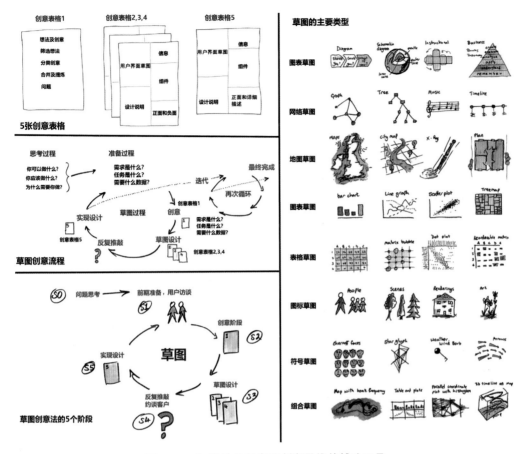

图 8-6　FdS 设计法是实现创意思维的辅助工具

有 5 个问题可以让你的概念设计逐步深入：①想法或创意：针对问题的想法、概念和潜在的解决方案。例如，如何将卡通形象与保温杯相结合，你可以发散思维，提出 20~30 种可能的创意或解决方案，如套娃式、扭蛋式、丝网印刷式、贴纸式、热变形式、热敏变色式、多功能式和便携式等，并用草图或文字摘要记录下来。②筛选：对上面的想法进行思考，如材料与工艺的限制，删除掉行不通的，并用可行的想法来代替，该步骤会过滤掉大部分不成熟的想法。③分类：这些创意属于不同的类型，如技术类、服务类、管理创新类等。你可以尝试将它们分类整理并归纳在一起。④合并及提炼：分类后的概念设计方案可以再次合并、组合或重构，由此可以提炼出新的创意想法。⑤质疑与问题：该阶段需要你对前面的工作进行回顾和反思。

　　创意的准备阶段仍属于"动脑"的过程，但问题更加聚焦于概念设计的可行性。该阶段主要关心的问题是：客户想要什么（需求）？工作任务（目标）是什么？需要什么数据（资料）来完成这个目标？草图阶段属于上述创意的深入阶段，这个过程由多个循环组成：创意、动手（草图设计）、反思（反复推敲）和不断修改草图设计构成了一个闭环并经过迭代升级使得概念设计最终得以实现。创意表格的第 2、3、4 页类似画布，每个都由 5 个区域构成：软件或界面草图（大图），设计说明区域（独特的卖点和原理）提供备注，文本和参考信息，设计的组件和操作细节，以及设计的优缺点。可以通过这些创意表格页详细说明 3 个主要的概念设计方案，并把这几种不同设计思路的方案拿给客户进行讨论和优化，寻找大家的共同点并进行深入设计（图 8-7）。最后的设计方案综合草图阶段的成果并通过创意表格 5 来展示。

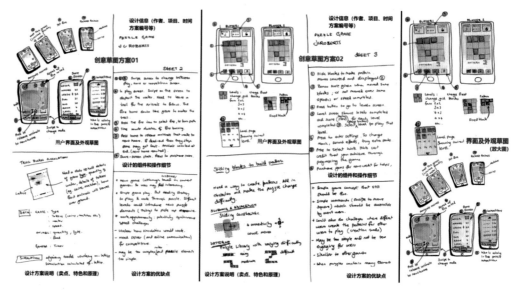

图 8-7　利用 FdS 设计手机小游戏（类似俄罗斯方块）的创意方案

8.4　资料收集与灵感

韦伯·扬指出："收集原始素材并非听上去那么简单。它如此琐碎、枯燥，以至于我们总想敬而远之，把原本应该花在素材收集上的时间，用在了天马行空的想象和白日梦上了。我们守株待兔，期望灵感不期而至，而不是踏踏实实地花时间去系统地收集原始素材。我们一直试图直接进入创意生成的第四阶段，并想忽略或者逃避之前的几个步骤。"通常，如果设计主题和方向确定之后，为了尽快熟悉所要表现的内容，设计师可以先从网上调研开始。例如，要制作一幅反映冠状病毒引发流感的设计图表和宣传海报，就可以先从"冠状病毒"或"Coronavirus"等几个关键词入手。同时，设计师也可以从国内外的信息资源网站中搜索关键的图片、文字或相关视频资料。很多网站都提供了关键词搜索、标签栏搜索，还可以通过"以图找图"的方式，通过谷歌图片搜索、百度网盘搜索、百度图片搜索来发现相关的资源。此外，如 Pinterest、Tumblr、DevianArt、花瓣网、站酷、Dribbble、wallhaven、Behance 等图片网站也提供了大量的分类资源或创意素材（图 8-8）。

韦伯·扬还建议大家随时携带笔记本或者速写本，养成随手记笔记或者涂鸦的习惯，甚至还可以将记事本放在床边，以便记下夜晚梦中或清晨冒出的想法或者创意。收集的资料必须分门别类，悉心整理，如可以用计算机分类文件夹或卡片箱来建立索引。资料收集与分类整理工作需要同时进行。可以在网盘或者计算机中建立不同的文件夹或数字资源库进行存储。

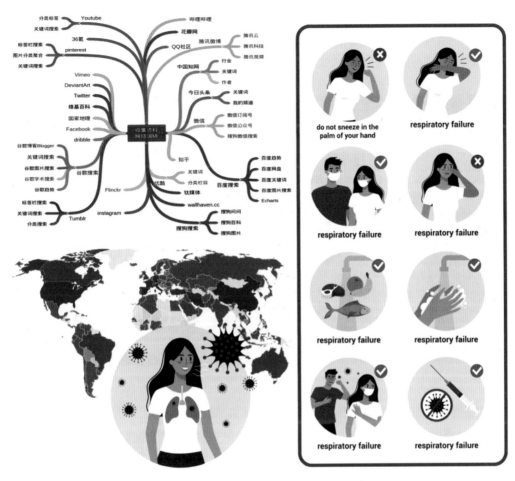

图 8-8　网络调研和收集资料所参考的国内外网站

这些文件需要通过标签备注，在需要时就可以使用在线搜索、文件搜索迅速找到它们。设计师同样需要一系列资料查找或者数字笔记及草图工具，如手机 OCR 软件（扫描全能王）、思维导图软件、Everything 快速硬盘搜索软件、图书馆精灵（Library Genesis）在线 PDF 图书下载网站、Epubore PUB2PDF 格式转换软件、网盘搜索助手、PDF Image Extraction Wizard 软件、HyperSnap 和 XnConvert 等，这些小工具会成为寻找创意或提高工作效率的最佳伴侣。随着 5G 时代的到来和云资源的流行，轻量级的便捷创意设计工具成为在线办公与创意的首选，如基于 iPad 和 iPhone 的 Procrate 灵感手绘和创意速写本等，甚至可以在旅行途中或者度假村里继续与老板沟通并随时随地完成工作任务。

　　丰富的数据资料是图表设计准确性、可靠性的基本保证。许多貌似简单的问题背后都有深刻的专业背景和因果关系。例如，什么是冠状病毒？冠状病毒是如何传染肺炎和流行的？这种病毒的致病机理是什么？对病毒性肺炎的防治措施是如何实现的？这些问题涉及病毒学、传染病学、大数据分析、统计学、社会学以及公共卫生学等多个学科，要回答这些问题并设计出让人耳目一新的信息图表，如果不咨询专家或检索、查阅大量的文献，几乎是无法完成的任务。因此，资料收集、检索和整理分析就是设计师前期的主要工作。如果时间充裕的话，设计小组可以通过专家访谈、图书馆资料检索、现场走访调查获得第一手资料。此外，通过谷歌、百度搜索、专业论坛搜索、分类图片搜索、知乎问答以及知网等，都可以寻找或者挖掘有用的资源、素材或者数据（图8-9）。

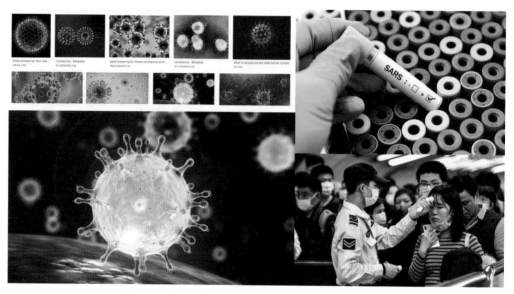

图8-9　通过百度图片搜索查找病毒图片和相关资料

对各种素材的收集和整理也是博物学家或者人类学家的职业特征。1859年，英国博物学家查尔斯·达尔文就在大量动植物标本和地质观察的基础上，出版了轰动世界的《物种起源》。设计师通过建立剪贴本或文件箱来整理收集的素材是一个非常好的方法，这些搜集的素材足以建立一个用之不竭的创意簿（图8-10）。强烈的好奇心和广泛的知识涉猎无疑是创意的法宝。收集素材和资料之所以很重要，是因为创意就是旧元素的新组合。马克斯韦尔·马尔兹在其《心理控制论》中指出：收集资料的过程中可以产生创意的行为，也可以产生创意的思想。创意表现是自发和"自然"出现的，并不需要自我意识或刻意研究。因此，正如博物学家或者人类学家、IDEO设计公司的专家也都有各自的"百宝箱"和"魔术盒"，这些可以成为激发创意的锦囊。斯坦福大学的创意导师们也一再强调资料收集、调研和广泛涉猎的重要性。这些充分说明了资料收集与灵感激发之间的联系。

实际上，我国古人对成功者的学问之路颇有研究。例如，清末民初的国学大师王国维在《人间词话》中就曾总结为如下三种境界。今之成大事业、大学问者，必经过三种之境界："昨夜西风凋碧树。独上高楼，望尽天涯路。"此第一境也。"衣带渐宽终不悔，为伊消得人憔悴。"此第二境也。"众里寻他千百度，蓦然回首，那人却在，灯火阑珊处。"此第三境也。这三句诗揭示了明确目标，挑战自我，头脑激荡，发现真理的过程。其中，专注力或者心流体验就成为最关键的因素。创造力的产生不仅包括集中精力、锲而不舍、全神贯注、心无旁骛和敢于冒险、接受挑战的能力，同时也需要不断地学习、研究、思想碰撞和修正错误，这是唯一的成功之路。

图 8-10　标本箱可以为创意设计提供灵感和素材

8.5　设计草图的意义

著名人机交互专家、微软研究院研究员比尔·巴克斯顿在其专著《用户体验草图设计：正确地设计，设计得正确》一书中指出："草图不只是一个事物或一个产品，而是一种活动或一种过程（对话）。虽然草图本身对于过程来说至关重要，但它只是工具，不是最终的目的，但正是它的模糊性引领我们找到出路。因此，设计者绘制草图不是要呈现思维中已固定的想法，他们画下草图是为了淘汰那些尚不清楚、不够明确的想法。通过检查外在条件，设计师能发现原先思路的方方面面，甚至他们会发现在草图中会有一些在高清晰图稿中没想到的特征和要素，这些意外的发现，促进了新的观念并使得现有观念更加新颖别致。"

设计师可以通过随身携带的涂鸦本、速写本或者剪贴资料本来快速记录灵感、概念或者创意（图 8-11）。历史上，达·芬奇、爱因斯坦、爱迪生和亨利·福特等人都涂鸦成瘾，很多创意都来源于餐馆纸巾或是随手撕下的练习本的涂写乱画。涂鸦其实是右脑天马行空的记录，或者是创意直觉的"灵光一闪"，但简单图案的背后都有着视觉化思维的深刻。涂鸦也是创新与解决棘手问题的最佳利器，它不但简单、随手可得，而且运用起来效果强大，为科技、医疗、建筑、文学、艺术创造了无数突破。特别是在设计领域，涂鸦能协助我们想得更深入、做得更好。更重要的是，通过随手画或者随手记录的方式，设计师能够摆脱计算机或手机这些技术工具的限制，借助直觉和随意的视觉语言来增强表现力。

设计师的创意灵感可以受到多种事物的启发：这可能是他们经历过的环境，例如他们居住的城市或出国旅行；也可能是建筑物、艺术家及其作品或哲学；特定的文化运动、艺术流派、信仰或意识形态以及诗歌或文字。这些素材甚至可能是旧的标牌、杂志，从世界各地收集的门票或精美的包装纸。简而言之，灵感无处不在。人的意识和潜意识会随时受到周围环境的影响。作为设计师，应该随时随地寻找、记录、收集、绘制和拍摄周围的事物。引起人们兴

图 8-11　涂鸦本、速写本或者剪贴资料本是创意思维的源泉之一

趣的事物很可能会成为启发人们创意的灵感。编辑和分析数据后，设计师还可以通过主观的方式对其进行重新组装和拼贴，来发现隐藏在数据背后的故事或线索。通过信息图表来揭示这种联系，也就是信息设计师"解读"和"挖掘"故事的能力。

　　设计师还可以从大自然中汲取灵感。无论是仿生学、生态学与环境科学，自然界有许多解决设计问题的方法。对于人类来说，尝试模仿自然系统的产品设计不胜枚举：锯齿叶（锯子）、蜘蛛网（高强度纤维）、鲨鱼皮（潜水服）或者海豚（声呐）都为人类文明做出了贡献。野外生态的大多数系统和过程都是有效的。生物不会浪费食物、能源和资源，所有能够生存的动植物都是竞争的优胜者，浪费资源或不断污染环境的低效率生物将无法维持生存并在进化中被淘汰。我们在自然界中看到了对称图案、螺旋图案和分形图案（山脉、河流与云），算法和程序可以模拟大自然的几何学，自然界的颜色组合和尺寸关系都有其逻辑，如黄金分割就为算法迭代图案提供了灵感（图 8-12）。智能算法、迭代和生成系统（如遗传算法）直接来源于自然进化理论，而我们甚至可以看到自然界中的"数据结构"（例如树木年轮和其他层次模型），有很多算法是受生物系统启发的，诸如蚁群优化、粒子群、布谷鸟搜索算法或蝙蝠算法等。

　　对设计师来说，速写本的意义除了收集资料外，还可以通过奇妙的组合来产生新的创意。有时候，当人们用比较间接和迂回的角度去看事情时，其意义反而更容易彰显。拼贴艺术无疑是一种让人脑洞大开的创意组合方式（图 8-13）。不同时空和媒体元素的并置与混搭不仅可以产生新的意义、联想和语境，也使得观众产生"穿越"的迷惑感和吸引感。此外，手绘加各种符号的组合也产生了一种特别的审美。例如，不同于如今通过计算机、手机或 GPS 导航实现的地图，手绘地图不仅带有传统地图的生动性、艺术性，而且带有更加个性化的魅力（图 8-14）。

图 8-12　自然界的黄金分割（左）为算法迭代图案（右）提供了灵感

图 8-13　事物的组拼贴合会产生出人意料的效果

图 8-14　手绘地图有着生动性和艺术性的特点

8.6　创意思维的环境因素

作为以"创意"为核心的产品与服务设计公司，IDEO 对人才的重视远远超过其他公司。该公司有着一群能够"触类旁通"的"怪才"（图 8-15）。除了有工业设计专家、艺术家外，还有心理学家、语言学家、计算机专家、建筑师和商务管理学家等。他们爱好广泛，登山攀岩、去亚马逊捕鸟、骑车环绕阿尔卑斯山等大量经历与爱好成为创意和分享的财富。IDEO 的各个工作室都有其"魔术盒"，收集了各种各样有趣的东西，如新式材料、奇异装置等，这些物品都由员工收集后共享在工作室以给大家提供灵感或带来快乐（图 8-16）。公司项目团队是由设计调研人员、产品设计师、用户体验设计师、商业设计师、工程师和建模师等构成。在设计的验证过程中，真正有相关行业背景的设计师只有 1~2 名，更多的专家则是来自其他行业。这样的安排就是为了让团队不要被所谓的"经验"所束缚，而是集思广益，从多方获取设计的灵感，从而达到创新的突破。IDEO 特别鼓励跨学科和多面性。传统设计学院各个专业泾渭分明，而 IDEO 首开跨学科合作的先河，让大家可以各取所长。跨学科交流不仅可以避免固执和钻牛角尖，而且让每一个队员面对共同的问题，跨出自己的舒适区，挑战自己的创意和思维，这对团队的打造和长期运作也是非常必要的。

图 8-15　IDEO 公司有着一群能够"触类旁通"的"怪才"

跨学科交流为什么能激发创新思维？其理由有以下几个方面：一是联想反应。联想是产生新观念的基本条件之一。跨学科交流的新想法，往往能引发他人的联想，并产生连锁反应。二是热情感染。从不同的角度思考问题最能激发人的热情。自由发言、相互影响、相互感染、触类旁通，能形成热潮并突破固有观念的束缚，最大限度地释放创造力。三是竞争意识。人都有争强好胜的心理。在竞争环境中，人的心理活动效率可增加 50% 或更多。组员的竞相发言，可以不断地开动思维机器。四是个人欲望。在宽松的讨论或辩论过程中，个人可以充分表达自

图 8-16　工作室的"魔术盒"收集有各种新奇有趣的东西

己的观点。创意需要环境，如果没有一定的自由和乐趣，员工是不可能有创造性的。因此，在 IDEO 公司，工作就是娱乐，集体讨论就是科学，而最重要的规则就是打破规则。该公司处处是琳琅满目的新产品设计图。在计算机屏幕上展示着各种设计图，涂鸦墙上也有各种即时贴和创意小工具（图 8-17）。桌上堆满了设计底稿，厚纸板、泡沫、木块和塑料制作的设计原型更是随处可见。这看似混乱的场景，却闪现着创造性。IDEO 允许它的每一间工作室空间都拥有自己独有的特色，都有其团队的象征物，都能讲述关于这个工作室及其员工的故事（图 8-18）。

图 8-17　个性工作室的环境有助于各种创新实践

图 8-18　每一间工作室都有不同的文化和故事

放松和休息也是创意环境因素的重要组成部分。人们在高度集中思考之后应该去跑步、散步、看电影或去健身房运动一下。在进行创造性思考时，不仅要做好准备并认真思考问题，而且放松行为也是一项重要的学习技能。事实上，好想法往往是通过身体放松或者转移大脑兴奋点后得到的，甚至睡眠也可以帮助人们酝酿创意，大脑往往会在梦中重构或者激活事物之间的联系，脑科学也证明了"潜意识"或者"冥想"在创意思维中的重要作用。对于设计师来说，所有事物都能以一种灵巧的方式组合成新的综合体。当人们用比较间接和迂回的角度去看事情时，其意义反而更容易彰显。就像一个寻常的女孩，当走入一个绘有长翅膀的墙面，就会幻化为"天使"（图 8-19），两个完全不同的事物的组合往往产生出人意料的创意。

图 8-19　两个事物的组合往往会产生出人意料的创意

8.7　产品原型设计

1. 设计原型的重要性

设计原型（Prototypes of Design，PD）就是把概念产品快速制作为"模型"并以可视化的形式展现给用户。设计原型也应用于开发团队内部，作为讨论的对象和分析、设计的接口。在交互产品设计中，设计师更加关注影响用户行为与习惯的各种因素，如何使用户在交互过程中获得良好的体验。为此，设计团队往往需要根据创意概念构建出一系列的模型来不断验证想法，评估其价值，并为进一步设计提供基础与灵感。无论是软件、智能硬件还是服务模式，都可以建立这种初级的产品雏形并与之交互，从而获得第一手体验。这个模型的构建与完善的过程称为"原型构建"。原型的范围相当广泛，任何东西，从纸面上的绘图到复杂的电子装置，从简陋的纸板模型到高精度的 3D 打印模型（图 8-20）都可以被认为是原型。总之，原型是任何一种帮助人们尝试未知，不断推进以达到目标的事物。

图 8-20　根据硬纸板设计的儿童活动空间的原型

用户体验设计的"原型"与工业设计的"模型"的区别在于：用户体验设计的原型是一个多方面研究创意概念的工具，而工业设计模型则是为了测试与评估的第一个产品版本。原型是创意概念的具体化，但并不是产品，而模型则与最终产品非常接近。原型聚焦于创意概念的各方面评估，是各种想法与研究结果的整合；模型则涉及整个产品，特别是有关与实际生产、制造及装配衔接的方案。构建原型往往是为了"推销"设计团队的想法与创意，而制作模型则更侧重于实际生产与制造。用户体验设计原型是快速并且相对廉价的装置，如纸板、塑料甚至手绘图稿等都可以，其目的在于解决关键问题而不用拘泥于细节的推敲（图 8-21）。使用原型的根本目的不是为了交付，而是沟通、测试、修改，解决不确定性。在 IDEO 公司的设计流程中，原型构建就是将头脑风暴会议产出的结果或是创意点子更进一步形成可视化的具体概念。原型构建可以加速产品的开发速度，使其能够快速迭代进化。从设计流程上看，原型构建的过程本质就是承上启下，有目的地快速进化产品。在交互产品、交互系统及服务环节的设计过程中，以原型设计为核心的跨学科设计团队往往能起到事半功倍的成效。

快速原型（rapid prototyping）设计，又常被称为快速建模、线框图、原型图设计、简报、功能演示图等，其主要用途是在正式进行设计和开发之前，通过一个仿真的效果图来模拟最终的视觉效果和交互效果。早在 1977 年，比尔·莫格里奇就和苹果公司的设计师一起，通过纸上原型的方式，探索最早的便携式计算机的创意和设计（图 8-22）。随后，莫格里奇和大卫·凯利（IDEO 设计公司总裁）等也通过纸上原型或者"板报即时贴"来组织各种创意和产品原型的设计。快速原型是工业设计的经典方法。决策者在将产品推向市场之前，都希望最大限度地去了解最终的产品到底是什么样子的，但是又不能投入时间真正地做出一个真实的产品。对于快速原型的重要性，大卫·凯利指出："我们尽量不拘泥于起初的几种模型，因为我们知道它们是会改变的。不经改进就达到完美的观念是不存在的，我们通常会设计一系列的改进措施。我们从内部队伍、客户队伍、与计划无直接关系的学者以及目标客户那里获取信息。我们关注起作用的和不起作用的因素、使人们困惑的以及他们似乎喜欢的东西，然后在下一轮工作中逐渐改进产品。"在各种原型中，手绘草图和纸上原型有着最广泛的用途。

图 8-21　快速原型包括卡片或贴纸等多种形式

图 8-22　莫格里奇（左三）和苹果公司设计师一起研究原型

纸上原型构建快速，成本较低，主要应用于产品设计的初始阶段。其材料主要由背板、纸张和卡片构成。它通常在多张纸和卡片上手绘或标记，用以显示不同的目录、对话框和窗口元素。前面介绍过的 FdS 草图设计法就是一种典型的纸上原型设计，其要素包括手绘草图、方案诠释及说明、功能简介、方案的优缺点以及关于版本、作者和时间的标注。

纸上原型尽量用单色，这样更简洁，而且不会在重要的流程中分散注意力。当然必要时可使用颜色鲜艳的便笺纸记录重要的修改方案。纸上原型不会受诸如具体尺寸、字体、颜色、对齐、空白等细节的干扰，也有利于对文档即时的讨论与修改。它更适合在产品创意阶段使用，以快速记录闪电般的思路和灵感。照片、手绘和打印的图片都可以设计出快速原型，如很多界面设计的原型就是通过手绘草稿完成的。纸上原型也可以制作成简单的"交互模型"供大家讨论，其好处是"内容"和"框架"可以替换或重新组合（图 8-23）。原型也可以用应用软件完成，如手机原型图软件 Balsamiq Mockup、原型设计软件 Axure RP。其他工具还包括

图 8-23　纸上原型可以制作成"低模"进行交流和演示

苹果的 Sketch 和 Adobe 公司的 XD 等。这些工具都各有利弊，如纸上原型精度不高、也不能演示交互效果，而原型设计软件则需要一定时间的培训才能掌握其操作方法。

2. 低保真原型

产品设计中的低保真原型（Low-Fidelity Prototyping，LFP）简称"低模"，是和高保真原型相对应的设计原型。通常来说，低保真原型要比纸上原型与手绘草图更具有"触感"和"空间感"（图 8-24，上），同时相对应于高保真原型，它又是低精度的和快捷的原型表现。原型精度包括广度、深度、表现、感觉、仿真度等多个指标。实际上，"原型"一词来自希腊语"prototypos"，是由词根 proto（第一）和词根 typos（模型、模式或印象）组成，其原始的含义就是"最初的、最原始的想法或者表现"，也就是指"低保真原型"。这种原型设计通常也不需要专门技能和资源，同时也不需要太长的时间。制作低保真原型的目的不是要让用户拍案叫绝，而是通过这个东西来向他们请教。例如，通过建立一个模拟 iPad 应用程序的原型，就可以将设计的布局、色彩、文字、图形等要素直观地呈现（图 8-24，下）并用于演示。因此，在某种程度上，低保真原型更利于倾听，而不是促销或者炫耀。该原型将用户需求、设计师的意图和其他利益相关者的目标结合在一起，成为共同讨论和对话的基础。LFP 原型主要用于展示产品功能和界面并尽可能表现人机交互和操作方式。这种原型特别适合表现概念设计方案、产品设计方案和屏幕布局等。

图 8-24　手机 App 设计中，广泛应用各种形式的"低模"进行测试

3. 高保真原型

高保真原型（High-Fidelity Prototyping，HFP）简称"高模"，是指尽可能接近产品的实际运行状态的模型。对交互产品来说，就是指通过原型软件开发的，在操控上几乎可以乱真的交互程序。例如，通过交互设计原型工具，如 Adobe XD、Axure RP、Sketch+Principle 开发的 App 原型（图 8-25，上），往往可以模仿手机的全部操作，如单击、长按、水平滑屏、垂直滑屏、滑动、划过、缩放、旋转、双击、滚动等，高度仿真地实现各种手势效果，交互程序原型甚至可以直接导入手机中进行仿真操作。此外，Photoshop 软件绘制的用户界面也属于高模的范畴（图 8-25，下）。采用高保真原型首先可以降低沟通成本，所有人只需要看一个最终的、标准化的交付原型就可以交流。高保真原型包括产品的布局、视觉效果和操作状态等，这有助于和客户沟通。高保真原型还可以降低制作成本。由于该原型可以帮助开发者模拟大多数使用场景、操作方式和用户体验，因此，可以作为产品迭代开发之前的蓝本，为所有设计师、工程师提供未来产品的开发方向。

图 8-25　通过 XD 完成的线框图（上）和高清 App 模板（下）

8.8　情境故事板与原型

从系统的角度去考查设计，最好的办法就是将其放入一个具体情境中，而不是对各种要素进行分解。故事板原型（Storyboard Prototypes，SP）就是将用户（角色）需求还原到情境中，通过角色–产品–环境的互动，说明产品或服务的概念和应用。设计师通过这个舞台上元素（人和物件）的交流互动来说明设计所关注的问题。"角色"就是产品的消费者与使用者，虽然不是一个真实的人物，但是在设计过程中代表着真实用户的假想原型。在交互与服务设计中，选择合适的原型构建出设计的"情境与角色"有助于我们找到设计的落脚点，而不至于随着设计流程推进，最后迷失方向。例如，基于车载 GPS 定位的导航 App，就离不开场景（汽车）、人物（司机）和特定行为（查询）。图 8-26 就是设计一款针对旅游导航的、提供手机定位、购物、景点推荐、导游等一系列服务的 App 的故事板，这个角色–场景–产品–服务的四格漫画能够清晰地传达设计者的意图。

图 8-26　一款针对旅游导航 App 设计的场景故事板

通过构建场景原型和故事板，可以为设计师提供一个快速有效的方法来设想概念产品的使用环境。一个典型的场景构建需要描述人们可能会如何使用所设计的产品或者服务。并且在场景中，设计师还会将人物角色放置进来，通过在相同的场景中设置不同的人物角色，设计团队可以更容易发现真正的潜在需求。构建场景原型可以通过图片或者是影像记录实现（图 8-27），也可以直接通过文字记录下关键点。故事板原型对于细节的展示比较明确，所以还可以充当一个复杂过程或功能的图像说明。故事板通常可以采用手绘场景或者剪贴照片的方法。

图 8-27　通过照片或者是视频影像记录的故事板

故事板是一种来自电影与广告行业的原型构建技术，其叙事性的图像表达可以成为设计人员讲解特定场景中的故事、产品或者服务的有力工具。故事板的重点在于"讲"而不是画得多好看。讲故事可以说是从古至今深深植根于人类的一种社会交流与沟通行为。从心理学上看，人类大脑都有追求逻辑的本能，这种因果关系就是故事的核心，也就是在特定情境下人类行为的依据。因此，故事和比喻是最能够打动人的沟通技巧，无论是广告还是演讲，如果没有"讲故事"的技巧（如悬念设置、起承转合、层层推进），就很难吸引大家的关注。

在构建故事板原型中，可以采用手绘场景（图 8-28，上）或者直接在 iPad 上面绘画和简单上色等，可能用到的软件包括 Procreate、Paper 和 Prolost Boardo 等。例如，在一个针对大学校园食堂的智能化 App 平台的方案中，设计小组就利用故事板原型展现了该 App 应用的经典环境（图 8-28）：①预约点餐和取餐，节省食堂点餐排队的困扰；②用户通过扫描二维码来点餐，并通过手机微信支付。

情景一
SCENE ONE

快到中午饭点了，小张觉得现在去食堂人可能太多要等好久。

于是他拿出手机打算用微信上的北服食堂小程序提前预约点餐外带。

小张不喜欢饭菜放在一起，就备注了"请将饭和菜分开打包"。

支付成功后，页面弹出了取餐号码。

下课了小张赶到食堂。果然食堂人头攒动，排起了好长的队伍。

小张直接将取餐号示意给食堂师傅看。师傅表示已经做好了，马上给拿。

师傅将打包好的午饭递给了小张。

饭和菜是分开打包的，小张很开心，在小程序上给了这家五星好评。

情景二
SCENE TWO

  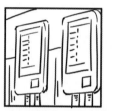 

小李和朋友第一次来北服参加创意集市。

中午他们打算在北服的食堂用餐。但他们没有北服的校园卡。

在二楼楼梯口他们发现了自主点餐机。排队人也不多。

自助点餐机操作相当方便，点几下就点好了两人的餐。

点餐机支持支付宝和微信，没有校园卡也就不是问题了。

小李和朋友选择坐在了环境较好的卡座，吃完在座位上讨论了下午的行程。

用餐完毕小李直接将托盘卡到残食车上面。简单方便。

一辆残食车满了后，食堂师傅就直接将车推到洗碗间进行分类和清洗。

图 8-28　通过故事板展示的产品应用场景

案例研究：图书馆体验设计

　　交互设计课程往往会受到时间、环境与工具的限制。为了便于控制课程的进度，量化任务管理是必不可少的环节。该课程可以分为 6 个阶段：研究选题、用户调研、创意思考、原型设计、设计汇报、课程存档（图 8-29）。其中每个阶段都有明确的研究任务和需要提交的文件夹。按部就班，层层推进，最后的课程作业包括期末设计任务书、小组简报汇报、课程作业展和在 4 周内需要提交的 14 个文件夹。例如，下面就是一个学生小组针对高校图书馆的交互设计报告书，该项目探索了将线上资源和图书馆实体改造相结合的设计思路。其作业展示如下（图 8-30，图 8-31）。

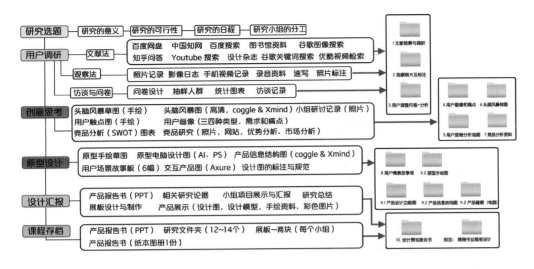

图 8-29　交互设计课程需要提供的 14 个文件夹（过程总结）

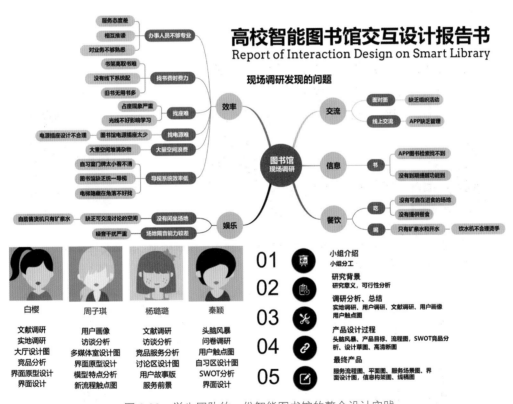

图 8-30　学生团队的一份智能图书馆的整合设计实践

　　研究小组在完成了上面一系列定性和定量的用户研究之后，经过头脑风暴，针对原来图书馆暴露的问题，制订下列设计方案：①合理分配图书馆空间，增加不同种类功能区，提供更加舒适的学习环境。②增加线上便捷、有趣的服务并结合线下资源吸引学生。③增加适用于小型投影、影视放映、小组讨论的多媒体讨论空间。④设计阶梯，合理调整观影视野，充分利用空间。⑤将大厅改为休闲区，为学生和教职工提供休闲的场所。区域内提供水吧服务，

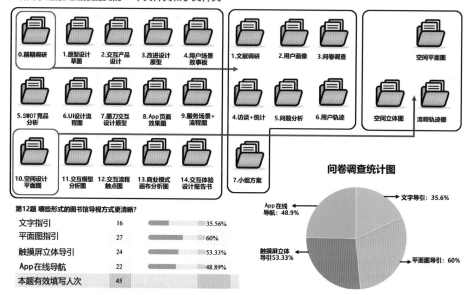

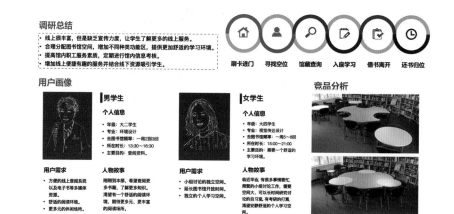

图 8-31　研究小组的作业（上）和用户研究阶段的工作（中和下）

提供多种音频选择。⑥提供自助借书机，为学生提供便捷方式来选择图书。下面的两幅展览图片（图8-32，图8-33）就是该组学生针对图书馆进行的功能分区设计方案（顶视图、功能分区示意图和虚拟场景图等）。其中的创新设计包括学习阅览区、公共讨论区、休闲区和小组讨论会议室等。这些线下设计为图书馆未来的智能升级打下了良好的基础。

智能图书馆功能区设计方案（顶视图，功能区示意图，虚拟场景图）

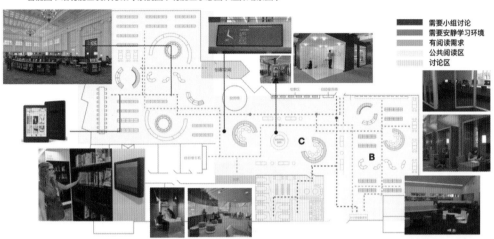

将大厅改为休闲区，为学生和教职工提供休闲的场所。区域内提供水吧服务，提供多种音频选择。还有自助借书机，为学生们提供便捷方式来选择图书，借完后可以到休闲区进行阅读。大厅中心位置，是图书馆的自动旋转导视牌，为新来的用户提供引导服务。原本的大厅显示屏将实时更新显示自习室和讨论区中的座位、房间使用情况以及开放时间。

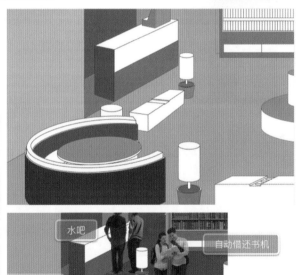

图8-32　图书馆设计方案（顶视图和模拟分区场景图）

在数字媒体高速发展的今天，如果离开了线上资源的支持与分享，图书馆也就失去了与青年人交流沟通的机会。因此，这个智能图书馆的设计结合了线上＋线下的服务。该小组对图书馆的不同用户的行为进行了深入研究，最终从图书的检索、浏览、借阅、返还的流程进

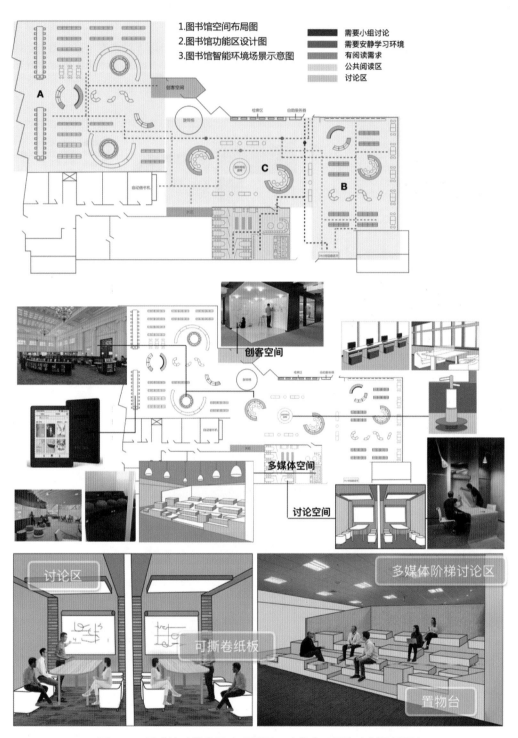

图 8-33　图书馆功能分区（顶视图、功能分区图和虚拟场景图）

行了优化，设计了基于手机客户端的智能图书馆 App（图 8-34）。其主要内容包括手机页面的信息架构（树形思维导图）设计、原型草图绘制和高清晰 PS 仿真页面设计等。后期则可以通过专业交互原型工具直接进行 App 的交互测试。

·小程序原型图

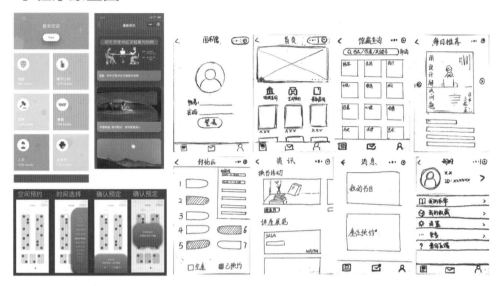

·小程序流程图

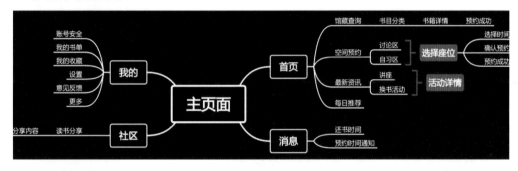

·小程序界面图

图 8-34　智能图书馆线上资源的设计（App 原型设计）

思考与实践

一、简答题

1. 为什么说创意源于左右脑的相互碰撞？

2. 创意设计的规律是什么，对体验设计师有何启示？

3. 什么是 FdS 草图创意法？举例说明如何实践该方法进行创意思维。

4. 通过网络进行资料收集的方法有哪些？如何判断资料的准确性与可用性？

5. 什么是产品设计中的低保真原型（LFP）和高保真原型（HFP）？

6. 什么是产品设计故事板原型？故事板原型的作用是什么？

7. 创意思维的环境因素是什么？ IDEO 的企业文化有何启示？

8. 举例说明概念图、草图、纸模型、高保真模型之间的联系和区别。

二、实践题

1. 传统的大学宿舍上下梯式双人铁架床（图 8-35）因为种种不方便、不舒心、不实用和不安全被许多新生吐槽。请从安全性、隐私性、舒适性、美观性、实用性（如收纳与学习空间）等角度对双人床进行创新设计。

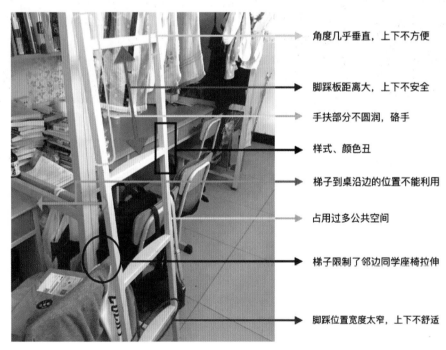

角度几乎垂直，上下不方便

脚踩板距离大，上下不安全

手扶部分不圆润，硌手

样式、颜色丑

梯子到桌沿边的位置不能利用

占用过多公共空间

梯子限制了邻边同学座椅拉伸

脚踩位置宽度太窄，上下不舒适

图 8-35　大学宿舍的铁架床（示意安全性、舒适性和便捷性问题）

2. 假期外出旅游的人往往会担心家中的爱犬无人照料，请设计一个可以远程控制的宠物定时喂食机，其中的原型设计包括：①手机 App 界面；②远程监控摄像头；③可自动提供狗粮与水的机器人；④协助主人的宠物语音控制系统。

第 9 课

用户体验设计工具

////////////

用户体验设计过程需要在每个阶段形成可视化的交付文档，包括思维导图、移情地图、用户画像、用户旅程地图、触点分析图、用户关系图、原型设计图、方案草图、高保真模型图、UI 界面框架图、信息构架图、交互流程图等。除了手绘草图外，借助各种软件工具来快速生成各种图表，让创意的想法可视化、系统化与清晰化是设计师的基本素养与专业能力。本课介绍的设计工具主要用于绘制思维导图、线框图、流程图、设计原型、演示和 UI 设计，主要包括交互原型设计软件墨刀、Adobe XD、Sketch+Principle 等。此外，本课也对设计表达工具，如 Keynote 等进行了概述。

9.1　流程图与线框图

　　流程图、线框图、说明图都是体验设计必需的交付物。流程图以时间为坐标，提供了事件、行为、触点和交互场景发生的时间顺序，因此往往用于导航、指示和说明类的插图。例如，顾客旅程体验地图就是一种流程图（图9-1，上）。说明图或技术插图往往用于解释或说明产品或服务的信息。例如，动物园导游地图（图9-1，下）就包含了4类信息：观赏动物、游览路线、服务设施和地理信息。其中，路线以白色网状呈现。地理信息，如水域、森林和建筑等以深褐色呈现。洗手间、餐饮、零售、医疗等服务设施用深色图标标注。观赏动物则以图形符号和不同颜色进行分类。

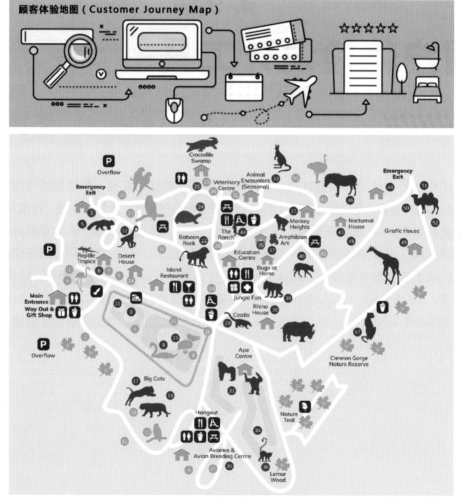

图 9-1　旅客行程体验地图（上）和动物园导游地图（下）

　　插画地图或者用于公众媒体、商业推广的流程图表通常采用图形图像类软件完成，如Adobe 公司的 PS（Photoshop）和 AI（Adobe Illustrator）设计的示意图（图9-2）。工作流程图或线框图主要用于概念设计、前期策划和草图设计等，更偏向功能性的图表设计。微软的Visio 或思维导图（mind map）软件都可以实现线框图的设计。Axure RP 是目前应用较为广泛的一款流程图和线框图设计工具。该软件不仅可以清晰梳理出产品的信息架构和功能，而且能支持多人协作设计和版本控制管理。可以让设计师快速创建多种规格的流程图和手机 App 线框图（图 9-3）。无论是信息架构师、体验设计师、交互设计师等都可以利用这个工具创建线框图和 App 产品原型。对于产品经理来说，Auxre RP 能够帮助构建产品的脉络和架构。此外，Auxre RP 还能创建手机客户端的可交互用户界面原型。

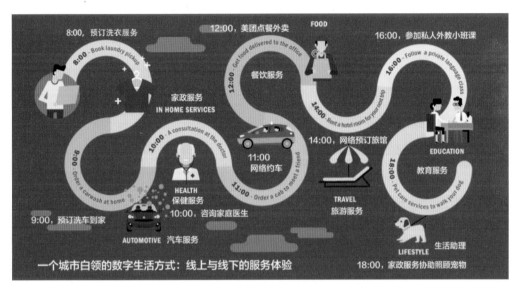

图 9-2　由软件 PS 和 AI 共同完成的数字生活体验示意图

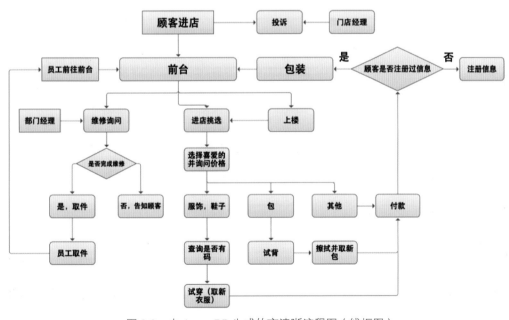

图 9-3　由 Axure RP 生成的高清晰流程图（线框图）

　　制作流程图有很多方便易用的工具。例如，在苹果 Mac 笔记本计算机或台式机上，利用苹果官方幻灯片制作软件 Keynote 就可以设计出非常漂亮的流程图、组织架构图等（图 9-4）。Keynote 最大的优势就是简洁清晰、实用性强，在功能性和易用性上做到了一个比较好的平衡，能够让使用者方便快速地实现自己想要的图表效果。例如，Keynote 不仅提供了常用的颜色与字体的搭配，而且提供的箭头还可以自动吸附到其他图形或者线条上，这样对于流程图表设计来说较为方便（图 9-5）。Keynote 界面简洁、功能清晰、上手方便，这使得制作复杂的流程图不再是设计高手的专利。

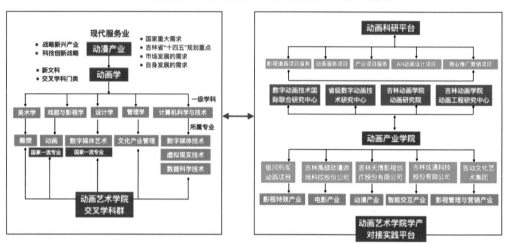

图 9-4　由 Keynote 制作的高清晰组织结构图

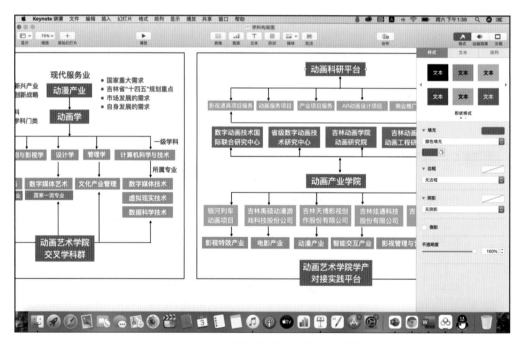

图 9-5　Keynote 界面清晰、友好，功能强大

Axure RP 可以帮助设计师快速实现流程图和原型图的交互设计。该软件不需要编程，只需要通过控件拖曳和图形化人机交互的方式，就能够生成应用程序模型。其设计原型除了可以直接在手机上体验外，也可以通过大屏幕向用户进行演示。所有的交互行为，如单击、长

按、水平划屏、垂直划屏、滑动、双击、滚动、切换窗口等都可以模拟，就像运行一个真实的 App 应用（图 9-6）。此外，Axure RP 还可以应用多种切换动画，如褪色、移动、动态旋转部件或变形部件等。当设置动态面板的交互状态时，翻转动画可以同时被应用。另外该软件也支持多人协同设计并对设计草图进行修改和追踪。

图 9-6　Axure RP 的手机高保真 App 原型设计界面

　　和 Axure RP 的设计功能类似，国内的在线 App 原型和线框图设计软件"墨刀"（mockingbot）也是定位于向用户提供"简单易用的原型设计工具"，并提供个人免费版和企业附加收费版本。"墨刀"目前是万兴科技旗下在线产品设计与一体化协作平台，已覆盖原型工具、设计师工具、思维导图及流程图 4 款产品，可帮助用户或团队成员快速上手在线协作原型设计、轻松表达设计想法、一键分享交付设计稿、便捷管理企业资产、规范离职交接等协作功能，其注册用户已突破 200 万，也是国内首屈一指的在线原型设计平台。

　　"墨刀"软件属于轻量级的原型设计软件，可以直接绘制原型，同时也支持设计师直接导入 Sketch 的设计稿来制作交互模型。该软件操作简捷、界面友好，还有多场景的手机模板，不仅降低了试错成本，也提高了设计的效率（图 9-7）。特别是该软件提供了各种手机客户端平台组件（图标和文字模板、交互模板、框架栏目模板等），可以说是一项非常贴心的功能（图 9-8）。"墨刀"软件支持多种设备完美演示，用户可以将自己的作品分享给任何人，在 PC、手机或其他移动设备上，他们都能随时查看最新版本。工程师还可以通过开发者模式看到完整的图层信息，并支持以工作流的方式协同工作。"墨刀"的免费 Sketch 插件可以提升工作效率，让设计师能够更快地制作可跳转的交互原型，但目前该软件主要支持原型图和框架图，并没有流程图的功能。

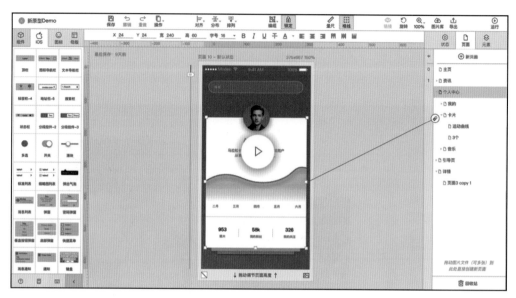

图 9-7 "墨刀"软件的界面（演示 App 界面设计）

图 9-8 "墨刀"组件库（图标和文字模板、交互模板、框架栏目模板）

    "墨刀"软件最大的优势就是原型、交互设计和文档一站式搞定，而且上手快捷方便，易学易用。"墨刀"软件还实现了多人协作的产品项目，工作效率较高。总体来看，该软件能够实现多数 App 常用的功能，如上下左右滑动（图 9-9）、导航跳转以及自动生成线框图（图 9-10）。特别是该软件提供了丰富的开发社区并有大量的模板、组件、素材可以选用（图 9-11），对设计师来说减轻了重复劳动。

图 9-9 "墨刀"软件可以实现常用的 App 交互功能

图 9-10 "墨刀"软件可以自动生成页面之间的线框图

图 9-11 "墨刀"软件丰富的开发社区有大量的模板、组件可以选用

9.2 思维导图设计

思维导图 (MindMap) 又称脑图或心智图，是由英国头脑基金会总裁东尼·博赞在 20 世纪 80 年代创建的一套表达发散思维的创意和记忆方法。博赞受到大脑神经突触结构的启发，

用树状或蜘蛛网状的多级分支图形来表达知识结构，特别强调图形化的联想和创意思维。思维导图类似于计算机的层级结构，通过主题词汇－二级联想词汇－三级联想词汇的串联，形成结点形式的知识体系。思维导图运用图文并重的技巧，把各级主题关系用相互隶属的层级图表现出来，让主题关键词与图像、颜色等建立逻辑关系，利用记忆、阅读和思维的规律，协助人们在科学与艺术、逻辑与想象之间平衡发展，从而成为联想思维和"头脑风暴"的创意辅助工具。思维导图的优势在于能够把大脑里面混乱的、琐碎的想法贯穿起来，最终形成条理清晰、逻辑性强的知识结构，如鱼骨图、蜘蛛图、二维图、树形图、逻辑图、组织结构图等。思维导图遵循一套简单、基本、自然和易被大脑接受的规则，如颜色分类、突破框架、深入思考、分享创意和双脑思维等（图9-12），适合用于"头脑风暴"式的创意活动，是思维视觉化和信息可视化的主要应用工作之一。

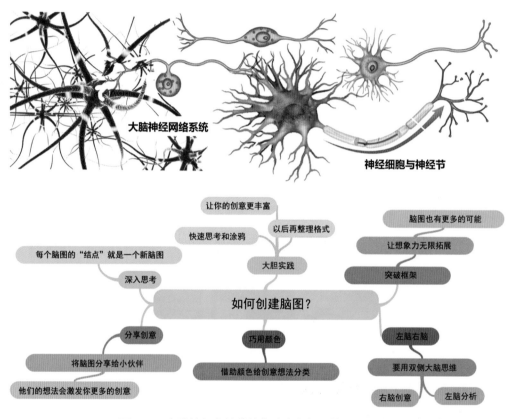

图 9-12　大脑神经突触的结构（上）与思维导图（下）

思维导图模拟大脑的神经结构，特别是结合了左脑的逻辑思维与右脑的发散思维，形成了树状逻辑图的结构（图9-13）。每一种进入思维导图的资料，如文字、数字、图形符号、食物、线条、颜色、节奏或音符等都可以成为一个思考中心，并由此中心向外发散出更多的二级结构或三级结构，而这些"关节点"也就形成了个人的数据库（图9-14）。思维导图通过"自由发散联想"具有的触类旁通、头脑激荡的特点，适合用于"头脑风暴"式的创意活动，也成为包括IDEO、苹果、百度、腾讯等IT企业创新型思维的活动形式之一。虽然思维导图可以直接用水彩笔、铅笔或钢笔来手绘制作，但在实践中，为了加快创意进度，设计师还是愿意选择思维导图软件来帮助设计。这些软件不仅用于头脑风暴和创意设计，同时也是创造、管理和交流思想的工具，能够提高项目组的工作效率和小组成员之间的协作性。它可以帮助项目团队有序地组织工作、调配资源和控制项目进程。

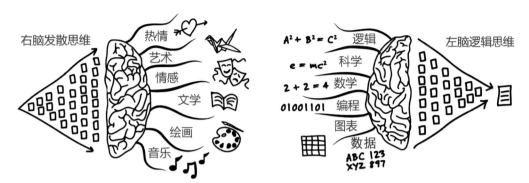

图 9-13　思维导图结合了右脑的发散思维和左脑的逻辑思维

图 9-14　思维导图通过主题词汇建立层级和联想

　　目前人们采用的思维导图工具有很多，大致可以分为专业类和在线工具类。前者如 Xmind Zen（图 9-15），后者如谷歌 Coggle 等（图 9-16）。这些软件最大的好处就是通过不同颜色、不同格式的树状图，将思维图形化、条理化。头脑风暴的零散想法可以最终落实成为有组织、有计划的任务流，这对于概念设计来说特别重要。一些思维导图软件还提供专业的拼写检查、搜索、加密甚至音频笔记等功能。在线设计工具类思维导图，如百度思维导图和谷歌 Coggle 等因为其便捷性成为许多设计师和产品经理的首选工具。

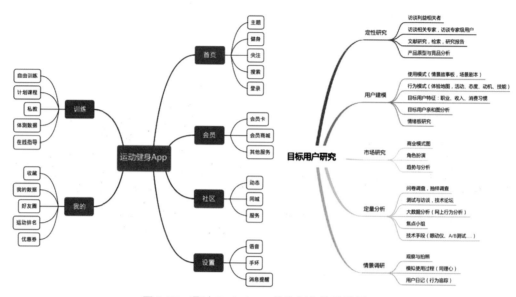

图 9-15　通过 Xmind Zen 软件制作的思维导图

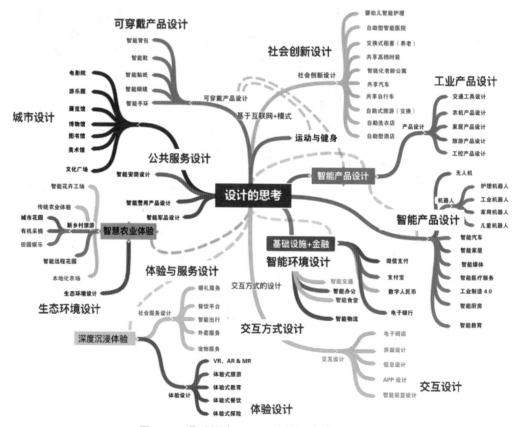

图 9-16　通过谷歌 Coggle 软件设计的思维导图

9.3 交互原型工具

　　什么是 2020 年最好的 UX/UI 设计工具？ 2019 年国外著名的 UXtools.co 网站对全球超过 3000 名交互设计师进行了调研，结果显示 Sketch、Figma 和 Adobe XD 这 3 个软件占据了大部分的市场份额（图 9-17，上）。该网站在 2018 年同样的一份调查显示：Adobe Photoshop 排第 3 而 Adobe XD 排第 4。因此，随着移动设备的兴起和 UCD 设计理念的流行，Sketch、Figma 和 Adobe XD 成为 UI 交互原型设计的主导工具。10 年以前，设计师通常使用 Photoshop，有时是 Illustrator 作为创建网站和应用程序原型的工具，随后 Sketch 异军突起并成为无数 UX/UI 设计师的首选原型设计工具。虽然 Sketch、Figma 和 Adobe XD 占据了前 3 甲，但这并不意味着没有其他出色的原型设计工具。根据效率、性能、易用性、兼容性、价格以及合作性等指标，UXtools.co 网站推荐了交互设计师需要了解或掌握的十大软件工具（图 9-17，下）。但作为一名设计师，在选择正确的工具时，需要问自己和团队需要解决哪些痛点问题？

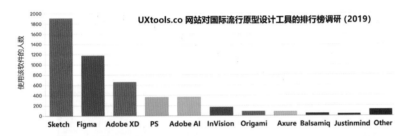

图 9-17　UX/UI 软件工具榜单（上）及十大原型设计工具（下）

　　上述 UX 设计工具都有各自的特点：Figma 以支持远程协作和团队项目为长项；Sketch 具有更好的成熟度和大量的插件，能够快速实现设计师的个性化需求；InVision 不仅可以多人合作在线编辑，而且支持动画特效；Balsamiq 可以提供简捷高效的手绘风格框架图与流程图；Adobe XD 最大的强项就是软件的速度与效率，同时 Adobe 平台的资源分享与免费的模板也成为吸引设计师的手段。从目前来看，市场上并没有一个能够包罗万象并满足各种需求的 UX 原型设计工具。因此，设计师必须从工作实际出发，思考产品原型所需要呈现的功能与交互特征（UI 风格、线框图、动效、交互性、嵌套组件等），并根据任务来选择相应的交互原型设计工具。

在上述 10 款原型设计工具中，InVision、Origami 和 Balsamiq 也各具特色，并有一定的市场占有率。InVision 最大的优势在于能够无缝地与 Sketch 和 Adobe XD 链接，允许设计师自由地设计、测试并与开发人员和其他团队成员共享结果。这个产品最突出的优点是它的项目协作功能，它允许所有用户提供反馈，做笔记并实时看到产品的变化。InVision 还提供了一项完整的手机原型演示功能，能够直接在手机上模拟原型产品的交互操作以及页面动效。InVision 可以快速设计界面草图、线框图和高保真原型（图 9-18，左上）。Origami Studio 是由 Facebook 设计团队精心打造的一款用于界面设计的免费 UI 原型制作工具。该软件最大的亮点是 Patch 编辑器，允许用户在原型中添加交互动效和触控行为。该工具也是 Sketch 的完美伴侣，用户可以从 Sketch 复制任何内容或图层到 Origami 中（图 9-18，右上）。Balsamiq 软件可以提供简捷高效的手绘风格框架图与流程图。作为一款原型设计和线框图工具，设计师可以利用该软件创建 Web 和 App 界面原型并分享给客户（图 9-18，左下）。Marvel 也是海外知名度较高的一款在线平台的原型设计协作工具，支持 PS 和 Sketch 设计稿导入做交互原型，本身也支持中度保真程度的设计（图 9-18，右下）。

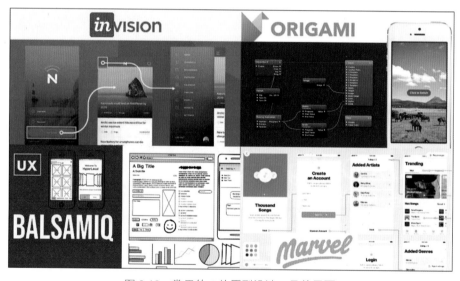

图 9-18　常用的 4 款原型设计工具的界面

UX Tools 针对全球 UI 设计师的年度问卷调查显示，Figma 在 2018 年异军突起，成为线框图和 UI 设计项目第二名，并荣登 2019 年最令人期待的设计工具。Figma 以支持远程协作和团队项目为长项，它能同时让设计团队协同工作，允许多人同时查看 / 编辑同一个文件。这是近年来 UI 设计工具最独特的功能之一（图 9-19，上）。Figma 是一个基于浏览器的工具，不仅可以跨平台协作，而且可以直接显示完整的流程图与智能动画。该软件还提供大量的插件（图 9-19，下），大大减轻了设计师的工作强度。实际上，Sketch、Figma 和 Adobe XD 这 3 个软件的操作与功能非常相似。这意味着如果设计师熟悉了其中一种工具，那么当需要操作另一种工具时，就会发现以前积累的大部分知识技能都可以继续发挥作用。

图 9-19　原型设计热门软件 Figma 的界面（上）与插件（下）

9.4　Adobe XD 界面设计

Adobe XD 全称为"Adobe 体验设计 CC 版"（Adobe Experience Design CC），是一款轻量级的、Mac 和 PC 双平台的原型设计工具。2016 年由 Adobe 公司正式推出。同时，Adobe 公司还提供了基于手机端的 XD 版，可以支持交互浏览或分享等功能（图 9-20）。

图 9-20　Adobe XD 官网下载页（免费下载）

打开 Adobe XD 时，用户获得的第一印象是界面非常熟悉。Adobe XD 风格更类似于 Sketch（图 9-21，上），简洁、清晰而实用。但与 Sketch 不同的是，在 Adobe XD 中，可以直接创建交互式动态原型（图9-21，下）而无须像Sketch中那样需要第三方插件（如Principle）。XD的原型设计编辑器也允许设计师使用导线或Wifi将交互原型投射到其他屏幕（如手机）并与他人共享。此外，Adobe XD还具有一些独特的功能，如重复网格，它允许用户复制水平和垂直网格组件并"一键智能"地替换这些网格组件中的图片或文字。甚至可以从桌面拖动资源（图像和文本文件）以自动插入和分发该内容。这些智能化的功能使得Adobe XD更加实用。

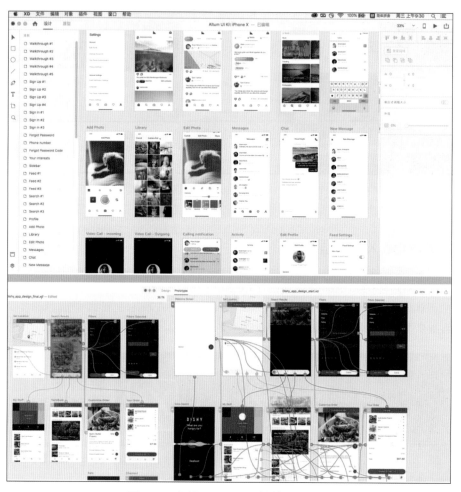

图9-21　类似于Sketch风格的XD界面

2018年10月，Adobe公司对XD进行了重要的升级，其中的语音回放原型（speech playback prototype）是目前所有交互原型软件中最具创意的交互方式（图9-22，上和中）。语音一直被公认为是最自然流畅、方便快捷的信息交流方式。在日常生活中人类的沟通大约有75%是通过语音来完成的。研究表明，听觉通道存在许多优越性，如听觉信号检测速度快于视觉信号检测速度；人对声音随时间的变化极其敏感；听觉信息与视觉信息同时提供可使人获得更为强烈的存在感和真实感等。因此，听觉交互不仅是人与计算机等信息设备进行交互的最重要的信息通道，而且也与人脸识别、手势识别等新技术一起，成为下一代人机交互的主要突破方向之一。

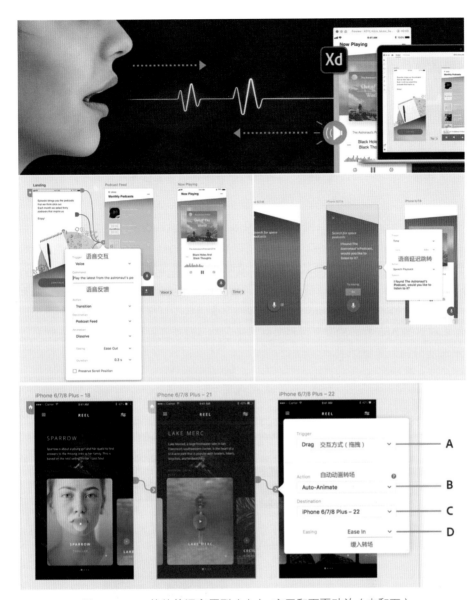

图 9-22　XD 软件的语音原型（上）、交互和页面动效（中和下）

　　语音识别是一种赋能技术，可以把费脑、费力、费时的机器操作变成一件很容易、很方便的事，自如地应付许多"手忙脚乱""手不能用""手所不能及"或"懒得动手"的情况，并可能带动一系列崭新的或拥有更便捷功能的设备出现，更加方便人的工作和生活。Adobe XD CC 2019 的其他创新还包括拖曳交互、响应式调整大小和转场动画等功能。前者会自动调整画板上的对象组以适应不同的屏幕，设计师可以花费更少的时间进行手动更改并将更多时间用于设计，后者则使得页面之间的过渡更具想象力和丰富性（如缓入、延迟或缓出等），由此可以提升人机交互的自然性与情感化程度（图 9-22，下）。通过 XD 的一系列创新，Adobe 公司重新构想了设计师创造体验的方式。

9.5　Sketch+ Principle

Sketch 是目前基于 Mac 的最强大的矢量绘图设计工具之一。对于网页设计者和移动设计者来说，它比 Photoshop 更为简捷高效，尤其是在移动应用设计方面。Sketch 3 版本的优点在于使用简单，学习容易并且功能更加强大，能够大大节省设计师的时间，非常适合进行网站、移动应用和图标等的设计。Sketch 是由荷兰设计师彼得·奥威利和伊曼纽尔·莎于 2008 年初开发的应用程序。多年来，Sketch 多次荣获苹果应用商店年度最佳荣誉，并于 2015 年度获得苹果软件最佳应用奖。其客户包括许多顶级创业公司和世界各地的财富 500 强企业。

Sketch 界面清晰、简洁，但拥有针对交互设计、App 设计的多种功能和工具，从创建线框图到导出为高清晰图稿（图 9-23），由此可以实现设计过程的每个阶段的任务。Sketch 图形由矢量形状组成，这意味着高效和快捷。清晰的操作界面使用户能够更专注于设计的内容。Sketch 中没有画布的概念，整个空白区域都可进行设计制作。在 Sketch 中，"画布"被赋予了一个新的名字——Artboard。我们可以在上面直接绘制多个 App 页面。与此同时，我们也可以将这些 App 界面的交互过程串联起来，并预览交互过程。这些 Artboard 可以导出为 PDF 或者分割为图片文件。

图 9-23　Sketch 简洁、清晰的界面和菜单

Web 和 App 设计都会需要大量的重复元件，如按钮、标题和单元格等，而 Sketch 的符号功能为设计师提供了便利，用户可以在整个文档中重复使用各种已创建的元件（图 9-24）。例如，设计过程中会有许多不同的原型、模板、组件或者界面样式，用户可以将单个屏幕单独设定为一个"符号"，然后单击"转化为符号（Convert to symbol）"按钮，就可以复制这个样式并应用到其他页面中。此外，Sketch 还提供了共享样式，如填充颜色和边框颜色等。设计师还可以创建形状和文本样式库，可以快速应用和更新整个文档。设计师需要考虑界面能够适应不同的屏幕尺寸。Sketch 最方便的一点就是可以拖入可调整大小的元素"文本样式"

或"组件"到画布图层，这对于跨平台设计来说更为高效和快捷。Sketch 还有着丰富的素材库（图 9-25），用户可以下载并直接将所需要的素材拖曳进来即可使用，由此减轻了设计师的工作负担。和 Adobe XD 的手机移动版类似，Sketch 也提供了一个名为"镜子"（Mirror）的 iPhone 手机客户端并允许在手机上预览或共享设计原型。

图 9-24　Sketch 符号菜单为设计师提供了可重复使用的元素

图 9-25　Sketch 有着丰富的素材库和在线插件

动效是互联网产品设计的重要部分，无论 Mac 端、PC 端还是移动端，产品要想提供平滑顺畅的体验，往往需要依靠动效将不同界面或页面中的不同元素衔接起来，让用户直观地感知操作结果的可控性。Sketch 的动效设计就可以借助 Principle 来完成。在知乎等国内专业论坛上，Principle 获得了众多用户体验及交互设计师的推荐，例如："迄今为止，产品设计师最友好的交互动画软件。""Principle 可能是目前制作可交互原型最容易上手、综合体验最棒的软件了。"综合来看，Principle 软件的易用性和清晰、简洁的流程是其受到众多设计师青睐的原因。例如，上下滑动或左右滑动的菜单是手机 App 设计的必选项，这个动效就可以通过选择 Principle 图层栏上面的"滚动"按钮来完成（图 9-26）。Principle 还提供了动效时间轴和曲线调节窗口，用户可以调节动效时间与节奏（缓入与缓出）。

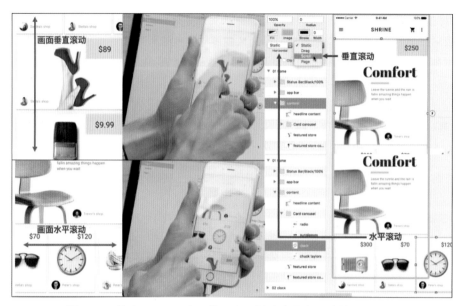

图 9-26　通过 Principle 实现的可上下滑动或左右滑动的手机菜单

在产品流程和信息结构确定后，设计师就进入了具体界面的交互设计阶段。这个时候就是 Principle 大显身手的时候，最后的交互原型可以直接转换成 GIF 或其他视频演示文件。该阶段设计师要对页面进行精细化设计，静态页面可以通过 Sketch 完成，然后导入 Principle 中完成动效或交互控制的细节。常见的动效可以大致分为交互动效和播放动效两大类别。交互动效是指与用户交互行为相关的界面间的转场、界面内的组件反馈与层次暗示等；播放动效则主要指纯自行播放或与操作元素无关的动效，如启动、入场和预载界面等，多数是为了吸引用户注意力的情感化设计。除了动效外，手机交互方式是目前评估原型软件可用性的重要指标。Principle 提供了高达 12 种页面交互转场的方式（图 9-27），可以使用户产生更顺滑的手机操控体验。

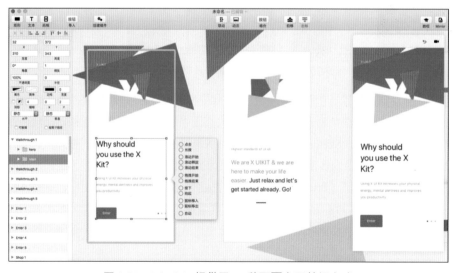

图 9-27　Principle 提供了 12 种页面交互转场方式

Principle 通过两种方式来实现页面间或内部元素的动效控制。该软件通过时间轴来进行页面元素或页面转场动画设计（图 9-28 ）。Principle 还提供了第 2 个时间轴，也就是位于屏幕顶部的 Drivers 时间轴。该时间轴主要是对页面内部的可拖动或可滚动图层进行动效设计，如可驱动几乎所有对象的向左或向右的滚动变化。Principle 的时间轴和位置联动的设置具有很高的自由度，设计师可以快速进行精细的设计和调整。为了操作方便，Principle 还有一个内置的原型预览窗口，它不仅可以实时呈现原型的动效结果，而且还可以让你录制原型的视频或 GIF 动画。

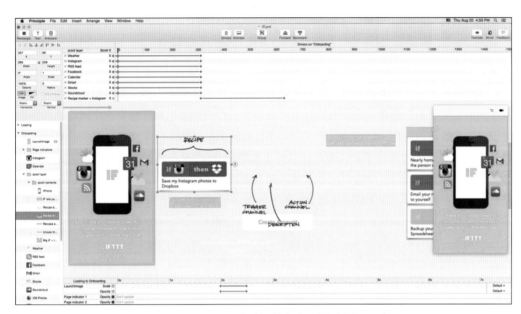

图 9-28　Principle 通过时间轴来为页面对象设置动画

案例研究： 无人智慧酒店

2014 年，国家旅游局将旅游业发展主题定为"智慧旅游"，要求各地引导智慧旅游城市、景区等旅游目的地建设，促进以信息化带动旅游业向现代服务业转变。同年，中国智慧酒店联盟成立大会在福州举办，标志着中国智慧酒店联盟正式成立，我国智慧酒店建设与发展进入新阶段。那么，什么是"智慧酒店"？智慧酒店（ smart hotel ）是指拥有一套完善的智能化体系，通过数字化与网络化实现酒店数字信息化服务的酒店，具有智能化、网络化、科学化、人性化四大特征。酒店利用云计算、物联网、智能终端和新一代移动通信等新技术，通过智能网络，以智能终端等设备为载体让宾客主动感知酒店产品和服务信息，并享受这些适应自己消费习惯的信息所带来的愉悦体验。智慧酒店是未来酒店业的发展方向之一，也是旅游行业创新服务，改善用户体验的重要手段。"乐易住无人智慧酒店"号称是国内第一家物联网酒店，无人自助是其突出的特色（图 9-29 ）。该酒店包括乐易住 App、乐易助 App、入住终端机、智能门禁、智慧感应盒、智能储物柜、360° 全景 VR 摄录机等设备以及在线预订系统、后台客户管理系统和酒店智能客控系统等。

图 9-29　乐易住无人智慧酒店的九大优势

　　为什么无人自助型酒店能够流行？这是与我国信息化的高速发展、智慧型酒店的性价比以及人们的民主与服务意识增强有关。虽然目前大多数传统酒店都已经实现在网络平台上提前预订的功能，但是用户到酒店后会发现，酒店前台人工办理入住手续仍然烦琐，高峰时段排队等候办理退房时间也很长。而入住"无人智慧酒店"，用户可以通过乐易住 App、官方微信平台远程进行预订下单或退房。入住之前，系统将实时对用户进行提醒，并结合地图导航数据为用户提供抵达酒店的路线建议。乐易住无人智慧酒店不设前台，采用智能入住方式，用户只需要花不到一分钟时间，就可在酒店自助登记终端上进行身份证件的审核，完成传统酒店烦琐的"入住登记"过程，并获取房间与门锁密码等信息（图 9-30）。如果用户希望继续入住，可以一键完成续住流程；如果用户希望离开酒店，则可以直接一键退房。此外，该酒店的灯光、空调、电视、网络、电动窗帘等也是感应设备，不需要用户来控制（图 9-31）。"乐易住"属于轻奢级酒店，其自助服务模式可以大大节约管理成本。此外，"乐易住"还利用图像识别、大数据分析等技术自动对公共区域进行有效监控，使用户入住酒店甚至比住在自己家中更加安全。当然，无人酒店并非意味着完全的无人化，而是减少不必要的服务和管

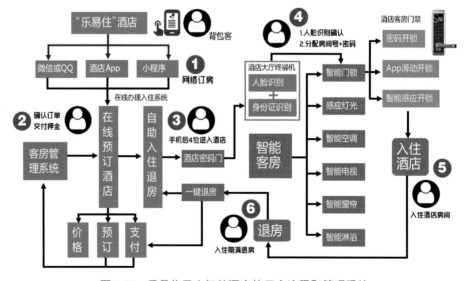

图 9-30　乐易住无人智慧酒店的用户流程和管理系统

理人员，而一些非机器人能够代替的餐饮、保安、清洁以及客户服务还是必不可少的。例如，为了增强住客体验，一些无人自助型酒店还开设了远程视频电话服务，用户需要时可以通过房间的视频电话与管理员进行当面沟通。

图 9-31　自助酒店的房间属于轻奢级装修，价格适中，适合背包客

随着智能科技的发展，目前无人智慧酒店有了更多的技术创新和体验。2018 年底，由阿里集团打造的未来酒店 FlyZoo Hotel 正式在杭州开张。该酒店也是全球首家全场景人脸识别酒店。酒店的大堂充满了未来感的设计，LED 壁画展示了炫酷的动态影像（图 9-32，左上）。住客不仅可以在手机上提前预订房间，还可以通过酒店终端的自助机办理刷脸入住。游客可以在手机上根据自己的喜好选择房间楼层、位置和朝向，抵店前凭电子身份证办理入住。住客只需把证件放到验证口后，自助机就开始进行人脸识别，当身份验证成功后手机就会收到短信提醒，随后住客把确认码输入到屏幕就成功办理入住手续。智慧电梯和智能门禁通过人脸识别协助顾客上楼并引导他们进入房间（图 9-32，右下），实现"一站式"的自助酒店服务。

住客还可以通过"天猫精灵"智能管家直接对室内温度、灯光、窗帘、电视等进行语音控制。此外还有机器人送物和送餐服务（图 9-32，左下和右上）。电梯、房间、餐厅、健身房、酒吧等多个场景都有人脸识别科技的应用和机器人服务。未来酒店 CEO 王群表示，酒店的服务生主要为住客提供专属个性化服务，而智能系统和服务机器人则通过替代部分简单或重复性劳动来提升酒店的服务效率。因此，机器人存在的意义并非替代人类，而是从重复劳动中解放人类，帮人类将精力投身于行业价值的创造和交流等环节。例如，当你需要护肤品、拖鞋或者叫餐时，机器人就会过来帮忙，餐厅机器人也会给你上菜，机器人调酒师还能制作多种不同的酒。但酒店大堂仍有服务大使，客房清洁与烹饪等部门也有很多员工，所有的人工服务都是为了满足住客的深层用户体验。

图 9-32　自助酒店的设施和服务

思考与实践

一、简答题

1. 流程图与线框图的作用是什么？如何创建流程图与线框图？

2. 创建思维导图可以使用哪些工具？试比较这些工具的优缺点。

3. 常用原型设计工具有哪些？试比较这些工具的优缺点。

4. Adobe XD 在 App 原型设计上的特点有哪些？

5. 为什么 Sketch 是目前 Mac 计算机的主要 App 原型设计工具？

6. Axure RP 的专业优势是什么？如何设计页面动效？

7. 举例说明在线原型设计工具"墨刀"的优势有哪些。

8. 哪些原型工具可以在手机上模拟出 App 原型的交互效果？

9. 目前无人智慧酒店发展所面临的主要问题有哪些？

二、实践题

1. 主题式酒店本身就是住宿与文化的结合（图 9-33）。请设计一个更符合当下年轻人风格的青年旅社。头脑风暴的出发点有日漫、游戏、波普、热血、星际旅行、萌系、机甲、黑暗等青少年亚文化主题，根据以上思考，提出该旅社的设计方案，新媒体应该是其中的亮点。

图 9-33　厦门情侣酒店内部装修风格以浪漫、萌系和可爱风为特征

2. 自助型服务是改善城市低收入群体的一种思路。请设计一款名为"好友用车"的 App，将每天同方向上下班的有车族和乘车族联系在一个 O2O 平台上，通过好友牵线、拼车出行、彼此互助、有偿服务等形式，解决城市上下班交通难的问题。

第 10 课

用户体验设计简史

//////////

　　虽然用户体验设计源于 20 世纪 90 年代，但作为一种对待环境与生活的感悟，体验设计的思想早已存在。如中国古代"天人合一"的哲学思想和建筑风水理论都探索了人与自然和谐相处的方式。欧洲工业革命后出现的电报、电话、收音机和录音机是最早的"人机交互"的产品。德雷夫斯的人本主义与人机工程学，科学管理之父泰勒的管理哲学都包含了体验设计理论的雏形。随着体验经济与信息社会的发展，唐纳德·诺曼、莫格里奇等人分别基于苹果公司及 IDEO 的实践提出了用户体验设计与交互设计的思想。随后，以图形用户界面（GUI）、鼠标和 iPhone 为代表，科技产品开始走进千家万户，用户体验设计理论也开始逐渐形成。本课将系统梳理用户体验设计发展史，重点在于探索艺术、技术与产品的相互关系。

10.1 体验设计前史

虽然体验设计源于数字启蒙时代的 20 世纪 80 年代，但也许更早的时候体验设计的思想就已经存在了。体验就是感悟，中国古代"天人合一"的哲学思想诠释了人与自然的关系，其中就蕴含了古人对自然的理解与感悟。庄子说："有人，天也；有天，亦天也。"古人认为天人本是合一的，将人性解放出来，重新复归于自然，达到一种"万物与我为一"的精神境界是人的最高体验形式，即庄周梦蝶、物我两忘的超脱境界（图 10-1）。中国古代的风水理论以和谐的和人性化的最佳方式来设计周围环境，它涉及从布局、框架到材质和颜色等所有方面，其核心也是趋利避害，关注人与环境的统一。《UX 与 UI 设计策略与指南》一书的作者帕梅拉达 B. 德肯将中国古代风水理论、达·芬奇设计的食物传送带、泰勒主义和工业革命、迪斯尼对乐园的体验设计、德雷夫斯的"人本设计"、GUI 与鼠标、乔布斯的 iPhone 等作为用户体验设计史中的里程碑事件。

图 10-1　古人所绘的"庄周梦蝶"的情景

马克思曾经指出："工具与人相互结合所构成的工艺结构是人类特有的本质结构，是人类其他结构产生和发展的物质基础和推动力。"因此，人类对自然界与生活的体验与感悟也存在于工具（技术）的设计、制造和使用过程中。中国古代发明的狼烟、算盘、风筝和"九连环"等工具或者玩具就蕴涵了"互动"与"用户控制和体验"的思想。1831 年，美国科学家约瑟夫·亨利发明了世界上第一台电报机。1837 年，塞缪尔·莫尔斯设计了著名的莫尔斯电码（图 10-2）。1844 年 5 月 24 日，在华盛顿国会大厦会议厅里，莫尔斯亲手操纵着电报机，随着一连串的信号的发出，远在 64 千米外的巴尔的摩收到了世界上第一份由嘀嗒声组成的电报。电报码和电报机的发明成为远程信息传递的里程碑。从历史上看，无论是汽车、望远镜、显微镜、电报、电话，甚至打字机、传真机、收音机、剧场、电影等都延伸了人的肢体或感官，也同时增强了人的体验与行动能力。传媒大师麦克卢汉认为：媒介是人体和人脑的延伸，技术推动人类文明进步，也不断增强人的体验与感悟。

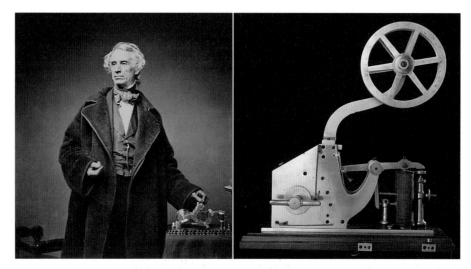

图 10-2 发明电报码的莫尔斯（左）和早期电报机（右）

1876 年 3 月 10 日，美国发明家亚历山大·格雷厄姆·贝尔的电话宣告了人类历史的新时代的到来（图 10-3，左），图 10-3（右）为 1910 年英国女演员爱丽斯·汉妮做的电话广告。贝尔是一个从事语音教学的教授。他发现当切断或接通电流时，电路中螺旋线圈会发出轻微的沙沙声。受这一现象的启发，贝尔先通过衔铁将发声的空气振动变成电流的连续变化，再用电流的变化模拟出声音。这项发明改变了信息传播的历史，电话也成为最著名的人机交互设备之一。

图 10-3 贝尔在试用电话（左），英国演员汉妮做的电话广告（右）

在一个多世纪的发展历程中，电话的外观历经手执式、悬挂式、手摇式、拨键式和按键式。早期电话存在着拨键时间长、操作费事、电话号码无法显示和笨重不易移动等一系列问题。二战以后，美国贝尔实验室的研究人员经过大量的实验研究，从人机工程学、用户分析等角度检验了多种按键排列方式对人机交互的影响。工业设计师德雷夫斯"以人为本"的设计理念和人机工程学数据支持成为产品设计的依据。拨键式（图 10-4，左）和按键式电话的推出，不仅大大节约了时间，而且其流线型的造型成为二十世纪五六十年代工业美学的经典。50 年以后，苹果公司总裁史蒂夫·乔布斯推出了全新的"触控界面"的人机交互方式（图 10-4，右），不仅改变了电话的历史，更重要的是开创了智能手机和移动媒体的新时代。

图 10-4　拨键式电话（左）和乔布斯演示的触控 iPod（右）

随着人类文明的进化和发展，人类制作工具（生产工具、生活用具、兵器和传播工具）的能力也在不断增强，由此使得社会生产力进一步提升。从笔墨纸砚、书卷经文、电报电话到广播电视，人类的视听与交流体验日趋丰富，人机交互也逐步成为信息交流与沟通的重要因素，而用户体验的研究与实践也越来越被企业所重视。

10.2　人机工程学

用户体验萌芽源自工业设计与人机工程学的研究。二次世界大战后，制造业开始从军事装备向民用产品转化，战后消费时代的兴起使得"以人为本"的设计思想开始流行。1944 年，美国纽约当代艺术博物馆（MoMA）的展览"为用户而设计（Design for User）"代表了"用户"一词最早出现于公众语境。工业设计和人机工程学成为最早关注"用户体验"的领域。第一代工业设计师亨利·德雷夫斯就是其中的典型代表。他在 1955 年出版的著作《为人而设计》（*Design for People*，图 10-5）开创了基于人机工程学的设计理念。德雷夫斯的一个强烈信念是设计必须符合人体的基本要求，他认为适应人的机器才是最有效率的机器。

1949 年《时代》杂志的封面有这样一位人物，他叫雷蒙德·罗维（图 10-6）。可口可乐瓶的经典设计正是出自这位大师之手。他是第一位上《时代》周刊封面的工业设计师，他参与项目多达数千个，作品更是大到飞机、轮船、火车、空间站，小到邮票、口红、标志和可乐瓶。其代表作有可口可乐玻璃瓶、灰狗汽车、克莱斯勒汽车、"壳牌"石油公司标志、宾夕法尼亚铁路公司的 GG-1 型火车头、埃克森公司商标、美国邮局的服务徽章、肯尼迪纪念邮票、好彩香烟盒等。罗维奉行"简约与流线型"的理念，将可用性、功能性与人的审美体验融为一体，成为当之无愧的设计大师。《纽约时报》记者苏珊·海勒写道："人们很难在打开啤酒

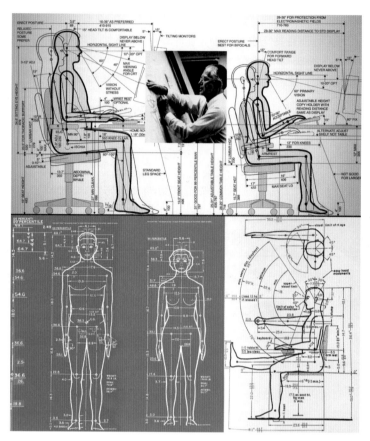

图 10-5　德雷夫斯 1955 年出版的著作《为人而设计》插图

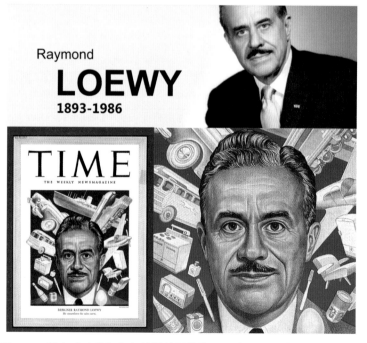

图 10-6　登上《时代》杂志封面的雷蒙德·罗维是最早的工业设计大师

或软饮料，准备早餐，登上飞机，购买汽油，邮寄信件或购买设备的时候，不会遇到雷蒙德·罗维的设计。罗维先生确实改变了现代世界。"虽然罗维是著名的工业设计大师，但他将科学与艺术、功能与审美、设计与体验有机融合，可以说是用户体验设计的"教父"。

工业设计和人机工程学对体验设计最大的影响在于其提供了"设计研究"的理论与方法。最早进行设计研究的专家是阿尔文·狄里，他被公认为人类因素研究方面最具有权威的专家之一，也是 1960 年德雷夫斯的《人体比例》一书的合著者之一。该书后来又被进一步设计成了带侧轮盘的"人体测量"图形卡（图 10-7），工程师和设计师可以通过转动轮盘的刻度，检索到不同身高的人体在不同状态下参数的变化。此外，作为德雷夫斯设计事务所的重要成员，狄里曾经参与设计了贝尔电话机、胡佛真空吸尘器、宝丽来相机、韦斯特克洛斯闹钟、霍尼韦尔温度自动调节器、约翰迪尔拖车等重要的工业产品的设计。《人体比例》是一本汇集了很多有用信息的人体测量学百科全书。狄里以敏锐的目光领先于他的时代，直到他开始做这项工作多年之后，设计研究才真正成为一门学科。

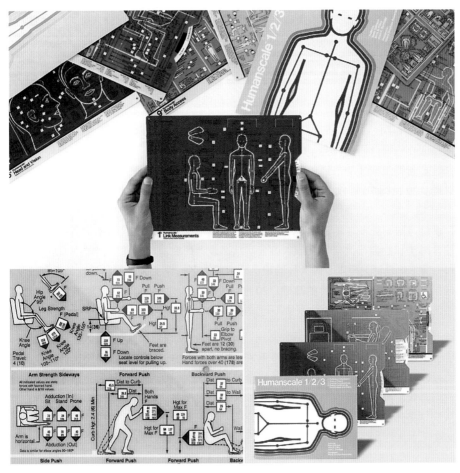

图 10-7 狄里设计的带侧轮盘的"人体测量"图形卡

亨利·德雷夫斯、雷蒙德·罗维和阿尔文·狄里等第一代工业设计大师从产品设计的角度，首次将"用户研究"引入设计领域。从此，设计不再是设计师艺术风格的表达，而是有目的、有计划、需要验证的组织行为，研究和方法成为设计过程和决策必不可少的部分。例如，德雷夫斯的经典作品是贝尔电话机，他通过反复的前期调查研究和可用性测试保证了这种电话机易于使用。其外形美观简洁，方便清洁和维修，并减小了损坏的可能性。这一设计大获成功，德雷夫斯因此成为贝尔公司的设计顾问。德雷夫斯的设计还包括蒸汽火车机车、立拍得相机、室内湿度计等。德雷夫斯在 1959 年设计的公主电话成为家庭时尚装饰的代表(图 10-8, 右上)。

图 10-8　德雷夫斯主持设计的工业产品包括电话、相机、湿度计和火车

20 世纪 60 年代，设计研究开始在英国出现。1967 年，英国皇家艺术学院教授布鲁斯·阿彻尔发起成立的设计研究协会（Design Research Society）推动了 20 世纪 70 年代设计方法运动的兴起。阿彻尔教授的书籍《设计认知和企业创新》系统梳理了设计方法，包括流程、决策和管理。20 世纪 70 年代人们对计算机人机界面的探索也推动了该领域的发展。从 20 世纪 80 年代开始，更多的心理学家、人类学家开始关注设计研究。人机交互的理论基础是认知心理学，设计方法则更多地源自软件工程。1980 年，产品设计咨询公司的理查德森·史密斯雇用心理学博士和社会行为科学家加入该公司从事设计研究。唐纳德·诺曼撰写的《设计心理学》和《情感化设计》两本专著为体验设计研究建立了一个更为成熟的理论体系和方法框架，这些成果奠定了用户体验设计的基础。20 世纪 90 年代，社会学和人类学方法开始进入人机交互领域，成为用户体验理论体系中不可或缺的一部分。

综上所述，用户体验设计的发展可以分为 4 个阶段，从自然哲学的"天人合一"的萌芽阶段，到人机工程学引领的启蒙阶段，特别是用户研究理论与方法的出现，再经过计算机人机界面研究阶段，发展到今天的用户体验设计概念的形成。这一历史进程背后，是人与人工物关系从合一到异化、再到重新合一的历史进程。这个过程也是人类认识自然、改造世界，并从中不断认识与提升自我的旅程。用户体验设计核心在于通过产品与服务带给用户满足感，其深层意义在于对人性与发展的追求，其指向是人类的自由、尊严和幸福。

10.3　计算机与"画板"

体验设计的真正历史得从计算机的诞生开始。现代计算机诞生于 20 世纪 40 年代后半期。1951 年，第一台能够处理数字和文本数据的商用数字计算机（UNIVAC）获得了专利。计算机的诞生并不是一个孤立事件，它是人类文明的必然产物，是长期的客观需求和技术准备的结果。

计算机图形学和虚拟现实之父、ACM 图灵奖获得者伊凡·苏泽兰是交互计算机图形学和图形用户界面的开拓者。1963 年，苏泽兰在麻省理工学院发表了博士论文《画板：一个人机图形通信系统》，他开发的"画板"软件系统可以让用户借助光笔与简单的线框物体交互来绘制工程图纸。该系统使用了几个新的交互技术和数据结构来处理信息。它是人类最早出现的计算机交互设计系统，能够处理、显示二维和三维线框物体（图 10-9）。该论文指出，借助"画板"软件和光笔，可以直接在 CRT 屏幕上创建高度精确的数字工程图纸。利用该系统可以创建、旋转、移动、复制并存储线条或图形（包括曲线点、圆弧、线段等），并允许通过线条组合来设计复杂物体形状。该软件还提供了一个能够放大画面 2000 倍的图纸管理功能，可以提供大面积的绘画空间。"画板"软件是一个划时代的作品，其中的"亮点"包括利用内存来存储对象、曲线控制、高倍放大或缩小画面、曲线拐点、相交点和平滑点描述和操作等概念，这些概念可以说是如今所有图形设计软件的基础。

图 10-9　苏泽兰发明的"画板"可以通过光笔在屏幕上画出图形

在任哈佛大学电气工程学院副教授期间，苏泽兰还从事人机交互和虚拟现实的研究。他在 1965 年撰写的名为《终极的显示》的论文中，首次提出了虚拟现实的基本思想。从此，人们正式开始了对虚拟现实技术的研究探索历程。苏泽兰和他的学生罗伯特·斯普若一起承担了贝尔直升机项目的"远程现实"的视觉系统研究。他们通过利用计算机生成影像来取代相机完成了虚拟现实的环境构建。苏泽兰还在哈佛大学建立了第一个沉浸式虚拟现实实验室并推动了计算机图形学算法的发展。1968 年，他们开发了世界上第一个虚拟现实头盔显示器并命名为"达摩克利斯剑"（the Sword of Damocles，图 10-10）。

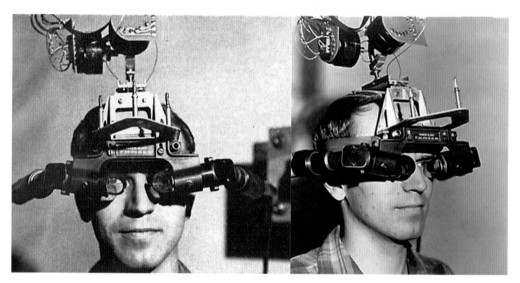

图 10-10　苏泽兰参与研发的 VR 头盔显示器

10.4　桌面图形用户界面发展史

个人计算机时代真正开启了"人机交互"和"交互设计"的大门。随着计算机技术的成熟和发展，该时期的人机交互从以文本为主的字符用户界面（CUI）向以图形为主的图形用户界面（GUI）过渡。20 世纪 80 年代中期苹果公司推出的带有图形界面和鼠标器的 Macintosh 计算机风靡一时（图 10-11，上），而微软也不失时机地推出带有 Windows 界面的个人计算机（图 10-11，下）。从此，图形界面取代了字符界面。图形界面操作直观，用户不加特殊训练也能够很容易掌握，人们再也不用像从前那样记忆计算机文件的名称和路径。由于图形用户界面减轻了计算机操作者的记忆负担以及提供了一个良好的视觉空间环境，计算机应用的门槛大大降低。图形用户界面和多媒体配置成了小型商业计算机和个人计算机的发展方向；用户需求、人机工程、可用性研究等也开始成为设计师所关注的对象。使用者已经成为产品设计中不可或缺的因素。虽然该阶段互联网和数字媒体还有待发展，但大量的信息产品（如光盘、软件、早期互联网和一些数字化机电产品）中已存在着普遍的交互设计内容。图形用户界面的出现也使得交互设计正式走向历史舞台。从 20 世纪 90 年代开始，自然化、人性化和基于用户体验的交互设计开始被广泛应用于产品设计中，特别是以互联网和手机为代表的远程交流和沟通方式成为交互设计的重点。

图形用户界面的产生与计算机信息技术的发展息息相关。20 世纪 70 年代，美国施乐公司的帕洛·阿尔托研究中心（PARC）的研究人员开发了第一个图形用户界面，由此开启了计算机图形界面的新纪元。1973 年，软件工程师艾伦·凯领衔的研究小组开发了阿尔托（Alto）计算机成为当代计算机的雏形。1981 年，施乐公司将阿尔托计算机发展成为"星"计算机（Star 8010）并以 17000 美元的价格推向市场。"星"计算机具备优秀的文档处理能力，多个文档可以并列在屏幕上不相互交叠，用户可以很方便地同时进行处理。这是第一台全集成桌面计算机，包含应用程序和图形用户界面（图 10-12）。著名计算机图形专家大卫·李德

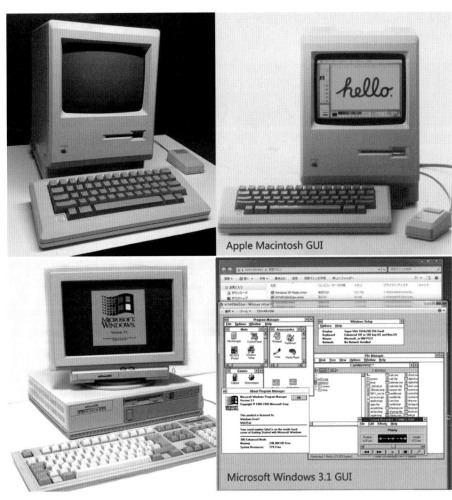

图 10-11　苹果 Mac 计算机（上）和 PC 上的 Windows 3.1（下）

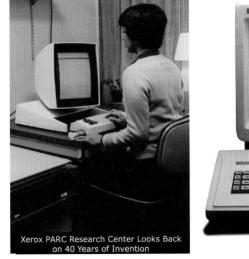

图 10-12　阿尔托研究中心（左）发明的最早的带图形用户界面的计算机（右）

（图 10-13）是该计算机设计的卓越功臣之一，他提出的一系列关于交互设计的思想仍然影响着当代设计界。

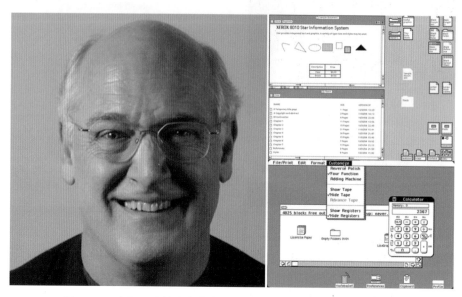

图 10-13　大卫·李德（左）和世界上最早的 GUI 界面 "星"（右）

1975 年，比尔·盖茨和史蒂夫·乔布斯参观了阿尔托计算机，随后分别将其图形用户界面发展成为 macOS 和 Windows 视窗界面。计算机交互研究学者、卡内基梅隆大学教授马克·瑞格认为：阿尔托和 "星" 计算机 "是一个非常早期的、带有某种自我意识的交互设计的范例"，是基于 "界面隐喻" 的 "交互设计" 的起源。大卫·李德指出：交互设计的发展是一个从 "技术粉丝" 到 "大众体验" 的迭代过程。当一个新技术刚出来时，使用它的都是 "技术粉"。他们大多数是科学家、工程师并有着深厚的技术基础，他们只醉心于技术本身。而在专业用户阶段，使用这些技术的人往往不是 "终端用户"，购买设备的决策者并不关心用户体验，他们关心的是价格、技术规格和售后服务，而专业技术人员在潜意识中并不希望技术太容易被掌握，因为只有这样才能凸现他们的专业地位和价值。在消费普及阶段，普通人对于技术本身并不感兴趣，人们关心的只是技术能为他们做什么；在这个阶段使用计算机和通信技术的是大量没有专业背景的普通人，相比计算机技术人员而言他们是普通大众，所以会性急，有破坏性，还容易开小差。针对这些人群所要展开的设计，相比为技术专家的服务具有更多的挑战性，而目前这个市场正在以几何级数快速扩张，越来越多的高科技产品正在进入普通人家，而这就是体验设计师要着力发挥的地方。

从计算机发明到第一个图形用户界面出现，在半个多世纪的发展历程中，以苹果和微软操作系统为代表的桌面图形用户界面的样式和交互形式在不断更新，并随着计算机性能的提升和显示质量的提高，其图标、窗口、菜单、导航、背景和交互方式都发生了翻天覆地的变化。更具象、更丰富的表现使得计算机真正成为易学、易用、功能强大、界面友好和具备更自然情感体验的 "人类助手"。操作系统的界面设计历史生动而形象地代表了过去 50 多年信息科学与人机交互的进化趋势（图 10-14），而计算机的进一步智能化、人性化和情感化则是今后人机交互的发展方向。

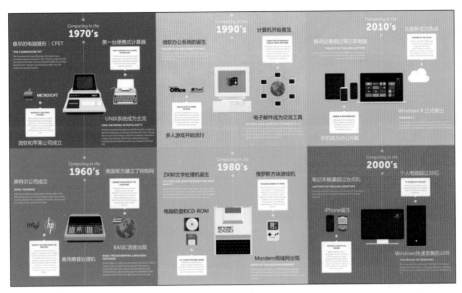

图 10-14　过去 50 多年计算机与信息化的发展趋势

10.5　互联网与人机交互

如果说，19 世纪末电报和电话的发明奠定了现代通信的基础，那么，20 世纪中后期计算机的崛起无疑是互联网产生的最为重要的物质条件。和"图灵机"对计算机发明的影响一样，互联网最初的理论指导则要上溯到麻省理工学院科学家范内瓦·布什（图 10-15）在 1945 年提出的"超文本"思想。正如历史学家迈克尔·雪利所言："要理解比尔·盖茨和比尔·克林顿的世界，你必须首先认识范内瓦·布什。"正是因其在信息技术领域多方面的贡献和超人远见，范内瓦·布什获得了"信息时代的教父"的美誉并成为美国《时代》杂志的封面人物。1945 年 7 月，范内瓦·布什在美国《大西洋月刊》（*Atlantic Monthly*）杂志上发表了一篇著名的论文《诚如所思》（*As We May Think*，图 10-15）。布什设想了一种能够存储大量信息，并能在相关信息之间建立联系的机器——"麦麦克斯系统"（Memex）。该系统可以使任何一条信息直接自动地选择另一条信息，这就是超文本的最初概念。

在布什发表的另一篇论文中他又提出这种机器（媒体）能够把视频和声音集成在一起，而这也恰恰是 Web 网络的核心思想。互联网的核心概念之一就是"超文本"，就是通过网络链接的形式将文本相互联系起来。超文本的首次实际使用是 20 世纪 60 年代中期，由美国著名发明家道格拉斯·恩格尔巴特和同事在斯坦福研究所开发的"OnLine 系统"上进行的。

恩格尔巴特是计算机界的一位奇才，自 20 世纪 60 年代初期，在人机交互方面做出了许多开创性的贡献。他出版著作 30 余本，并获得 20 多项专利，其中大多数是今天计算机技术和计算机网络技术的基本功能。他所发明的鼠标、多视窗界面、文字处理系统、在线呼叫集成系统、共享屏幕的远程会议、超媒体、新的计算机交互输入设备和群件等已遍地开花。如果你此刻正在使用鼠标、互联网、视频会议、多窗口界面（如微软公司的 Windows 和苹果公司 macOS 系统）、图文编辑软件（如 Word 2020）等，请不要忘记向这个前辈致敬（图 10-16）。

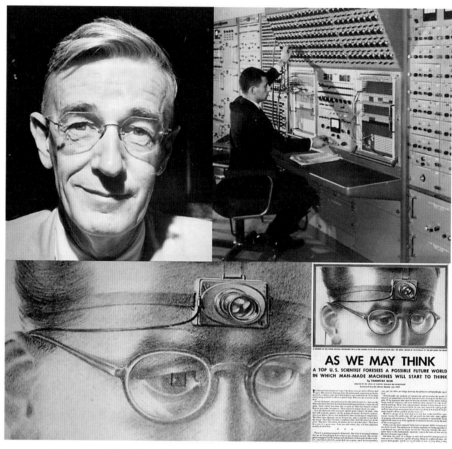

图 10-15　布什和其工作照片（上），论文《诚如所思》和题头图（下）

图 10-16　著名发明家恩格尔巴特是一系列数字产品的发明人之一

1968 年秋，恩格尔巴特首次演示了非线性文本系统，这一系统在以下两方面取得了突破。一是采用位图（bit map）原则。也就是计算机屏幕上的每个像素被分派给计算机存储器中的一小块，每小块存储数据显示为一个点（像素）。如果像素亮起来，点的值便是 1；如果像素暗下去，点的值便是 0。整个屏幕因此既是像素构成的栅格，又代表了计算机存储器的二维空间。二是鼠标的使用。鼠标是通过图形界面进行直接操作的关键设备。屏幕上与之对应的光标是用户在数据空间的代表。有了它，用户便得以进入虚拟空间，而且实实在在地对空间中的对象加以操纵。1979 年，施乐 PRAC 研究中心的科学家拉瑞·泰斯勒演示了窗口、图标、菜单，还有随着鼠标而移动的光标。由此，恩格尔巴特获得了 1997 年 ACM 图灵奖。

1965 年，计算机信息技术专家泰德·纳尔逊（Ted Nelson，图 10-17，上）在恩格尔巴特的实验基础上提出了"超文本（hypertext）"和"超媒体（hypermedia）"的概念。超文本以非线性方式组织文本，使计算机能够进行信息共享，由此形成了因特网的雏形。因特网起源于美国国防部高级研究计划署（ARPA）的阿帕网（ARPANet），其初衷在于探索利用分时计算机的优势解决运算瓶颈的问题，同时也避免战争时期由于主机瘫痪所造成的损失。麻省

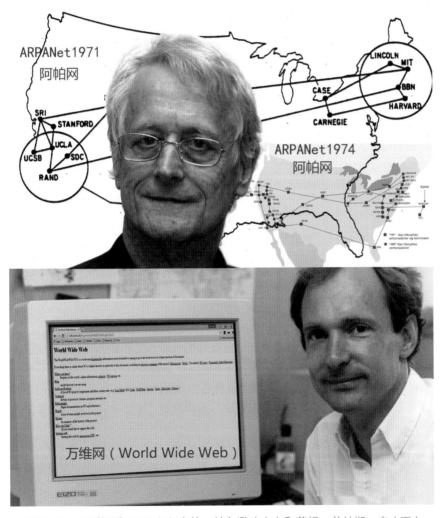

图 10-17　互联网和 Web 之父泰德·纳尔逊（上）和蒂姆·伯纳斯·李（下）

理工学院高级研究员拉里·罗伯茨负责主持阿帕网联网项目。1968 年 6 月，罗伯茨正式向 ARPA 提交了一份题为"资源共享的计算机网络"的报告，提出首先在美国西海岸选择 4 个结点进行试验，即加州大学洛杉矶分校（UCLA）、斯坦福研究院（SRI）、加州大学圣巴巴拉分校（UCSB）和犹他大学（UTAH）。1969 年 10 月 29 日阿帕网试验成功。具有 4 个结点的阿帕网正式启用。1989 年，英国科学家蒂姆·伯纳斯·李（Tim Berners-Lee，图 10-17，下）在欧洲粒子物理实验室工作时提议用超文本技术建立一个全球范围内的多媒体信息网，这就是后来大名鼎鼎的万维网（World Wide Web）。

10.6 交互设计里程碑

自 20 世纪 30 年代以来，交互设计经历了人机界面到人机交互的发展历史，其主要发展阶段包括以下 4 个阶段。

（1）初创期（1959—1970 年）：1960 年，麻省理工学院的心理学教授、美国计算机科学家约瑟夫·利克莱德在其出版的《人与计算机共生》一书中，首次提出"人机紧密共栖 (human-computer close symbiosis)"的概念，被视为人机关系学的启蒙观点。利克莱德在担任 ARPA 信息技术负责人期间，主持建立了最早的计算机局域网，将布什的思想转化为现实，并由此奠定了互联网的基础。1969 年，英国剑桥大学召开了第一次人机系统国际大会，同年第一份专业杂志"国际人机研究 (IJMMS)"创刊。可以说，1969 年是人机界面学发展史上的里程碑。

（2）奠基期（1970—1979 年）：1970 年美国硅谷帕洛·阿尔托研究中心（PARC）成立。PARC 的研究成果包括操作系统图形用户界面、激光打印、局域网和桌面出版软件等（图 10-18，上）。很多公司，如 3COM、Adobe 和苹果等都是在 PARC 的发明上才建立起来。在 20 世纪 70 年代，PARC 的计算机科学家艾伦·凯及同事拓展了恩格尔巴特和苏泽兰的人机界面的构想，并由此创建了图形用户界面和"桌面隐喻"等人机交互操控技术。随后，苹果公司总裁史蒂夫·乔布斯在 1983 年正式推出了 Macintosh 系统并成为全球最早的图形用户界面家用计算机（图 10-18，下）。

（3）发展期（1980—1995 年）：20 世纪 80 年代中期代表了"个人计算机时代"的开始。此时，以大规模集成电路为特征的第四代计算机终于进入了图形用户界面时代，个人计算机开始走入千家万户，成为人们办公、娱乐和教育的新的形式。软件的剧增、计算机功能的复杂化和大量非专业用户的需求和抱怨交织在一起，这些成为交互设计发展的动力。人机工程学、工业设计、用户界面设计和用户体验研究等领域也取得了重要进展，并为交互设计思想的诞生提供了土壤。特别是，认知心理学的研究成果，如学习、记忆、疲劳、注意、情感和视觉的生理心理机制的研究为交互设计提供了重要依据。

（4）深入期（1995—今）：20 世纪 90 年代后期至今的 20 多年，是互联网和移动媒体高速发展的时期。交互设计成长为综合了视觉设计、心理学、计算机科学、工业设计、图书馆学、人类学、行为经济学、市场学、工业设计和建筑学等多个领域的跨界学科。交互设计的理论、思想、方法及其在各领域的实践日趋成熟。特别是 2005 年苹果智能手机的出现代表了人类从"鼠标交互"进入了"指尖滑动交互"的新时代。智能手机带给用户界面设计新的思维。扁平化、简约化成为新的美学形式。在智能手机时代，明亮的色彩、几何卡片式布局、手指的触感、流动的窗口和跳跃的文字带给人们更多的视觉冲击和新的交互体验（图 10-19）。

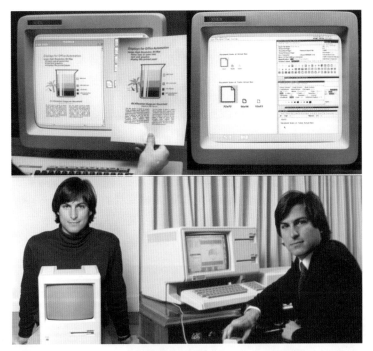

图 10-18　阿尔托研究中心的图形用户界面（上）和苹果计算机的诞生（下）

图 10-19　微软 Windows 8 Metro 的用户界面风格

10.7 莫格里奇与IDEO

比尔·莫格里奇（图 10-20，右）不仅是交互设计理论的奠基人，也是一名卓越的工业设计师。莫格里奇在中央圣马丁艺术学院学习工业设计后，曾经在美国从事医疗设备的设计工作。他于 1969 年在伦敦成立了自己的设计事务所。10 年后，赶上硅谷计算机革命的浪潮，他在加利福尼亚州建立工作室，其中最重要的贡献就是便携式计算机的设计。1980 年，莫格里奇受 GRiD 公司委托，参与设计一种面向旅行商务人士的轻型便携式计算机。他设计了一种可折叠的计算机，使屏幕和键盘像蛤壳一样彼此面对。1981 年 GRiD 公司推出 Compass 笔记本计算机（图 10-20，左），该计算机采用镁合金外壳，黄色黑色平板等离子显示屏，价格超过 8000 美元。莫格里奇不仅是世界第一台笔记本计算机的设计者，而且也是便携式计算机领域众多创新概念的创造者，其中"翻盖"概念的提出为笔记本计算机节省空间和保护屏幕及键盘提供了实用的解决方案，因此后来被广泛用于笔记本计算机和手机的设计。

图 10-20 莫格里奇（右）参与设计的 GRiD Compass 笔记本计算机（左）

正是在 GRiD Compass 笔记本计算机的设计过程中，莫格里奇发现了交互设计的重要性。正是由于他开始不仅参与硬件设计，而且还参与软件设计，他敏锐地感到这个工作充满挑战性。但很长一段时间，这些工作都是由那些不太了解人体工程学的工程师完成的。因此，用他的话说："我必须学会设计交互技术而不仅仅是面向物理对象。"通过出版《设计交互》一书，莫格里奇系统介绍了交互设计发展的历史、方法以及如何设计交互原型。莫格里奇指出：只有通过交互设计创建的产品才能更易于为人类使用，而避免仅仅由工程师为执行某项任务而构建的机器所导致的一系列问题。由此，莫格里奇把工业设计、人体工程学的思想推进到软件与硬件设计的领域，并使之成为用户体验设计的基础。

1991 年，莫格里奇将自己的 ID Two 和毕业于斯坦福大学产品设计系的戴维·凯利的设计室（DKD）以及 Matrix Product Design 合并，成立 IDEO。莫格里奇从单词（ideology）思想中取名 IDEO，意味着该公司主要以"概念设计"和"创意"为根本。作为电子工程师，戴维·凯利曾在波音公司和 NCR 工作，拥有斯坦福大学产品设计硕士学位。目前 IDEO 已成为全球最大的设计咨询机构之一，员工超过 1000 人，在纽约、伦敦、上海、慕尼黑和东京等地均设有分部。IDEO 客户包括可口可乐、宝洁、麦当劳、福特、三星、BBC、美国国家航空航天局（NASA）和沃达丰（Vodafone）等。2010 年，莫格里奇编著出版了《设计交互》的姊妹篇——《设计媒体》（Design Media，图 10-21）。他通过采访马克·扎克伯格等人，详细研究了新媒体的发展历史，认为社交媒体与分享会成为交互设计未来发展的重要部分。

2009 年，美国总统夫人米歇尔·奥巴马向莫格里奇颁发了"美国全国设计奖：终身成就奖"。2010 年，他获得了爱丁堡公爵颁发的"菲利普王子设计师奖"。英国皇家艺术学会在公布该提名时写道："莫格里奇的突出贡献在于他不仅具有一个工业设计师的创意及可视化的表现能力，而且能够将无形的数据以及人类的感受进一步形象化。"莫格里奇对用户体验设计、交互设计及设计思维的贡献永载史册。

图 10-21　莫格里奇编著的《设计交互》以及《设计媒体》

莫格里奇对设计思维的探索也启发了其他思想者，其中，库珀交互设计公司总裁艾伦·库珀就是交互设计领域的另一位旗手。库珀曾在 IDEO 设计公司工作，并归纳总结了"目标导向设计"（goal-directed design）的方法，给设计师提供了一个实用的操作指南。此外，他还开发了用户画像的设计流程和方法。1988 年，他发明了一种动态可扩展视觉化编程工具 Visual Basic，随后卖给了微软并获得"Visual Basic 之父"的称号。1998 年，库珀出版了《交互设计之路——让高科技回归人性》一书，首次诠释了交互设计方法和流程。1995 年，库珀出版了《交互设计精髓》。2003 年，库珀和罗伯特·莱曼合著的《软件观念革命——交互设计精髓》更全面地阐述了交互设计的理论和一整套实践方法。

案例研究：交互式博物馆

参观博物馆或艺术馆是对各地文化最好的体验。但国内大多数博物馆在展示内容和形式上没有创新。展示内容脱离观众的实际生活，没有新鲜感和趣味性；展示方式主要还停留在传统的静态陈列层面，而观众已经厌烦了这种参观模式，渴望参与其中，与展览进行互动。博物馆或艺术馆的游览，特别是大型以图片展示为主的场馆，往往游客会在即将结束时感到身心疲惫，兴趣大减。如何解决这个问题？位于美国纽约曼哈顿的库珀·休伊特史密森设计博物馆（图 10-22，上）就提供了一种不寻常的解决思路。该设计馆前台工作人员除了提供导游图、胸牌和带有唯一标识码的门票外，还提供每个游客一支定制的光笔（图 10-22，下）。

图 10-22　博物馆及其提供给每个参观者的定制光笔

　　这支光笔的神奇之处在于它能够帮助你记忆。史密斯设计博物馆内几乎所有的展品旁边都有带有＋字标签的标牌，游客只要把笔的末端对准标牌并按住，就可以把这件展品"存入"该设计馆网站为该游客保留的"个人空间"，"个人空间"中有您感兴趣的图片、文字、影像、声音等文件。游览完的游客通过输入门票上的密码（图 10-23，上）就可以进入自己的虚拟空间，欣赏自己在该设计馆的足迹和保存下来的感兴趣的展品资料，如您对这款 20 世纪 70 年代英国 Bromption 生产的折叠自行车（图 10-23，下）感兴趣，就可以通过光笔将这款折叠自行车的全部历史资料，包括文字、图片和音频等保存到自己的个人空间。通过这种方式，史密森设计博物馆创新了博物馆的游览方式，通过这个光笔与展品和交互桌面之间的互动，不仅让游客得到了更丰富的体验，而且通过存储作品与足迹，让游客保存博物馆带来的温馨回忆。史密斯设计博物馆通过这个服务设计的创意深化了游客的体验。

图 10-23　光笔可以通过智能识别来收藏和记录展品信息

不仅如此，史密斯设计博物馆还通过各个展厅中的交互桌，让游客特别是儿童探索博物馆的交互虚拟空间（图 10-24，上和下）。观众不仅可以拖曳不同的图片并进行拼贴、涂色、变形等有趣的组合游戏，而且可以查阅数据库中的 4000 多件作品和 200 多个体验项目。观众甚至可以用光笔和手指来设计自己的图案、三维模型产品，如家具、服饰等并保存在自己的个人空间（图 10-24，中）。这个交互桌吸引了众多的游客，也让游客通过互动体验，对设计馆陈设的内容有了更丰富的认识。这种寓教于乐的方式突破了一般博物馆的展陈与体验方式，对于数字环境下成长起来的新一代来说，是一种更自然的学习与交流的模式，特别值得国内博物馆借鉴。

图 10-24　博物馆的交互桌可以让参观者进行创意游戏

思考与实践

一、简答题

1. 举例说明用户体验设计思想源于哪些学科。

2. 德雷夫斯"为人而设计"的观念对体验设计有何启示？

3. 从图形用户界面的发展历史说明人机交互的趋势是什么？

4. 莫格里奇对于交互设计最大的贡献是什么，对用户体验设计有何启示？

5. 交互设计、服务设计与体验设计往往有着共同的历史文脉，请说明其原因。

6. 交互设计发展可以分为哪几个阶段？其代表性产品有哪些？

7. 举例说明博物馆如何创新观众的互动体验与多重感官体验。

8. 交互设计、体验设计与数字时尚有何联系？什么是数字生活设计？

9. 简述当代装置艺术如何通过创新观众的体验来吸引游客。

二、实践题

1. 由日本 teamLab 打造的全球首家数字艺术博物馆将自然互动的娱乐体验发挥到了极致。可以触摸改变颜色和声音，并能够相互"传染"的气球吸引了众多的游客（图 10-25）。请调研本地商业中心并以多人共同体验为主题，提出一个基于创新交互设计的数字娱乐方案。

图 10-25　日本 teamLab 设计师打造的智能气球互动娱乐体验项目

2. 柳冠中教授认为设计应该从"物"转到"事"，即关注人 - 环境 - 事件。请针对游泳的互动体验展开联想，设计一个探索、健身和游戏一体化的游乐项目（产品和服务），如冰桶挑战、与鱼同乐、水下探险、美人鱼、双人冲浪等。

第 11 课

体验设计心理学

////////////

　　心理学是研究心理现象的科学，主要研究人的认知、动机、情绪、能力和人格等。心理不同于行为但又和行为有着密切的关系。因此，心理学有时又被认为是研究行为和心理过程的科学。用户体验研究离不开对人类行为方式的理解，因此心理学是用户体验设计不可或缺的理论基础之一。心理学家唐纳德·诺曼认为：产品设计必须要考虑到功能性、可用性和情感化这 3 个层面才能打动用户，也就是将本能层、行为层和反思层完美融合。本课的内容包括格式塔心理学、注意力与设计、情感体验设计、色彩与体验设计、激励与说服心理学以及体验设计 6 法则。本课的目标就是通过阐明人类视觉及感知的规律与法则，让设计师能够有意识地避免设计中的"陷阱"，充分理解体验设计与 UI 界面设计过程中的原理与方法。

11.1 心理学与体验设计

心理学是研究心理现象的科学，主要研究人的认知、动机、情绪、能力和人格等。心理不同于行为但又和行为有着密切的关系。因此，心理学有时又被认为是研究行为和心理过程的科学。用户体验研究离不开对人类行为方式的理解，因此心理学是用户体验设计不可或缺的理论基础之一。例如，根据美国心理学家米勒在 1956 年发表的论文《神奇的数字 7±2：我们加工信息能力的某些限制》可知，人脑处理信息有一个魔法数字 7±2 的限制。也就是说，人的大脑最多能够同时处理 5 到 9 个信息块，当超过 9 个信息块后，大脑出现错误的频率会大大提高（图 11-1，上）。数以百计的实验证明了这种"大脑内存"限制的普遍性。这种心理现象对交互产品设计有着重要的影响，例如对 App 菜单和栏目的设计。基于信息分类与"区块化"的工具栏设计对减轻记忆负担是非常有用的方法（图 11-1，下）。米勒认为，信息分类或者"分块"是良好用户体验的关键，而"7±2"的极简主义规则也成为用户界面设计中被广泛采用的设计理念之一。简而言之，由于大脑工作记忆（短期记忆）的局限性，随着数字产品功能越来越丰富，界面不可避免地会变得越来越复杂，也导致用户在操作时必须管理更多信息，这使得"米勒记忆定律"变得至关重要。

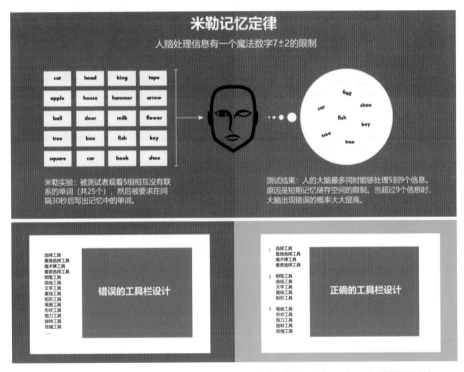

图 11-1　米勒记忆定律或神奇数字"7±2 法则"被广泛应用在用户界面设计中

米勒记忆定律的意义在于：人类可以处理的信息量是有限的，信息过载会导致分散注意力，从而对产品性能或者服务产生负面影响。因为当你向产品添加更多功能时，产品的界面必须能够容纳这些新功能，而同时又不会破坏产品界面的框架和视觉体验。米勒记忆定律同样适用于组织架构设计，如扁平化管理可以有效地提升团队的工作效率。"首因和近因效应"或"信息位置效应"也与米勒记忆定律相关。该定律用来描述信息的顺序对记忆的影响。

美国心理学家赫尔曼·艾宾浩斯（著名的艾宾浩斯遗忘曲线的发现者）在 1957 年首次提出了"首因效应"现象，即先呈现的信息比后呈现的信息有更大的影响作用。艾宾浩斯等人进一步研究发现，新近获得的信息对用户体验和记忆也有重要的影响，这个现象叫作"近因效应"。人们在背诵单词时，往往会记住开头和结尾处的单词而忘记中间的词汇。同样，传统的购物支付方式非常烦琐，而"扫码支付"可以让用户购物支付快捷简单，从开始就获得了良好的体验（图 11-2，左）。同样，对游客来说，结尾的体验往往更重要。虽然游客常常抱怨迪斯尼乐园到处排队、东西很贵、又乏又累，但游览结束时会收到景区赠送的折扣购物卡（图 11-2，右），这个小礼物会让游客感到意外的惊喜。因此，无论是线上设计还是线下服务，利用首因和近因效应设计出"凤头"和"豹尾"的体验至关重要。

图 11-2　首因效应和近因效应在用户体验设计中应用广泛

此外，以英国心理学家威廉·希克命名的"希克定律"也是与米勒记忆定律相关的心理感知现象，并被广泛用于体验设计。希克指出，当有更多选项可供选择时，人们会花费更长的时间做出决定，也就是一个人做出决定所需的时间取决于选项数，即希克公式 $RT=a+b\log_2 n$。其中，用户做出决定的响应时间（RT）与选项次数（n）存在正相关的关系。对设计师来说，希克定律意味着用户与界面的交互时间与可交互的选项数量相关。因此，复杂的界面会导致用户的决策时间更长。当界面过于复杂、信息不够清晰时，用户往往需要更多的认知负荷才能完成任务，自然体验就不够好。如果我们比较一下"滴滴出行"与"美团"改版前后的用户界面设计，就可以发现界面信息的复杂度带给用户的感受（图 11-3）。虽然二者改版的初衷都是服务项目（功能）的增加，但从希克定律上看，"美团"改版（图 11-3，右）的用户界面设计明显要比"滴滴出行"的改版（图 11-3，左）更为成功。

用户体验设计本质上是一门设计师将他们对人类行为的预测、洞察或研究应用于信息产品开发的学科。因此，用户体验设计师可以说是一位有着各种疑问并带着速写本的心理学家。早在 21 世纪初，唐纳德·诺曼就通过对人类认知的系统研究奠定了交互设计的理论基础。他对各种认知错误以及如何优化计算机系统以减少或消除这些错误提供了一系列指导方针。同样，2020 年，资深设计师乔恩·亚布隆斯基在其出版的《用户体验法则：运用心理学来设计更好的产品和服务（*Laws of UX*）》一书（图 11-4）中，系统总结了用户体验与交互设计经

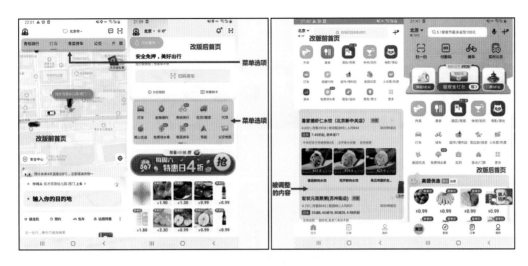

图 11-3　滴滴出行（左）与美团（右）App 改版前后的用户界面设计

常会用到的心理学法则和定律。该书不仅为交互设计和服务设计提供了设计指南，同时也为信息设计及企业组织架构设计提供了有益的参考。

图 11-4　《用户体验法则》一书的封面（左）与章节首页图（右）

11.2　格式塔心理学

20 世纪初，一群德国心理学家试图解释人类视觉感知是如何工作的。他们观察了许多重要的视觉现象，并对此进行分类，其中重要的发现就是人类的视知觉是整体的：格式塔或完型心理学建立了一个心理模型来解释认知过程。该理论认为人类的视知觉判断有 8 个原则，即整体性原则、组织性原则、具体化原则、恒常性原则、闭合性原则、相似性原则、接近性原则和连续性原则（图 11-5，上）。德语中"形状"或"图形"一词是格式塔（Gestalt），因此这些理论被称为格式塔的视觉感知原理。现代科学证明，认知心理是通过"模式识别"或"图形匹配"来实现的。人们在进行观察的时候，倾向于将视觉内容理解为常规的、简单的、相连的、对称的或有序的结构。同时，人们在获取视觉感知的时候，会倾向于将事物理解为一个整体，而不是将事物理解为组成该事物所有部分的集合。设计师应该遵循这些原则进行设计。例如，设计师在展示全球碳排放的信息图表中，采用不同面积泡泡（接近性原则）来表示定量数据（图 11-5，左下），同时图表颜色和世界各洲的颜色相对应。同样，图 11-5 右下的关于牛的身体各部位标记示意图则是巧妙利用了组织性原则的设计范例。

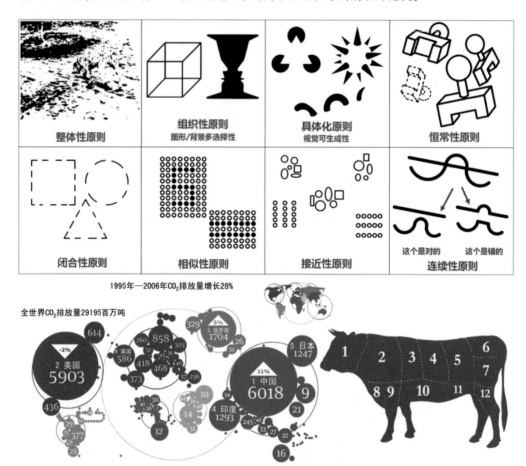

图 11-5　格式塔心理学的 8 个认知规律原则（上）及应用范例（下）

　　格式塔的视觉感知原理与 8 项原则在用户体验设计与交互设计中同样有着广泛的应用。例如，在关于短租民居的网页设计中，设计师常犯的错误就是首页民宿照片的面积过大，而相对忽略了标题、留白与文字信息的协调一致（图 11-6，右上）。用户会迷失于图片与背景文字的丛林中，难以快速把握主要的信息，如民宿的特色及服务、环境和价格、房东的亲和力以及交通、网络等因素。根据格式塔图形 / 背景的选择性原则，设计师改版后页面（图 11-6，左上）简洁清晰、标题与文字的版式视觉统一，照片更有特色和魅力。这个改版不仅突出了主题与特色，而且去掉了原版式中容易混淆的元素（图中①②），背景图裁切掉③的区域，图片 / 背景接近黄金分割比，符合人们的视觉习惯。同样，另一组"我是房东"的界面设计暴露了更多的问题（图 11-6，右下）。从改版前的页面来看，边框留白太大，标题位置太高（图中①）、按钮、导航、文字与图片等几种元素的分布较为凌乱（图中②③④⑤⑥），整体版式不统一，主题与服务特色不够醒目，而且部分链接字体太小，导航不清晰。改版后的页面有效地避免和修正了上述问题，而且更好地体现了格式塔相邻性（接近性）与相似性原则。特别是通栏图像的使用，突出了民宿的主体与特色，标题更清晰，整体版式的风格也更统一（图 11-6，左下）。

图 11-6　短租民居的网页设计的心理学（改版前后变化）

　　格式塔心理学的另一个应用是在视错觉设计领域。视错觉就是当人观察物体时，基于经验或不当的参照形成的错误判断和感知。日常生活中的视错觉的例子有很多，如法国国旗红、白、蓝三色的比例为 35:33:37，而我们却感觉三种颜色面积相等。这是因为白色给人以扩张感觉，而蓝色则有收缩的感觉。同样，红色会使人有"前进"的感觉而蓝色会产生"后退"的体验。保险箱多为黑色或者墨绿色等"沉重"的颜色，而包装纸箱则保持了纸浆的原色（浅褐色），这和心理重量也是有着紧密联系的。格式塔心理学认为"知觉选择性"是视错觉产生的原因之一。视错觉在用户界面设计、图标设计或者插画设计中普遍存在。例如，按照中心对称将一个三角形置于圆角矩形中，但看起来居中位置总是不对（图 11-7，右中）。所

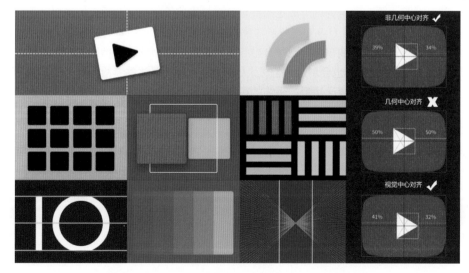

图 11-7　视错觉在用户界面与图标设计中普遍存在（不对称的设计，右中）

以，需要调整三角形重心的位置和几何中点重合（图11-7，右下）或者调整两边色块的比重（图11-7，右上）才能看上去更符合用户习惯。一般"取消"按钮应该用红色警告而"通过"按钮用绿色，这是色彩设计必须和认知习惯一致的范例。而在需要设计出空间感、层次感的界面中，设计师则可以大胆采用带有凹凸阴影的立体图案（图11-8），通过视错觉营造更生动的视觉效果。

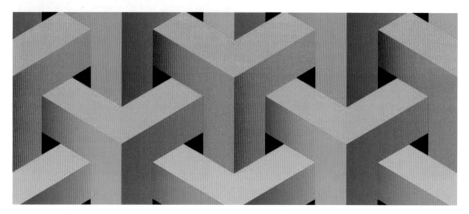

图 11-8　带有凹凸阴影的立体图案会产生视错觉效果

11.3　注意力与设计

19世纪美国心理学家威廉·詹姆斯对"注意"的解释是"心理以清晰而又生动的形式对若干种似乎同时可能的对象，或连续不断的思想中的一种的占有。它的本质是意识的聚集和集中。它意指离开某些事物以便有效地处理其他事物。"注意是指心理活动对一定事物或活动的指向和集中。注意并不是一种独立的心理过程，它是感觉、知觉、记忆、思维、想象等心理过程的一种特性并贯穿于始终。注意维持着记忆、思维等心理过程并使其不断深入。能够引起用户的关注或吸引住用户眼球，是所有产品成功的第一步。

从进化角度上看，注意力的形成是人类与自然环境的不断抗争与适应的过程。例如，美味的食物（色彩和形状，图11-9）、婴儿或儿童的笑容、少女的妩媚、春天的绿色，这些与生命、青春、后代和健康相联系的事物，无疑会带给人愉悦感，并引发人的持续关注。同样，与危险、灾难和恐怖相关的新闻也会引起人们极大的兴趣。为什么路边的事故会让来往车辆减速？这是因为人的大脑在提醒自己注意。恐怖的东西会带来人体本能的抗拒，同样也会使得注意力高度集中。人们在遇到特殊情况，如地震、火灾、抢劫或其他危险情况时，往往会产生肾上腺素分泌、血流加快、心跳剧烈、肌肉紧张等一系列应激反应。因此，和食物、性、后代或是危险相关的图片往往会吸引人的注意力并引发本身的反应（逃避、紧张和好奇心）。同样，任何移动的物体，如影像或动画也会吸引眼球，这可以作为一种危险来临的预警信号。

心理学研究表明：人脸图片是最容易吸引人注意力的内容，甚至在人类的大脑皮层有专门的人脸识别区域。该区域称为梭形脸部区，可以让人脸识别绕过通常的视觉解析渠道，从而得到快速识别。而且该区域距离掌控情绪的杏仁核也很近。因此，从古至今，从波提切利到达·芬奇，很多艺术大师都知道这个奥秘：脸部特征，特别是少女和儿童的脸，是最能够

图 11-9　水果的鲜艳色彩不仅会引发食欲，也会带来美感

吸引观众视线的题材。因此，使用近景人脸图片确实可以吸引注意力。百度贴吧的"神龙妹子团"就策划了一个引爆了朋友圈的 H5 创意广告《一个陌生妹子的来电》（图 11-10，左）。该广告借助少女对白、选择题和动图，来推动故事情节的发展，受到了粉丝们的追捧。色彩设计同样是产品设计、交互设计中不可或缺的要素（图 11-10，右）。

图 11-10　百度贴吧的 H5 创意广告（左）与产品的色彩设计（右）

无论是产品设计还是交互界面设计，采用靓丽的色彩总会吸引用户的目光。此外，高对比度的彩虹色系产品还会特别吸引儿童或女生的注意力，这也是诸如乐高玩具、Mars 巧克力等专卖店所采用的产品营销策略。

心理学研究表明，注意是具有选择性的。在大千世界中，我们每时每刻都接收着数不胜数的视听信息。但是人类的神经加工能力却是极有限的，无法对这些信息做全面的处理。对某些事物的注意往往会导致我们对周围事物"视而不见"。例如，在路上沉迷于低头看手机的人往往会忽视过往交通的危险信号。我们的感觉系统就像计算机一样，如果处理的信息量在其容量之内，还能完好地发挥作用，一旦超负荷就不能正常运行了。因此，对于设计师来说，如何降低用户界面的信噪比就成为提高用户注意力、减轻视觉疲劳的重要手段，这也导致了近年来手机界面简约设计的大趋势。例如，苹果 iOS 早期设计的用户界面（iPhone 4，2010 年，图 11-11，左）采用视觉效果丰富的拟物化设计，在图标设计中加入了光感、色彩和质感等效果。随着手机功能和内容的不断增多，拟物化设计带给用户更多的记忆困扰，在 2015 年推出的 iPhone 8 就采用了扁平化的风格，显著降低了信噪比（图 11-11，中）。在 2017 年推出的 iPhone X 中，这种简约型用户界面的设计风格进一步增强（图 11-11，右）。这种扁平化设计趋势在安卓手机用户界面系统中同样存在。

图 11-11　手机界面简约设计趋势（3 代 iPhone 的界面）

在信息爆炸时代，人们浏览手机或报刊，往往类似于在拥挤的货架上寻找消费品，如果网页内容或界面不能够吸引人，它就会淹没在信息海洋里。国外的一项注意力测试结果表明：大多数用户"扫描"页面持续的时间为 5~10 秒，如不感兴趣就会快速跳转。因此，界面的色彩、线框、符号、文字和图像等要素都应该保持视觉的一致性，简洁而清晰。同时，适当加入视频、大幅照片和动画对于吸引用户注意力非常有帮助。

此外，用户的认知疲劳往往与大量的冗余信息有关。因此，在设计过程中应尽量减少用户的操作步骤。人类具有易疲劳、易出错或判断失误等问题，而机器则更擅长于从事枯燥、单调或笨重的作业以及需要高精度或程序固定的工作。人类比较适合于从事探索性的、有创意的、有兴趣的和灵活性的工作。因此，用户体验设计应该注意易学易用、美观舒适、操作简便、反馈迅速等问题，真正实现以人为本和体贴关怀的设计理念。在界面设计中的视觉原则包括主次分明、简约清晰、美观而富有特色等。设计师应该正确使用视觉语言来引导用户的注意力，减轻记忆负担，提高页面的整体可读性与吸引力。

11.4　情感体验设计

情感是人们对外界事物作用于自身时的一种生理反应，是由需要和期望决定的。当这种需求和期望得到满足时会产生愉快、喜爱的情感，反之则会产生苦恼、厌恶的情绪。人类情感基本上分为很多种，心理学以二分法将情绪分为正向情绪与负向情绪，其中最著名的就是美国南佛罗里达大学教授、心理学家罗伯特·普鲁钦科的倒锥体型立体情感轮盘。在这个色彩情感轮盘上，普鲁钦科确定了 8 个主要情感区域，这些区域的色彩恰恰是处于轮盘的相对位置，如快乐与悲伤、信任与厌恶、恐惧与愤怒、期待与惊奇等（图 11-12）。倒圆锥体的垂直高度代表情感变化的强度。如果展开来看，该色盘从外到内，色彩逐渐加深，表示情感逐渐加强与色彩深化之间的关系。例如，从顺从、接受过渡到恐惧、恐怖，颜色也逐步由淡绿变成深绿。同样，该色盘的相邻色也代表了情感和情绪的相关性，如从暖色系的正面情感（乐观、积极、兴趣）转变为冷色系的负面情感（忧郁、烦躁、忧虑），二者中间也包含如平静、接受、乏味、讨厌等相关的情感。

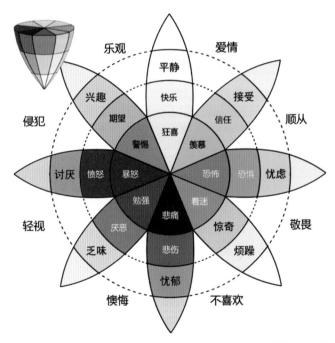

图 11-12　普鲁钦科颜色轮盘可以用来表达色彩与情绪的关系

普鲁钦科模型描述了情感之间的内在联系，这与色盘上的颜色是相对应的。8 个部分被设计来诠释 8 种情感维度。在这一花瓣模型中，位于空白部分的情感是两种基本情感的混合情绪。普鲁钦科提出，这些情感是生理上的原始元素，为了提高动物的生存与繁衍价值而保持下来。随着生物的不断进化，这些情感元素已经成为人类的本能，例如由害怕而激发的"战斗或逃跑"反应。

早在 20 世纪 80 年代，心理学家与计算机科学家就已经开始探索情感对于产品设计的意义。1987 年，美国计算机科学家、马里兰大学人机交互实验室主任班·施奈德曼在他的《设计用户界面》（*Designing the User Interface*）一书中从心理学角度提出了著名的"界面设计的八项黄金法则"（图 11-13，左）。用户体验设计专家，如布朗、尼尔森等人也从各自的角度论述了使用情感和认知心理学知识来改善交互设计的方法。唐纳德·诺曼 2004 年出版的《情感化设计》一书（图 11-13，右）是该领域最广为人知的设计指南。诺曼认为情感是与价值判断相关的，而认知则与理解相关，二者紧密相连不可分割。

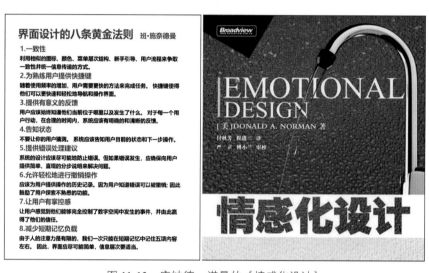

图 11-13　唐纳德·诺曼的《情感化设计》

《情感化设计》一书中将设计分为 3 个层次：本能层、行为层和反思层。所谓本能层，就是能给人带来感官刺激的"活色生香"。人是视觉动物，对外形的观察和理解出自本能。视觉设计越是符合本能水平的思维，就越可能让人接受并且喜欢。而行为层是指用户必须学习掌握技能，并使用技能去解决问题，并从这个动态过程中获得成就感和愉快感。行为水平的设计可能是我们应该关注最多的，特别对功能性的产品来说重要的是性能。是否能有效地完成任务？是否是一种有乐趣的操作体验？这是行为设计需要解决的问题，即功能、易学性、可用性和物理感觉。反思层是指由于前两个层次的作用，而在用户内心中产生的更深度的情感体验。反思水平的设计不仅与物品的意义有关，而且与顾客的长期感受有关。只有在产品/服务和用户之间建立起情感的纽带，通过互动影响了自我形象、满意度、记忆等，才能形成对顾客品牌的认知。换言之，本能层关注的是外观界面设计，行为层关注的是操作行为设计，反思层则关注的是长期印象和品牌形象的建立。这三者相互作用，彼此影响。本能层次的设计是直观的、感性的设计（外形、质地和手感等）；行为层次的设计是思考的、易懂性的、可用性的、逻辑的设计；而反思层次的设计则是感情、意识、情绪和认知的设计，关注产品信息、文化或者效用的意义。一个优秀的产品应该在这三个层次上都进行思考。诺曼认为情感即体验，所有的设计最终都是情感设计（图 11-14）。

情感化设计是否具有神经生理学的依据呢？唐纳德·诺曼认为：人类大脑结构机能进化的三层结构（丘脑、间脑和大脑皮层）就是"情感化设计"的理论基础（图 11-15）。心理学家根据进化史，将人类大脑分成蜥蜴脑、豹脑和人类脑三大部分。蜥蜴脑控制基本的生存和

图 11-14　情感化设计的目标、对象与深层的原因

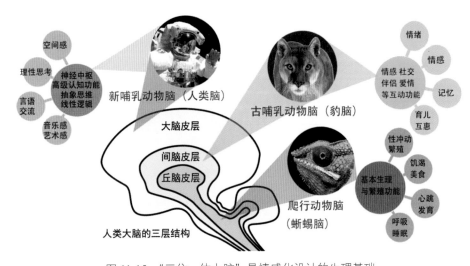

图 11-15　"三位一体大脑"是情感化设计的生理基础

交配本能，对外界信息的处理过程几乎是即时的、下意识的或直觉的。这就解释了为什么审美特性可以不假思索地产生吸引力。豹脑为情感中枢，与情感、情绪、记忆和社交关系密切。在这个层次上，用户体验、情感因素、互动特性以及社交属性对产品的功能与营销产生重要影响。而在人类脑中，理性成分与文化层面的认知占有重要的地位。例如，故事比数据更有吸引力的一个原因是它有比较好的逻辑性，是语言、文化和艺术的体现。故事能够引起共鸣并引发情感反馈，这是产品品牌构建的核心要素。因此，用户和产品之间的交流，其深层都是基于文化、情感和功能层面的交流活动。品牌的塑造是文化体验的重要内容，撰写了《怦然心动：情感化交互设计指南》的心理学家斯蒂芬·安德森认为产品是人格的体现，因此应

该具有 7 种如情侣般的特质：①吸引力（性感、可爱、美丽、优雅）；②社会地位（生活方式、社会阶层、价值体系）；③智慧（聪明、适应性、直观、功能完善）；④诚信度（忠诚、安全、信任）；⑤共鸣（理解、配合、沟通）；⑥理想与追求（创新性、前瞻性、有抱负、积极性）；⑦唤醒与激动（良好的幽默感、惊喜、创造性）。这 7 个特征体现了情感化设计的精髓，也是三层设计原则的具体表达。

情感化思考是用户体验设计的重要内容，如电商的购物打分方式就是传达出一种共鸣感，有助于用户对产品与服务的认可和理解。同样，商家在顾客购买产品后附赠小礼品或者抽奖，也会大大提升顾客对商家和产品的好感度。在体验与服务设计中，惊喜是一种有效的策略，不仅能够快速吸引注意力，而且也会加强正面记忆。基于情感和进化心理学的思考，安德森提出了一个名为"吸引—互动—信任"的情感设计模型（简称"ACT 模型"），即如何借助"三位一体大脑"的假说（蓝色部分）设计出有用的、可用的和令人满意的用户体验（图 11-16）。该模型还以情侣交往历程（激情—亲密—互动—信任—契约）为借鉴（绿色部分），进一步说明如何通过产品的情感化设计来说服别人。

ACT 模型	吸引（A）	互动（C）	信任（T）
设计导向	审美导向	互动导向	个性导向
设计目标	满意度	易用性	可用性
产品要素	审美	互动	功能
爱的形式	激情（爬行类脑）	亲密（古哺乳类脑）	承诺（人类新皮层）
利益类型	享乐利益	实用利益	情感利益
处理层次	本能层面	行为层面	反思层面
反应类型	自动，直觉，本能	互动、对话、感受	关系、记忆
大脑类型	爬行动物脑	古哺乳动物脑	新哺乳动物脑

图 11-16 ACT 情感设计模型

11.5 色彩与体验设计

色彩心理学实验证明色彩具有干扰时间感觉的能力。一个人进入到粉红色壁纸、深红色地毯的房间，另一个人进入蓝色壁纸、蓝色地毯的房间，让他们凭感觉一个小时后从房间里出来，结果在红色房间的人 40~50 分钟就出来了，而蓝色房间的人 70~80 分钟后还没有出来。由此说明人的时间感被颜色扰乱了。蓝色有镇定、安神、提高注意力的作用。而红色有醒目的作用，可以使血压升高，有时可使精神紧张。颜色不仅可以影响时间，还可以影响人的空间感。颜色可以分前进色或后退色，前进色看起来醒目和突出。特别是两种以上的颜色组合后，由于色相差别而形成的色彩对比效果，称为色相对比，其对比强弱取决于色相环的角度，角度越大对比越强烈（图 11-17）。国外有人统计，发生事故最高的汽车是蓝色的，然后依次为绿色、灰色、白色、红色和黑色。蓝色属于后退色，因而在行驶的过程中蓝色的汽车看上去比实际距离远。汽车颜色的前进色和后退色等与事故是有一定关联的。

图 11-17　色相环对应的颜色（对比色）在一起会产生更醒目的感觉

　　色彩是与大自然密切联系的，四季轮回成为人们对色彩的直接体验。暖色系是秋天的主色调，无论是层林尽染的枫叶，还是姹紫嫣红的葡萄、苹果，无不使人垂涎欲滴、胃口大开。橙色代表了温暖、阳光、沙滩和快乐，而且橙色创造出的活跃气氛更自然。橙色可以与一些健康产品搭上关系，例如，橙子里有很多维生素 C。黄色经常可以联想到太阳和温暖，黄色则带给人口渴的感觉，所以经常可以在卖饮料的地方看到黄色的装饰，黄色也是欲望的颜色。橙黄色往往和蓝绿色、紫色形成鲜明的对比，并给人带来无限的遐想和温馨的感觉（图 11-18）。色彩同样有着象征性与文化的含义。绿色是自然环保色，代表着健康、青春和自然。不同明度的蓝色会给人不同的感受。蓝天白云、碧空万里代表着新鲜和更新，蓝色给人冷静、安详、科技、力量和信心之感。现代工厂墙壁多用清爽的蓝色，起到降低工人疲劳度的效果。同样，医护人员的服装也多采用淡蓝色和绿色（图 11-19）。

　　色彩设计也是产品营销的秘诀。例如，星巴克每年都会在不同的节假日推出富有季节特

图 11-18　橙黄色往往和蓝绿色、紫色形成鲜明的对比

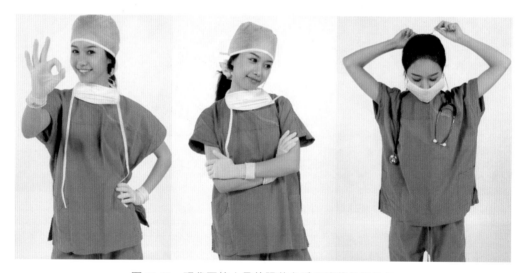

图 11-19　现代医护人员的服装多采用淡蓝色和绿色

色的限量纸杯。从 1997 年开始，为了庆祝圣诞节，星巴克推出了多款特色纸杯。因为这些纸杯添加了各种圣诞节符号，如圣诞树、麋鹿和雪花（图 11-20）等，因此受到了消费者的热烈欢迎。2016 年，星巴克推出 13 款不同的圣诞节限量纸杯。这些杯子并不是星巴克的设计，而是从 1200 名民间设计师作品中挑选出来的优胜者（图 11-21）。"杯子经济"是隐藏在星巴克咖啡业务背后的功臣。数据显示，每到圣诞季，星巴克的销售数字都会格外好看。不只是圣诞季，又如在复活节，星巴克会换上具有春天气息的蓝色、黄色和绿色纸杯。星巴克虽然是卖咖啡的，但它其实是最懂服务设计的科技公司，将色彩、情感和人们对节日的记忆转化为对商品的喜爱，这成为星巴克从"小事"中挖掘用户深层体验的制胜战略。

图 11-20　星巴克在圣诞季推出的个性图案纸杯

图 11-21　星巴克在 2016 年圣诞节推出的 13 款限量纸杯（部分）

　　除了假日限量纸杯之外，星巴克推出的马克杯、保温杯也是广大星粉的心头挚爱。季节限定款、城市限定款、联名合作款……当你走进星巴克的杯子世界，有的时候甚至会莫名恍惚，星巴克到底是卖咖啡的还是卖杯子的？最出名的当属星巴克的基础系列——城市限定款马克杯。例如，日本 2017 "You Are Here" 地方特别限定款和韩国 2016 "淘气猴" 限量版（图 11-22）就被粉丝疯狂抢购。随着星巴克将门店开到全球，只要你前往其位于世界各地的任意一家门店，基本上都可以买到具有当地特色的城市限定款杯，也算是一个很有纪念意义的收藏品。

图 11-22　星巴克 2017 日本地方特别限定款（上）和韩国 2016 "淘气猴" 限量版（下）

11.6　激励与说服心理学

什么因素能够激励用户行为发生改变？例如，你想设计一个运动健身网站或者 App 来帮助用户做更多的锻炼，如跑步、游泳或其他室内健身，但用户的 "痛点" 或 "兴奋点" 在哪里呢？心理学家认为，对行为的激励（奖励）可以分为外在和内在两种形式。这意味着用户既会被外部因素驱使来完成某个行为，如对于获得奖励（奖金、名誉、朋友圈点赞、权力与地位）等的期望；也会被内部因素驱使完成某个行为，如玩游戏、攀岩、蹦极等极限挑战运动所带来的征服感、成就感或愉悦感等。斯坦福大学科学家、行为设计实验室主任福格博士认为："人类行为和行为改变并不像大多数人想象的那么复杂，它是系统的而且有规律可循的。"福格教授在2009年建立了行为激励模型并推动了脸书、谷歌和优步(Uber)等企业开发了成功的产品。美国《财富》杂志曾经赞誉福格教授为"硅谷最受追捧的思想家之一"。福格行为激励模型（图 11-23，右上）表明，要使一种行为发生必须同时融合三个要素：动机（M）、能力（A）和激励或触发（P 或 T）事件。该模型表达了动机、能力和激励因素之间的关系（B=MAP），说明动机和能力必须与行为触发因素相吻合，否则用户将不会参与该行为。MAP 模型为设计师理解和激励用户行为提供了一把钥匙。

图 11-23　福格行为激励模型提出了动机、能力和激励三者的关系

　　类似于心理学家希斯赞特米哈伊的 心流体验模型，福格认为，从长远来看，创造"行为"是建立人们自信心和能力的强大工具，而人的欲望与能力的培养是逐渐形成的。古人说"不积跬步无以至千里"，从小处着手日积月累，用户就可以逐步完成更具挑战性的任务，并培养自信心与信任感，从而与产品建立长期的纽带关系。例如，跑步已然成为大多数城市年轻人首选的运动方式，除了拥有一双合适的跑鞋，一款好用的跑步 App 也成了许多跑步者的刚需。耐克跑步俱乐部（Nike+ Run Club，NRC）App 因其简洁的界面和丰富的功能受到了粉丝们的喜爱。为了鼓励用户参与运动，NRC 不仅设计了各种目标徽章，甚至还有生日奖励徽章（图 11-24）。耐克让用户从零开始通过每次增加 5 分钟跑步时间来逐步提升运动能力，同时鼓励跑步者冲刺更高的目标。NRC 作为"行为触发器"将用户能力与目标完美融合，体现了积极心理学的设计理念。

　　福格进一步指出：动机包括情感、期望和归属 3 类，每个类别都包含相互矛盾的正负因素，即愉悦（＋）和疼痛（－）、希望（＋）和恐惧（－）、接受（＋）和拒绝（－）。设计师的目标就是增加用户的正能量，鼓励用户不断增强自信和行动能力（图 11-25）。用户愿望也会随着时间而变化，古人说"一鼓作气、再而衰、三而竭"就是这个道理。降低产品的复杂性是吸引用户的法宝。对用户能力来说，时间或金钱成本、体力因素、大脑负荷、社会因素与学习能力都可能是限制因素。"没时间""没钱"使得用户不愿尝试新的功能；新技能学习

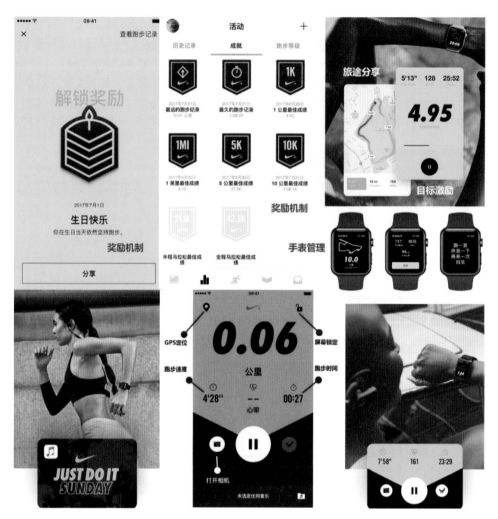

图 11-24 耐克跑步俱乐部 App 页面中的激励机制

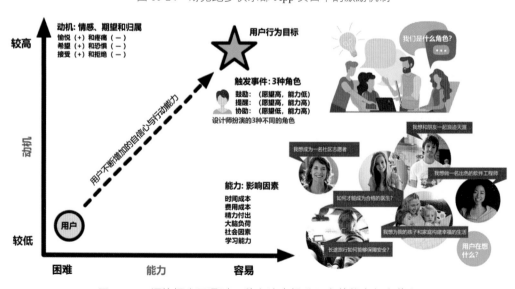

图 11-25 福格提出了通过 3 种方法来提升用户的能力与自信心

也会让用户产生疲倦或者为难情绪,费脑子、太麻烦也是用户常见的偷懒理由。因此,福格提出了增强用户能力的 3 种方法:①通过培训提高技能;②重新设计工具或方法;③采用用户所熟悉的界面和方法,减少学习所花费的时间和精力。针对不同情景,设计师可以充当 3 种不同的角色(行为触发器):当用户愿望高能力低时,他是积极的鼓励者和协助者,例如帮助社区老人掌握智能手机的应用;当用户能力高而愿望低时,他是善意的推动者,如"使用微信支付不仅便捷,还可以有更高的利息";当用户同时具有较高动机与能力时,他是热情的提醒者,如"使用手机支付时谨防诈骗和信息泄露"。

　　激励与说服不仅与心理学、社交与沟通能力、表达能力有关,而且也与不同的文化有关。心理学家罗伯特·西奥迪尼的著名著作《影响力:说服心理学》列举了互惠行为、一致性、社会认同、权威以及稀缺性等原理。这些原理往往决定了我们在社会中的行为方式。互惠是人际交往的重要组成部分,古代中国特别重视"礼尚往来"。《礼记》中曾说"来而不往非礼也"。早在 1925 年,法国社会学家马塞尔·莫斯就研究了世界各地不同文化中有关魔术、牺牲和礼物交换的现象并撰写了《礼物》一书。莫斯从土著社会中观察到,部落间的礼物交换建立了善意的纽带,礼物的接受与回馈交织在一起,加强了双方的联系与沟通。礼物交换不仅在个人和组织之间,甚至在国家之间也被作为一种表达善意与友好的象征。1972 年,美国总统理查德·尼克松首次访华期间曾被中国政府赠予了一对大熊猫。同样,尼克松总统也回赠给中国一对麝香牛,这些礼物的馈赠表达了中美人民之间的友谊。用户体验设计师可以从这些历史中得到启示,利用互惠行为密切产品与用户之间的联系,从而增强用户的体验感。例如,2016 年春节"微信红包"的推出就是一种通过互惠活动,密切人际交往,同时推动手机支付普及的营销案例(图 11-26)。

图 11-26　春节"微信红包"就是互惠与分享的范例

　　西奥迪尼在《说服心理学》中还举例说明了其他几种增强用户体验的原理,其中包括以下 4 种。①稀缺性原理:人们把"物以稀为贵"而引起的购买行为增加的变化现象称为"稀缺效应"。人们常使用限量版产品或者"饥饿营销"来引诱用户并促成购买行为。②权威效应:这条原理说的是我们大多数人都对专家和权威人物的话言听计从,因为觉得他们值得信赖。电商往往通过聘请专家站台,借助用户的尊重和信任感来推广产品或服务的销售。③承诺一致性原理：心理学家托马斯·莫里亚蒂在赌场发现了一个有趣的现象，一旦某个人对自己选中的马下了赌注，立刻就会对这匹马的信心大增，并坚信这匹马一定是所有马中最好的。于是，莫里亚蒂认为，一旦人们做出某种决定或者选择了某种立场，就会强迫自己采取某种行为以证明他们之前行为的正确性。④社会认同原理：这是社会中常见的现象，为什么摔倒的老人大家都不敢扶？"从众心理"或随大流是多数人的行为方式。电商往往会采用社会认同，如点评、推送、评论和推荐来吸引其他用户并引导他们做出购买决定。一项对大众购买图书行为的调研发现，多数人购买一本书的前 3 个原因是听了一位专家的推荐，看了有关的评论，看周围的朋友在阅读这本书。这 3 个原因其实都是社会认同原理在起作用。

11.7　峰终定律与旅程地图

1. 峰终定律

掌握人类的体验绝非易事，用户体验设计是一个相对复杂的过程，有多种因素需要考虑。怎样才能让用户有更好的体验？或者至少让用户对产品或服务有更好的感觉？想象你正在经历一个痛苦的临床检测过程，如结肠镜检查。医生给你两种选择：短暂的 8 分钟检测（患者 A 组）或 3 倍长的检测过程（患者 B 组）。二者的疼痛强度几乎相同，但是不同之处在于检测的时间长度和疼痛间隔，那你应该如何选择呢？实验结果证明：患者 A 组对该检测过程的抱怨要远远超过 B 组（图 11-27），这意味着我们的判断不是基于体验的每一刻的总和或平均值。1999 年，该实验的设计者、诺贝尔奖获得者、心理学家和经济学家丹尼尔·卡尼曼据此提出了"峰终定律"。他认为人们对经验的判断主要基于两个方面：我们在巅峰时期的感受（峰值）和结束时期的感受（终值）。峰终定律表明，我们在记忆中所掌握的细节数量有限，为了弥补这一不足，人们只能记住最高峰的经历以及结局的感受。例如，当我们对某餐厅进行

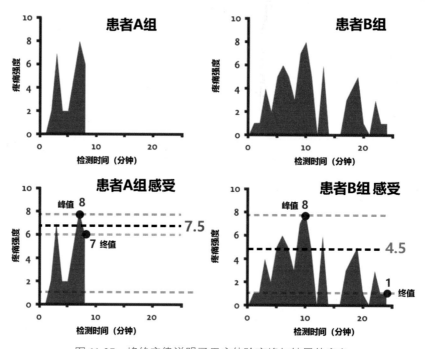

图 11-27　峰终定律说明了用户体验高峰与结局的意义

评价时，能够记住的只有用餐时最开心 / 最不开心的时刻和用餐结束的时刻，至于那些一般的和比较琐碎的细节过程都被忽略掉了。

对于设计师来说，现实中经常存在人力、时间、技术资源紧缺等复杂情况，因此不得不在产品体验上进行取舍。在资源有限的情况下，设计师应该集中力量在体验关键点上给予用户优质体验，让他们忽略掉不太好的体验，从而在控制成本的情况下达到最佳体验效果。根据峰终定律，用户体验的关键点就是"峰点"和"终点"，用户对这两个关键点的记忆最为深刻。峰点包括正向体验峰值和负向体验峰值，如果产品的体验峰值是负向的，可能会直接导致用户流失。因此，设计师需要尽力提升正向体验的峰值，同时保证用户离开前的体验。例如，游客往往会对酒店环境、卫生、安全或价格感到不满意，这该如何解决呢？缤客网（Booking.com）是全球最大的民宿与酒店预订服务网站之一，该网站的解决方法是在完善房东管理的同时，尽力让游客忘掉不好的体验，而提升游客的正向体验的峰值。例如，该网站或 App 会为游客显示该地区丰富多彩的文化活动，鼓励游客探索这座城市。出差不仅与在酒店住宿有关，而且也与旅游体验相关，美食、汉服表演、民俗民歌、特色建筑、自然景观……所有这些都会留在游客的脑海与手机里。当我们在视频、照片或朋友圈中回忆和分享自己的旅程，留下最深印象的往往是文化体验，而协助游客完成这种"心愿旅程"就是缤客网主打的品牌形象与服务特色的广告（图 11-28）。

图 11-28　缤客网主打的品牌形象与服务特色的广告

美国行为心理学家希斯兄弟发现，那些令人愉快的峰值或终值时刻包含 4 种因素：欣喜、认知、荣耀和连接。因此，提升体验的方式包括以下 4 种。①制造欣喜，给用户超乎寻常的感受。例如，泰山登顶望日出的一刻，专注、欣喜、感悟、享受和幸福感就是难忘的体验。欣喜就是超出用户预期，使用户眼前一亮的感觉。无论是生日祝福还是购物打折，或是年终收到意外的红包，都会成为用户体验设计的亮点。②降低压力，让用户更舒心。设计师应该尽量减少复杂元素与多层导航，将信息分类整合，减轻用户学习与操作压力。③提升荣耀，让用户当英雄。荣耀就是记录用户的精彩时刻。奖章设计可以让用户感受到激励与尊重。④归属认同，让用户成为朋友。拥有良好的人际关系是每个人的需求，建立起与他人甚至与产品之间连接更容易提升用户的正向体验。会员制、网络社区与论坛是沟通企业与用户的渠道，同城社交、在线交友、组队游戏等设计都可以强化共同使命感。例如，滴滴出行通过"优秀五星司机"的评选活动，强化了滴滴司机群体的自我认同。总之，设计一个让人心情愉悦的"峰"和让人回味久远的"终"，是用户体验设计师强化用户体验的法宝。

2. 用户体验地图分析

2017年，全球服务设计联盟上海主席黄蔚在《造就》节目的演讲中提出，对于用户体验地图，应该从触点量化的角度入手，从"服务设计＝客户体验"的模糊概念中解脱出来，深入解读体验地图反映出来的问题。客户旅程就是从客户的角度去审视客户所经历的每个阶段及与服务交互的触点，将这些触点串联起来，就可以清晰地看到客户情绪的起伏变化，高的地方是爽点，低的地方就是痛点。这个服务设计的思考和心理学的峰终定律不谋而合，下面是黄蔚女士给出的10点建议。

（1）拔高波峰：如果你是一家牛肉面摊的老板，碗里的牛肉可能是客户的爽点，而"更多更大的牛肉"就是波峰。因此，企业如何提升食客的峰值体验就成为吸引回头客的关键（图11-29，左上）。

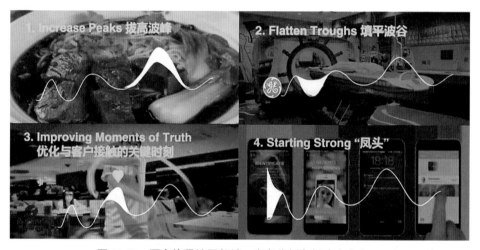

图11-29　顾客旅程地图解读：痛点分析和解决方案之一

（2）填平波谷：GE医疗发现儿童在做扫描的时候，经常会因为紧张害怕而哭闹乱动。所以他们进行了再设计，把整个房间装饰成海盗船，让孩子们觉得就像游玩一样。这个创意不仅降低了孩子们内心的恐惧感，而且也缩短了检查时间，对于医院来说既节省了成本又提高了效率（图11-29，右上）。

（3）优化与客户接触的关键时刻："海底捞"的拉面绝活成为吸引顾客的法宝之一。精心设计的触点成为用户体验的高潮（图11-29，左下）。

（4）"凤头"：传统银行转账需要排队花费很长时间，可是现在通过支付宝只需2分钟就可以快速完成。这就是"凤头"，让客户在服务一开始就能获得良好的体验（图11-29，右下）。

（5）"豹尾"：Justlease是欧洲的一家租车公司，它发现高端用户不愿意租车的原因之一是觉得租车是穷人做的事，不能体现他们的自身价值。为了扭转这种观念，Justlease公司在他们的新客户前来领取租赁车时会为其举办小型派对，以此来提升用户的自我价值，并让客户在交易过程中获得惊喜的体验（图 11-30，左上）。

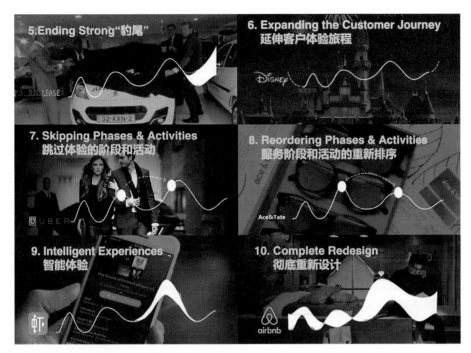

图 11-30　顾客旅程地图解读：痛点分析和解决方案之二

（6）延伸客户体验旅程：迪斯尼发现很多父母带着孩子游玩时非常辛苦，既要带着孩子又要拖着行李，等到达乐园的时候已经精疲力尽了，所以迪斯尼提供了上门提取行李的服务，帮助父母减轻负担，只需把注意力放在孩子身上。在旅程结束后，又会把行李送回去。延伸客户旅程前后的体验，带来更好的感受，提升客户的忠诚度（图 11-30，右上）。

（7）跳过体验的阶段和活动：优步（Uber）和滴滴用信用卡或支付宝等自动支付功能，省去了出租车支付过程（图 11-30，左中）。另外，他们可以帮你跟踪整个行车路线，一旦有司机故意绕路，你在手机上就可以一目了然。

（8）服务阶段和活动的重新排序：北美眼镜商 Ace & Tate 意识到购买之后才是用户体验的关键，所以他们决定先提供试用服务，客户最多可以把 5 副眼镜带回家试用 5 天，然后再决定是否购买（图 11-30，右中）。

（9）智能体验：虾米等音乐类 App 根据客户的听歌习惯，利用智能算法测算和推送个性化的歌手和歌单（图 11-30，左下）。

（10）彻底重新设计："爱彼迎"（Airbnb）重新定义了房屋租赁并精心策划更多的体验方式，使客户在世界各地都能体验在家般的舒适感（图 11-30，右下）。如今"爱彼迎"已成为共享经济的商业模式代表。

这 10 点建议虽然多数出于服务行业的经验总结，但背后也反映了人性的本质，这也是设计师需要掌握体验设计心理学的价值所在。

11.8 设计心理学定律

2020 年，资深设计师乔恩·亚布隆斯基在其出版的《用户体验法则：运用心理学来设计更好的产品和服务》一书中，系统总结了用户体验设计经常会用到的 10 条法则或定律，为设计师提供了基于认知心理学的设计原则与方法。除了本章前面介绍过的米勒记忆定律（7±2 魔法数字）、峰终定律、希克定律和格式塔心理学的相邻性（接近性）与相似性原则外，其他值得推荐的法则还包括费茨定律、泰斯勒定律、雅各布定律、雷斯托夫效应和麦肯锡金字塔原理。

1. 费茨定律

费茨定律由美国心理学家保罗·费茨于 1954 年提出，用来描述从任意一点到目标中心位置所需的时间。费茨发现：所需时间与该点到目标的距离和目标对象面积大小有关，距离越大时间越长，目标越大时间越短。换句话说，随着对象大小的增加，选择对象的时间会减少。费茨定律被认为是描述人体运动最成功和最有影响力的数学模型之一，并已广泛用于人机交互之中。费茨定律的启示就是：①触摸目标应该足够大以使用户能够准确地选择它们。②触摸目标之间应该有足够的间距，以保证用户不会混淆。设计师必须适当地设置交互对象的大小和位置，以确保它们易于选择并能够满足用户的需求。2017 年，OFO 推出的共享单车 App 的界面设计充分考虑了费茨定律的影响（图 11-31）。

图 11-31　费茨定律（左）与共享单车 App 的界面设计（中和右）

2. 泰斯勒定律

泰斯勒定律又称复杂性守恒定律，指的是任何系统都存在其固有的复杂性，且无法被减少，我们要考虑的是怎样更好地处理它，让用户简单、高效地使用它。泰斯勒定律由心理学家莱瑞·泰斯勒于 1984 年提出。该定律认为每一个过程都有其固有的复杂性并存在一个临界点，超过了这个点过程就不能再简化了，只能将固有的复杂性进行转移。用户体验设计师在面对较为复杂的业务、流程、页面的时候，哪些内容可以精简？哪些图片可以删除？哪些内容应强调或弱化？这些都需要和业务产品方做反复沟通以达成一致意见，找到业务和用户体验之间的平衡点。

例如，抖音、UC 浏览器、淘宝等平台会通过用户平时浏览的时长、点赞、收藏等行为来进行智能推送，从而降低了用户寻找的时间。智能化趋势也使得家用遥控器的界面与功能越来越简洁和清晰。苹果的 Keynote 和微软的 PowerPoint 都是演示软件，但 Keynote 是系统自动保存，用户可以随时关闭，不用担心资料缺失。而 PowerPoint 是手动保存，如遇到问题导致软件关闭，就会给用户带来麻烦（图 11-32，右上）。因此，苹果对用户体验的理解显然更胜一筹。泰斯勒定律在用户界面设计中有着广泛的应用。例如，站酷网的顶部导航栏简洁清晰，除了常用的功能外，其他内容都被合并隐藏在首页的"更多"功能模块中（图 11-32，右下）。在用户界面设计中，常见的复杂性转移方式有"查看更多""查看全部""查看详情""展开和收起"等技术。此外，设计师还可以通过"删除、组织、重构、隐藏"等降噪方法，隐藏或转移那些不常用的功能（图 11-32，左和中）；随着智能算法技术的进步，数字设备会更"懂"用户，界面更简洁，导航与功能更清晰，并有效降低或转移操作的复杂性。

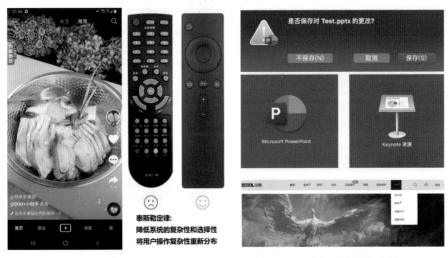

图 11-32　泰斯勒定律的核心就是要通过各种方式降低系统的复杂性

3. 雅各布定律

雅各布定律也称为"互联网用户体验雅各布定律"，由著名可用性专家、用户体验专家雅各布·尼尔森于 2000 年提出。该定律描述了用户根据他们在其他网站上积累的经验、使用模式和习惯来判断和理解新网站的使用。用户会将他们围绕一种熟悉的产品建立的期望转移到看起来相似的另一种产品上。通过利用现有的思维模型，我们可以创建出色的用户体验，使用户可以专注于自己的任务，而不是学习新的模型。如果要对产品进行升级换代时，企业可以授权用户在有限的时间内继续使用熟悉的旧版本，以最大限度地减少不一致性。尼尔森将这种现象描述为人性化规则，它鼓励设计师遵循通用的设计惯例来设计 App，使用户可以轻车熟路，将更多的精力集中在服务内容、信息或产品功能上。

例如，在过去 10 年间，为了适应智能移动时代人们的生活方式，苹果公司的 iOS 系统虽然经过了多次升级换代，但从界面外观上仍保持了用户已经熟悉的图标风格和布局方式（图 11-33，左）。同样，2017 年，"油管"（YouTube）为适应软件在跨媒体平台（手机、平板计算机、游戏机以及电视）的拓展以及内容的多样性，重新对 2005 年的 LOGO 与版式进行了调整（图 11-33，右）。调整后的 LOGO 风格更为简约清晰，但网站框架和功能几乎相同，只是用户界面设计顺应了新的准则，如调整字体大小、颜色和栏目间距等。为了保持一致性，"油管"给用户提供了旧版的选择，为用户提供逐渐适应新版本的过程。雅各布定律要求设计师尊重用户原有的思维模型和操作习惯，并通过敏捷设计的"小步积累"来逐步提升产品的创新，而不是从零开始，另起炉灶，避免了心智模型的不一致所带来的问题。

图 11-33　雅各布定律提示用户界面设计的一致性对用户体验的意义

4. 雷斯托夫效应

雷斯托夫效应又称隔离效应（isolation effect）以及新奇效应（novelty effect），1933 年由德国精神病学家和儿科医生冯·雷斯托夫提出。该研究结果显示：当存在多个相似的对象时，最有可能记住一个与众不同的对象。雷斯托夫认为，某个元素越是违反常理就越引人注意并会收到更多的关注。例如，人生中的很多第一次，高考、初恋、第一份工作等都会留下深刻的印象。科学家证实，人类天生具有发现物体细微差异的能力。从生命进化的角度来看，这些特征对我们物种的生存具有重要意义。例如，原始人在非洲灌木丛中识别出一只猎豹就是一件性命攸关的大事。

直到今天，这种选择能力仍然与我们同在，影响了我们对周围世界的感知和处理方式。人们常说的"万绿丛中一点红"就是知觉选择性的原理。对于设计师来说，如果需要突出某个重点内容，就要通过色彩、尺寸、留白、字体、粗细等设计手段来实现目标（图 11-34），利用对比来凸显重要信息。一方面，视觉重点可以通过吸引用户的注意力来引导用户迈向目标。另一方面，太多的视觉重点会相互竞争，使人们更难找到所需的信息。颜色、形状、大小、位置和动作都是吸引用户注意力的因素，我们在构建界面时必须仔细考虑并平衡这些因素。

5. 麦肯锡金字塔原理

1985 年，麦肯锡国际管理咨询公司顾问巴巴拉·明托出版了《金字塔原理：写作和思维中的逻辑》，提出了关于有效沟通的设计原则。明托认为人们应该用金字塔的形式来传达思想或观点。这些观点应该建筑在相关的论据、事实或数据支撑的基础上，这就形成了金字塔的逻辑结构（图 11-35）。这种思维或写作方式能够让受众在第一时间弄清楚你想谈论的主题，该主题则由数个论据作支撑，而这些一级论据可以继续由数个二级论据支撑。金字塔原理是

图 11-34　在用户界面设计中通过颜色、字体、深浅等来突出信息

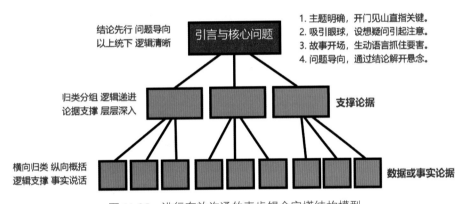

图 11-35　进行有效沟通的麦肯锡金字塔结构模型

一种重点突出、逻辑清晰、层次分明、简单易懂的思维方式和沟通交流方式。该原理的 4 个基本原则就是结论先行、以上统下、归类分组和逻辑递进。设计师首先应该确定主题，设想疑问并推导出答案，随后作者需要采用金字塔结构的逻辑，进行逻辑推理和归纳总结，并由此得出结论解决悬念。该原理可以广泛用于企业、政府和教育机构，对提升写作与表达能力有着迫切需求的管理者、教师、学生、设计师和产品经理等更为适用。该方法可以指导设计师关注和挖掘受众的意图、需求点、利益点、关注点和兴趣点，想清楚说什么（内容）和怎么说（思路、结构）的技巧。该原理要求作者或演讲者观点鲜明、重点突出、思路清晰、层次分明、简单易懂，让受众有兴趣，能理解，记得住。构建金字塔结构需要自下而上思考，通过结论思考问题，同时需要自上而下地表达，以上统下，层层深入，纵向结构概括，横向归类分组，建立起严密的逻辑结构。通过序言引入主题，借助标题来提炼思想精华。

金字塔原则就是任何事情都可以归纳出一个中心论点，该中心论点可由 3~7 个论据支持，而这些一级论据本身也可以是论点，被二级的 3~7 个论据支持，如此延伸状如金字塔。当尝试解决问题时，你需要从下到上收集论据，归纳出中心思想，从而建造成坚实的金字塔。金字塔原理要点为以下 3 点。①提炼中心思想，把结论写在前面；②分类组织材料，建立树状层次以降低理解难度；③设定疑问回答沟通，先让读者认可你的设问，然后快速提供回答，节约读者思考的时间。

对于作者或者演讲者来说，金字塔结构的顶层就是图书的引言或者 PPT 的首页。该部分吸引受众注意力的方法为：①主题明确，开门见山直指关键问题；②吸引眼球，设想疑问引起观众注意；③故事开场，生动语言抓住问题要害；④问题导向，通过层层深入最终解开悬念。随后的步骤就是通过简明清晰的故事化结构（故事线）来逐步展开作者的思路，这也是 PPT 后续页面的任务。在书面汇报或者 PPT 设计中，作者可以采用多级标题、行首缩进、下画线和数字标号等方式突出重点。在版式设计上，可以采用思维导图、大幅照片、图像文字化、醒目标题、背景色彩等多种手段营造视觉效果，抓住观众的注意力并有助于阐明作者的观点。

无论是体验设计还是交互设计，设计师都需要掌握金字塔原理，在实践中抓住重点，分清主次，用清晰的视觉引导来吸引用户，将信息或服务的重点优先展示，再根据用户在这个界面上所愿意停留时间逐级给予更多细节补充。以天猫首页和商品详情页为例，首先，金字塔最上层就是吸引用户立即购买的色彩版块（图 11-36）。该板块以滑动广告＋链接的方式告知用户商家的活动安排及产品特色，下面则是 5 个子版块，各自用不同的颜色突出显示主题与产品；侧面的目录树则是诱导用户深入了解商品分类的详情，这是专门为资深用户提供的索引条目。在这个过程中，用户在每一层花的时间也在逐级增加。对于设计师来说，活色活香的生活感受是最能吸引眼球的广告要素，网红李子柒代言的火锅产品或牛肉酱的手机淘宝页（图 11-37）就把这种主题界面设计发挥到了极致，由此生动诠释了金字塔原理。因此，根据手机的三层信息架构，设计师应该把最想传达的信息放在最上层，它称为"主要信息"（首页），主要信息之下是"关键信息"（导航页），再往下一层是"次要信息"（详情页）。三层结构既简略又清晰，不会造成信息负担或者压力。这样用户界面设计的好处有两点，一是整体的逻辑结构在视觉上一目了然，简言之就是见树木也见森林；二是可以直接检查每个层级的信息是否具有统一性，如表现风格、类别和内容等是否一致。

图 11-36　天猫在"双十一"期间推出的促销网页

图 11-37　网红李子柒代言的火锅产品或牛肉酱广告页面设计

案例研究：体验式校园设计

　　长久以来，我国中小学典型的校园基本都是以一条轴线来构造大致对称的结构，教学楼往往是一个校区的中心，并由此划分出不同等级的空间，而建筑和教室也多是传统的"方盒子"式设计，因为这种兵营式或行列式的布局往往被认为更便于管理。这种单一化和模式化的校园设计不仅受制于传统的科目教学体系和课堂管理规范，而且也限制了老师的教学方式和学生的学习及娱乐空间。值得思考的是，如果学校的教育理念发生了变化，那么校园设计应该如何应变呢？

　　随着信息化、服务全球化和创新型教育理念的发展，2016 年芬兰推行了新的"主题场景教学"改革，将小学和中学阶段的科目式教育和实际场景主题教学相结合。因此，芬兰开始改建全国的中小学校园，以适应新的开放式教学理念，改变传统的教室分隔和整齐排列的桌椅，重新设计成灵活的、随意的开放式教学空间（图 11-38）。科学合理的教室设计能够为学生提供更多的个性化支持，便于他们有效地合作学习。这个完成后的改建计划与 2015 年芬兰发布的全新课程规划相互呼应，芬兰国内的全部学校都会被逐渐设计成开放式，目标是创造灵活、轻松的教育环境，创造有序、温馨的学习氛围。

　　新教室的色彩设计和空间布置具备学习带入性，教室的设计特别注重对材料、色彩、装饰的精心选择和使用，教室内部多以暖色调为主，让人走入其中就能有一种放松的感觉。芬兰小学教室的墙壁上还会有很多非语言性的图像标志，这些标志往往和某些学科相关，以此营造出沉浸式的学习氛围（图 11-39）。早在 2004 年，芬兰的小学课程大纲就用视觉艺术课代替了美术课，课堂内容不仅包括绘画、美术作品鉴赏，而且还有摄影、图片处理等，并鼓励学生用计算机和 iPad 等电子设备创作作品。鼓励学生作品的多元化和个性化，在自由的氛围中展开无限遐想。

图 11-38　芬兰中小学教室采用了开放式的空间设计

图 11-39　芬兰的一所小学的开放性教室（充满想象力的空间设计）

芬兰的教育者认为，学校和教室并不单纯是学习知识和养成能力的场所，还是学生身心健康成长和成人成才的地方。因此，芬兰中小学教室的很多细节都注重对人的关怀，他们的教室都有很好的通风系统和温度调控系统，四季恒温恒湿，即使在北欧严寒的冬季，走入芬兰中小学教室立即感受到温暖。教室地面铺有柔软的材料，孩子们可以脱掉厚衣服和鞋子，只穿单衣和袜子进入教室学习（图 11-40，上）。学者认为简单宽松的穿着有助于孩子身体得到舒展，这符合孩子们身心健康成长的需要，而且这种舒适感也更容易让孩子们集中注意力。

在芬兰的中小学教室里，电子白板、投影仪、多媒体视听设备、移动电子设备等教学辅助设施一应俱全。图书馆更是针对儿童的特点进行了高低不同的自由布局式的设计（图 11-40，中）。新学校的建设放弃了原本的课桌椅形式，而改用大量沙发椅、摇椅、软垫等，设置可以移动的隔墙和可以相互拼接的桌子，便于学生进行小组活动（图 11-40，下）。这样的空间既可以变成开放性的讨论区，也可以变成私密的谈话区域或阅读空间。参与改造的建筑师认

图 11-40　小学健身游乐场、图书室和学生临时教室

为，一个开放性的学校不一定是一座宽阔的大厅。他们希望通过拉长行走线，将嘈杂的区域安置在较远的走廊一头。而教室空间内设置移动隔板，它们随时可以根据不同的活动需要分隔成为多功能的教学活动场所。

这种设计是为了促进学生的学习自主性，教师完全可以根据每个月或每周的教学计划来改变教室的结构和功能，而对于学生来说，学校的布局很有可能每周都在变化。另外，芬兰的学校更加支持学生在教室以外学习，就是让非正式学习空间与正式学习空间混合使用，试图让学习环境支持并鼓励学生以开放和非传统的方式获取技能（图 11-41，上）。此外，学校的颜色也是根据空间的功能设计的。对于诸如楼梯和其他活动空间采用了更加明快靓丽的色彩（图 11-41，下）。目前芬兰是世界上第一个全国性实施"场景教学"的国家。新课程大纲规定每所学校每一学年至少要进行一次跨学科学习，包括主题活动、综合学习和实践项目等。学生需要综合不同学科的知识，在实践中运用知识分析和解决问题，发展学生的技能。这意味着芬兰在从"单一的学科授课制"向"跨学科学习模块"转化。因此，芬兰的校园设计可以代表未来校园的模式：学习的代入性、人性化关怀、信息技术的应用、整体校园空间设计的灵活开放、以及通过环境颜色设计分隔空间，这些经验可以成为我们重新思考校园设计的一个方法和思路。

图 11-41　芬兰中小学的开放式教室（上）和楼梯色彩设计（下）

思考与实践

一、简答题

1. 举例说明心理学与体验设计的关系。

2. 举例说明魔法数字 7±2 在用户界面设计及信息设计中的应用。

3. 格式塔心理学的 8 项原则是什么？如何理解和应用闭合性原则。

4. 注意的选择性是什么？用户界面设计中如何吸引用户的注意力？

5. 什么叫情感化设计？如何利用 ACT 模型来解释情感化设计？

6. 心流体验模型与福格行为模型有何联系？如何帮助用户实现心流体验？

7. 色彩适应与人类行为进化有何联系？如何利用色彩心理学进行用户界面设计？

8. 福格行为模型是如何解释能力、挑战与激励三者关系的？请说明其意义。

9. 什么是体验设计的 7 法则？泰斯勒定律对用户界面设计的意义是什么？

二、实践题

1. 位于武汉汉口的民国风情主题街是一个沉浸式剧场游小镇。在巴洛克古典风格的建筑群里，老字号展现新颜，当铺、书局、戏台、司衣局等被复建重生，火车头、黄包车、巡捕房、照相馆和茶馆等给小镇增添了穿越感（图 11-42）。请思考如何将故事与体验相结合打造游客的新奇感。

图 11-42 汉口民国风情主题街为沉浸式剧场游小镇和网红打卡地

2. 原型设计的主要用途在于设计媒体界面和交互方式。请调研"陌陌"的界面设计（主界面和"信息""附近""对话"和"好友"等二级界面）并画出原型图。利用 Adobe XD 重新设计其内容和交互方式，从趣味性、可用性、可爱性和游戏性来重新定位该产品。

第 12 课

交互界面设计

//////////

　　用户对软件产品的体验主要是通过用户界面（UI）或人机界面（HCI）实现的。广义界面是指人与机器（环境）之间相互作用的媒介，这个机器或环境的范围包括手机、计算机、平面终端、交互屏幕（桌或墙）、可穿戴设备和其他可交互的环境感受器和反馈装置。界面设计是用户体验设计、交互设计和用户研究最终产品的形态与价值体现，是用户体验设计的最终表现形式。本课重点在于理解界面设计原则与方法，理解手机界面的布局与导航，同时掌握手机通栏广告与 H5 页面设计的一般方法与工具。

12.1 用户界面设计路线图

用户对软件产品的体验主要是通过用户界面（User Interface，UI）或人机界面（Human-Computer Interface，HCI）实现的。广义界面是指人与机器（环境）之间的一个相互作用的媒介（图 12-1），这个机器或环境的范围在广义上包括手机、计算机、平面终端、交互屏幕（桌或墙）、可穿戴设备和其他可交互的环境感受器和反馈装置。人通过视觉、听觉等感官接收来自机器的信息，经过大脑的加工决策后做出反应，实现人机之间的信息传递（显示—操纵—反馈）。在人和机器（环境）之间的接触层面即我们所说的界面。界面设计包括三个层面：研究界面的呈现形式，研究人与界面的关系，研究使用软件的人。研究和处理界面的人就是界面设计师。这些设计师有着艺术设计专业的背景。研究人与界面关系的人就是交互设计师，其主要工作内容就是设计产品的操作流程、信息架构（树状结构）、交互方式与操作规范等，交互设计师除了拥有设计背景外，一般都有计算机专业的背景。专门研究人（用户）的就是用户测试 / 体验工程师（UE）。他们负责测试产品的合理性、可用性、可靠性、易用性以及美观性等。这些工作虽然性质各异，但都是从不同侧面和产品打交道，在小型的 IT 公司，这些岗位也往往是重叠的。因此，可以说界面设计师（UI 设计师）就是产品图形设计师、交互设计师和用户研究工程师的综合体。

图 12-1　界面是指人与机器（环境）之间的相互作用媒介

界面设计包括硬件界面和软件界面的设计。前者为实体操作界面，如电视机、空调的遥控器，后者则是通过触控面板实现人机交互。除了这两种界面外，还有根据重力、声音、姿势识别技术实现的人机交互（如微信的"摇一摇"）。软件界面是信息交互和用户体验的媒介。早期的 UI 设计主要体现在网页上，随着带宽的增加和 4G/5G 移动媒体的流行，各种炫酷页面开始出现。2000 年前后，一些企业开始意识到 UI 设计的重要性，UI 部门与交互设计师开始出现。2010 年以后，iOS 和 Android 系统的智能大屏幕手机已经在全球迅速普及，移动互联网、电商、生活服务、网络金融纷纷崛起，界面设计和用户体验成为火爆的词汇，UI 设计也开始被提升到一个新的战略高度。国内大量的从事移动网络数据服务和增值服务的企业都设立了用户体验部门。还有很多专门从事 UI 设计的公司也应运而生。软件 UI 设计师的待遇和地位也逐渐上升。同时，界面设计的风格从立体化、拟物化向着简约化、扁平化方向发展（图 12-2）。今天，触控交互、人脸识别和智能语音已经成为智能时代的标志之一。除了听觉和视觉外，人的感官还有嗅觉、味觉、触觉和体感，未来的多模态交互设计会是所有感官的结合。随着人工智能与 5G 的快速发展，万物互联的新型互联网正在形成，而这一切无疑会使 UI 设计走向深入。

图 12-2　界面设计的风格趋向简约化和扁平化

建立一个能够吸引用户的 App 或者 Web 网站需要具备许多条件，拥有美观的用户界面设计（ UI ）与出色的用户体验（ UX ）二者缺一不可。正如本书在第一课给出的 UX 设计路线图，用户界面设计路线图也是设计师建构完整的设计原型所必须遵循的步骤。UX/UI 路线图是用户研究、产品战略、原型设计、交互设计以及 UI 设计的总体建筑蓝图、施工图与工作流程图。设计师或团队在产品研发的每个阶段都会借鉴、参考或者补充这些路线图并作为构建网站或 App 的指南。用户界面设计路线图（图 12-3）重点是对 UI 设计原则、设计方法与设计资源的介绍。例如：尼尔森可用性十原则、迪特·拉姆斯的"设计十诫"、谷歌材质设计（ material design ）、苹果 iOS 设计、扁平化设计、拟物化设计和新拟态设计等都是 UI 设计师需要掌握的内容。此外，本书第 11 课介绍的格式塔心理学、色彩理论、设计心理学定律等也是设计师学习和掌握用户界面设计理论与方法的重要参考资料。UI 设计是基于实践的科学，因此初学者应该尽可能地从网络媒体中获得更多的资源，如网络社区、博客、云课堂、设计师论坛、资源网站、公众号、网盘等。UI 路线图也给出了目前比较热门的 UI 设计资源如 Adobe 旗下的 Behance 设计师论坛、著名的 UI 设计作品分享网站 dribbble.com 等。此外，国内的知乎、哔哩哔哩、站酷、简书、豆瓣、花瓣、腾讯课堂、起点课堂、美啊、MANA 等网站及如当当云阅读等 App 也都能找到关于 UI 设计的热帖、电子书、知识问答、视频教程、最新作品以及设计素材等热门资源。在这个 5G 网络时代，无论是桌面笔记本、iPad 平板电脑或智能手机，都可以让人们随时随地了解和掌握新动态、新知识与新技能，这也是大学生通过实践提升自己设计能力的最好的途径。

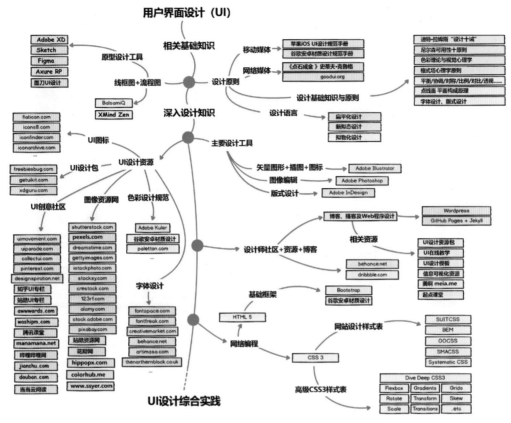

图 12-3　用户界面设计路线图

12.2　界面风格发展史

1. 艺术设计风格的特征

"风格"或者说"时尚"代表着一个时代的大众审美。虽然从艺术上看，视觉风格主要与绘画流派相关，但是它却渗透到了生活的方方面面，如衣服的穿搭、周围建筑的设计、人们的生活习惯，甚至包括思维模式无一不体现着时代的风格。拜占庭风格是 7—12 世纪流行于罗马帝国的艺术风格。这种代表贵族品位华丽风格的建筑外观都是层层叠叠，主建筑旁边通常会有副楼陪衬。建筑的内饰也经过精心雕琢，墙面上布满了色彩斑斓的浮雕。而现代主义风格建筑更多地运用直线而非曲线，体现的是一种现代科技感而非富丽堂皇。内饰和家具也更加讲究朴素大方而非繁复夸张（图 12-4）。此外，在古代，因为国际交流的困难，风格除了具有时代性，还有着地域性，所以产生了各式各样的风格及分支，如古典主义、浪漫主义、洛可可、巴洛克、哥特式、朋克式、达达派、极简主义、现代主义、后现代主义、嬉皮士、超现实主义、立体主义、现实主义和自然主义等。

关于视觉风格，百度百科上给予的解释是："视觉风格指艺术家或艺术团体在实践中形成的相对稳定的艺术风貌、特色、作风、格调和气派。"对于风格来说"相对稳定"至关重要，因为一个风格的形成需要时间和文化的积淀，这也导致了风格是具有时代意义的。通过了解

图 12-4 拜占庭（左）、巴洛克（中）和现代主义（右）的建筑风格

建筑、画作、服装等的风格，便能基本判断其所处的年代，例如，"维多利亚时代风格"就是指 1837—1901 年间，英国维多利亚女王在位期间的风格，如束腰与蕾丝、立领高腰、缎带与蝴蝶结等宫廷款式，还可以联想到蒸汽朋克、人体畸形展、性压抑、死亡崇拜等一系列主题（图 12-5）。维多利亚时代的文艺运动流派包括古典主义、新古典主义、浪漫主义、印象派艺术以及后印象派等。虽然很多设计师都有着自己的个人风格，但是要想迎合大众的品位而非小众的审美，他们的创作也不能脱离他们所处时代。从百年艺术史上看，风格（时尚）可以总结成两个主要的发展趋势：从复杂到简洁，从具象到抽象。

图 12-5 英国维多利亚时代的社交与服饰风格

2. 仿真拟物 UI 风格

从大型机时代的人机操控到数字时代的指尖触控，技术的界面越来越智能化，和人的关系也越来越密切，正如媒介大师米歇尔·麦克卢汉所言：媒介（技术）就是人的延伸。UI 最早服务于工业领域，主要体现在一些大型数控机床或重型电子设备的仪表盘界面上，由于操作界面过于复杂，需要经过专业培训才能操作。20 世纪 70 年代，施乐公司是图形界面最早的倡导者，PARC 的研究人员开发了第一个 GUI 界面，开启了计算机图形界面的新纪元。"拟物化是一个设计原则，即设计灵感来自现实世界。"苹果总裁乔布斯就是拟物化设计的热情粉丝，他认为这样的设计可以让用户更加轻松地使用软件，因为用户能立刻知道这个软件是做什么的。第一个采用了拟物化设计的苹果软件应该是最初的 Mac 桌面操作系统中的文件夹、磁盘和废纸篓的图标。而且最初的 macOS 上还有一个计算器的应用程序，这个程序看上去和真实的计算器也十分相似，这个计算器应用是乔布斯自己亲自设计的。

界面设计风格的变化往往与科技的发展密切相关。如 2000 年前后，随着计算机硬件的发展，处理图形图像的速度加快，网页界面的丰富性和可视化成为设计师的追求。同时，JavaScript、DHTML、XML、CSS 和 Flash 等富媒体技术或工具也成为改善客户体验的利器。到 2005 年，一批更仿真、更拟物化网页开始出现，并成为界面设计的新潮（图 12-6）。网页设计师喜欢使用 PS 切图制作个性的 UI 效果，如超级解霸的外观皮肤，百变主题的 Windows XP 都是该时期的经典。该时期各种仿真的 UI 和图标设计生动细致，栩栩如生，成为 21 世纪前 10 年主流 UI 视觉风格，为用户带来一种更为生动的视觉感受。2007 年，苹果公司推出的 iPhone 手机代表了一个新的移动媒体时代的来临。iOS 界面同样采用拟物设计风格（图 12-7）。iPhone 手机界面延续了乔布斯时代苹果公司在桌面 macOS 的设计思路：丰富视觉的设计美学与简约可用性的统一。苹果手机的组件，如钟表、计算器、地图、天气、视频等都是对现实世界的模拟与隐喻。这种风格无疑是当时最受欢迎的样式，也成为包括安卓手机在内的众多产品和 App 所追捧的对象。

图 12-6　曾经在网页设计中流行的仿真拟物的风格

图 12-7　苹果手机界面的模仿实物纹理风格

3. 扁平化 UI 风格

虽然广受欢迎，但拟物设计也带来不少问题：由于一直使用与电子形式无关的设计标准，拟物化设计限制了创造力和功能性。由于语义和视觉的模糊性，拟物化图标在表达诸如"系统""安全""交友""浏览器"或"商店"等概念时，无法找到普遍认可的现实对应物。拟物化元素以无功能的装饰占用了宝贵的屏幕空间和载入时间，不能适应信息化社会的快节奏。信息越简洁，对于现代人就越具有亲和力，因为减轻了记忆负担。同时，对于设计者来说，采用简洁风格也能节省大量的精力，因此简洁的风格更受到设计师青睐。以 Windows 8 和 iOS 7 为代表，拟物化设计风格被放弃。Android 5 进一步引入了材质设计（material design，MD）的思想，使得 UI 风格朝向简约化、多色彩、微投影、控制动画的方向发展（图 12-8）。对物理世界的隐喻，特别是光、影、运动、字体、留白和质感，是材质设计的核心，这些规

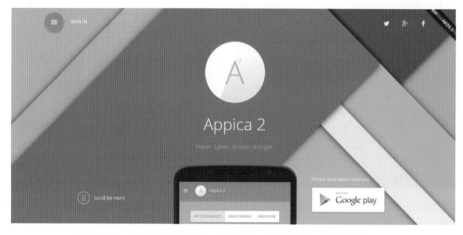

图 12-8　谷歌提出的简约、多色彩、扁平图标、微投影的 UI

则使得手机界面更加和谐和整洁。

从历史上看，扁平化设计与 20 世纪 40—50 年代流行于德国和瑞士的平面设计风格非常相似。20 世纪 20 年代，奥地利哲学家、社会学家奥图·纽拉特开发了一套通用视觉语言符号系统（Isotype）并影响了 20 世纪的设计思潮。纽拉特和插图家盖尔德·安茨建立的这套图形符号推动了现代图形设计的诞生，如著名的包豪斯学院的图形设计教育以及瑞士国际风格都传承于此。瑞士平面设计（Swiss design）色彩鲜艳，文字清晰，传达功能准确（图 12-9），"二战"后曾经风靡世界，成为当时影响最大的设计风格。同时，扁平化设计还与荷兰风格派绘画（蒙德里安）、欧美抽象艺术和极简主义艺术等有关，包括以宜家家居为代表的北欧极简风格或基于日本佛教与禅宗的哲学。例如，很多人会联想到无印良品 MUJI 百货店（图 12-10）中各种原色、直线条、极简或棉麻的产品。日式美学最贴合场景可能就是京都常见的小而美的日式庭院。在这股风潮带动下，无论是时尚界、家装界、产品设计师、流行杂志，还是餐馆、酒店或者百货店，简约主义风格都有无数的拥趸与粉丝的追捧。苹果计算机和 Kinfolk 杂志（图 12-11）以及在城市中流行的素食轻食等也都是佛系美学推崇与实践的代表，扁平化 UI 风格正是传承了这种美学。

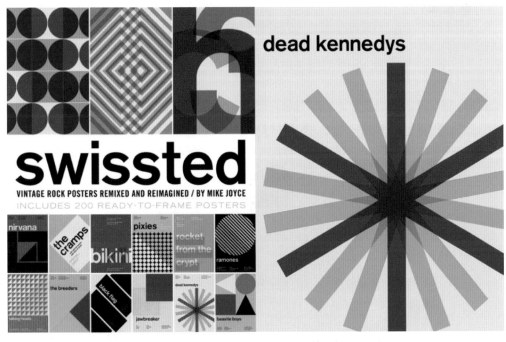

图 12-9　瑞士平面设计风格的海报

扁平化设计（flat design）放弃了一切装饰效果，诸如阴影、透视、纹理、渐变等能做出 3D 效果的元素。所有元素的边界都干净利落，没有任何羽化、渐变或者阴影等效果，同样是镜头的设计，在扁平化中却祛除了渐变、阴影、质感等各种修饰手法，仅用简单的形体和明亮的色块来表达，显得干净利落。更少的按钮和选项使得界面干净整齐，使用起来格外简捷。可以更加简单直接地将信息和事物的工作方式展示出来，以减少认知障碍。随着网站和应用程序涵盖了越来越多的具有不同屏幕尺寸和分辨率的平台，对于设计师来说，创建适应多个屏幕尺寸和分辨率的拟物化界面是既烦琐又费时的事情。而扁平化设计具有跨平台的特征，可以一次性适应多种屏幕尺寸。这种设计有着鲜明的视觉效果，它所使用的元素层次分明，这使得用户能直观地了解每个元素的作用以及交互方式。特别是手机由于屏幕的限制，使得这种 UI 设计风格在用户体验上更有优势。

图 12-10　日本无印良品 MUJI 百货店的简约风格

图 12-11　丹麦 Kinfolk 杂志的时尚简约风格

扁平设计既兼顾了极简主义的原则又可以应对更多的复杂性，充分体现了泰斯勒定律和费茨定律的思想；通过去掉三维效果和冗余的修饰，这种设计风格将丰富的颜色、清晰的符号图标和简洁的排版融为一体，使信息呈现更快、更清晰、更实用。此外，扁平化设计通常采用了几何化的用户界面元素，这些元素边缘清晰，和背景反差大，更方便用户点击。此外，扁平化除了简单的形状之外，还包括大胆的配色和靓丽、清晰的图标（图 12-12）。采用更明亮、更具有对比色的图标与背景，可以让用户在使用时更为高效。

图 12-12　扁平化 UI 设计风格有着更清晰干净的界面

扁平化设计的配色应该是最具挑战的一环。通常设计只包含两三种主要颜色，但是扁平化设计中会平均使用 6~8 种颜色，而且更倾向于单色调和纯色。还有一些颜色也比较受欢迎，如复古色（浅橙、紫色、绿色、蓝色等）。为了让色块更为丰富，设计师可以适当降低纯度形成阴影效果（图 12-13）。部分 App 界面还可以通过相邻色的过渡渐变，如紫色与偏红的玫瑰色等（图 12-13）来强化视觉效果，这样通过颜色的互补再加上白色和蓝色的穿插，就可以形成特色鲜明的风格。

但作为一种偏抽象的艺术语言，扁平化设计缺点在于人性化不够。对于设计师来说，风格永远不会一成不变。扁平化设计也在发展之中，如"伪扁平化设计"的出现，微阴影、假三维、透明按钮、视频背景、长投影和渐变色等各种新尝试都会推动界面设计迈向新台阶。

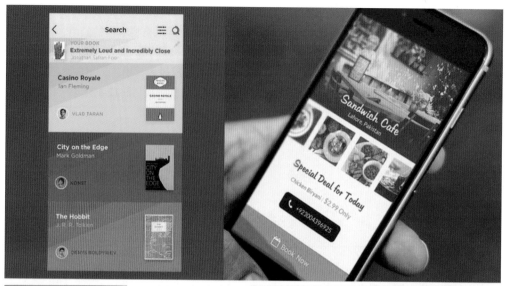

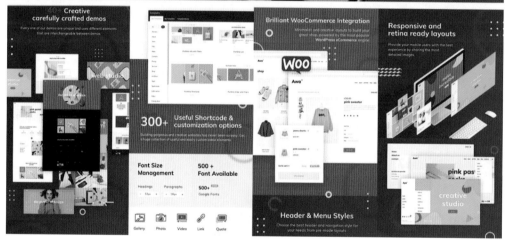

图 12-13　扁平化 UI 设计中的配色系统

12.3　列表与宫格设计

目前智能手机用户界面与内容布局逐步走向成熟和规范化，其导航设计包括列表式、宫格式、标签式、平移或滚动式、侧栏式、折叠式、图表式、弹出式和抽屉式等。这些都是基本布局方式，在实际的设计中，我们可以像搭积木一样组合完成复杂的界面设计，例如，顶部或底部导航可以采用选项卡式（也称为 TAB 或标签式），而主面板采用陈列馆的布局。设计师除了要考虑用户类型外，还要考虑信息结构、重要层次以及数量上的差异，提供最适合的布局，以提高产品的易用性，改善产品的交互体验。

列表菜单式是最常用的布局之一。手机屏幕一般是列表竖屏显示的，竖排列表可以包含比较多的信息。列表长度可以没有限制，通过上下滑动可以查看更多内容。竖屏列表在视觉上整齐美观，用户接受度很高，常用于并列元素的展示，包括图像、目录、分类和内容等，其优点是层次展示清晰，视觉流线从上向下，浏览体验快捷。竖向多屏设计也是电商促销广告的主要方式。为了避免列表菜单布局的过于单调，许多界面也采用了列表式＋陈列式的混合式设计。通常来说，电商首页往往由 3 部分构成：滑动广告、电商首页以及产品或服务主页（图 12-14）。其中电商的产品与服务主页及详情页采用顶部大图＋列表的布局。主页通常采用大图＋分类图标＋大图＋分类图标＋…＋大图＋分类图标的循环布局。

图 12-14　列表式菜单是最常用的手机界面布局之一

宫格式布局是手机界面的最直观的方式，可以用于展示商品、图片、视频和弹出式菜单（图 12-15）。同样，这种布局也可以采用竖向或横向滚动式设计。设计师可以平均分布这些网格，也可根据内容的重要性不规则分布。网格设计属于流行的扁平化设计风格的一种，在桌面计算机、平板计算机和电视等设备中也有广泛的应用。它的优点不仅在于同样的屏幕可放置更多的内容，而且流动性和展示性更高，能够直观展现各项内容，方便浏览和更新相关的内容。

在手机导航中，九宫格是非常经典的设计布局。其展示形式简单明了，用户接受度高。当元素数量固定不变为 8、9、12 或 16 时，则适合采用九宫格。九宫格也可以和标签相结合，使得桌面的视觉更丰富（图 12-16，中）。在这种综合布局中，选项卡的导航按钮项数量为 3~5 个，大部分放在底部方便用户操作，而九宫格则以 16 个按钮的方式排列，通过左右滑动可以切换到更多的屏幕。选项卡式适合分类少及需要频繁切换操作的 App，而九宫格或陈列馆适合选择更多的 App。

图 12-15　照片特效应用程序 PhotoLab 的界面设计

图 12-16　宫格式界面经常与标签布局相结合

　　宫格式布局主要用来展示图片、视频列表以及功能页面，因此会使用经典的信息卡片（paper design）和图文混排的方式来进行视觉设计。同时也可以结合栅格化设计进行不规则的布局，实现"照片墙"的设计效果。信息卡片和界面背景分离，使内容更加清晰，同时也可以丰富界面设计。瀑布流布局是宫格式布局的一种，在图片或作品展示类网站，如Pinterest、Dribbble（图 12-17）设计中比较常见。瀑布流布局的主要特点是一拉到底，通过所展示的图片让用户身临其境，用户只需滑动鼠标就可以一直向下浏览，而且每个图像或者图标都有链接可以进入详细页面，方便用户查看。国内部分图片网站，如美丽说、花瓣网采用了这种典型的布局。宫格布局的优点是信息传递直观，极易操作，适合初级用户的使用，页面丰富，展示的信息量较大，是图文检索页面设计中最主要的设计方式之一。缺点在于其信息量大，使得浏览式查找信息效率不高。因此，许多宫格式布局也结合了搜索框、标签栏等来弥补这个缺陷。

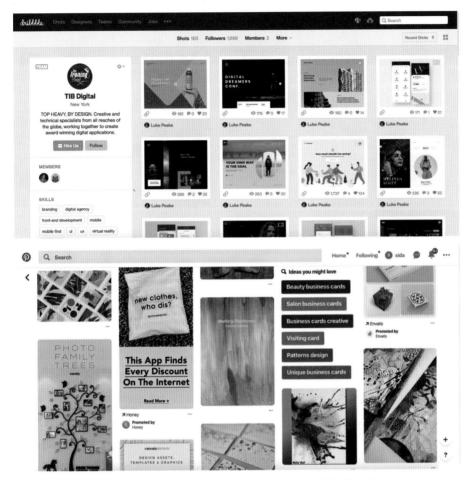

图 12-17　Dribbble（上）和 Pinterest（下）的宫格布局

12.4　侧栏与标签设计

侧滑式布局也称为侧滑菜单，是一种在移动页面设计中频繁使用的用于信息展示的布局方式。受屏幕宽度限制，手机单屏可显示的内容较少，但可通过左右滑动屏幕或点击箭头查看更多内容，不过这需要用户进行主动探索。这种布局比较适合元素数量较少的情况，当需要展示更多的内容时可采用竖向滚屏的设计。侧滑式布局的最大优势是能够减少界面跳转和增强信息延展性。其次，该布局方式也可以更好地平衡页面信息广度和深度之间的关系。折叠式菜单也叫风琴布局，常见于两级结构，如树状目录。用户通过侧栏可展开二级内容（图 12-18），侧栏在不用时是可以隐藏或折叠的，因此可承载比较多的信息，同时保持界面简洁。折叠式菜单不仅可以减少界面跳转，提高操作效率，而且在信息架构上也显得干净、清晰。在实现侧滑式布局交互效果时，设计师还可以增加一些新颖的交互转场，如折纸效果、弹性效果、翻页动画效果等，让用户在检索信息的同时，感受到页面转换的丰富性和趣味性。

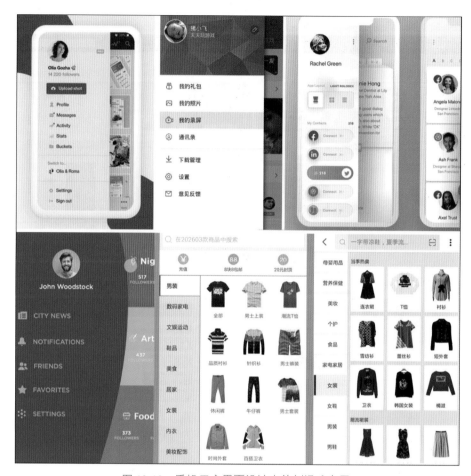

图 12-18　手机用户界面设计中的侧滑式布局

　　标签式布局又称选项卡（tab）布局，是一种从网页设计到手机界面设计都会大量使用的布局方式之一。标签式布局最大的优点是对于界面空间的高重复利用率。因此在处理大量同级信息时，设计师可以使用选项卡或标签式布局，尤其在手机用户界面设计中，标签式布局真正发挥其"寸土寸金"的效用。图片或作品展示类应用，如 Pinterest 就提供了颜色丰富的标签选项，淘宝 App 同样在顶栏设计了多个选项标签（图 12-19，上）。对于需要展示大量分类信息的 App，标签栏如同储物盒子一样将信息分类放置，对于用户界面的清晰化和条理化是必不可少的。此外，从用户体验角度来讲，单纯增加手机页面的浏览长度并不是一个好方法，当用户从上到下快速浏览页面时，其心理也会从仔细浏览变成走马观花。对于设计师来说，手机用户界面页的长度最好不要超过 4~5 屏的长度，利用标签式布局可以很好地解决这样的问题，在信息传递和页面高度之间提供了一个有效的解决方案。作为标签式网页的子类，弹出菜单或弹出框也是手机布局常见的方式。弹出框可以把内容隐藏，仅在需要的时候才弹出，从而节省屏幕空间并带给用户更好的体验。弹出框在同级页面呈现使得用户体验比较连贯，常用于下拉弹出菜单、广告、地图、二维码信息等（图 12-19，下）。但由于弹出框显示的内容有限，所以只适用于特殊的场景。

图 12-19　标签式用户界面使得信息的分类更清晰

12.5　平移或滚动设计

　　平移式布局是通过手指横向滑动屏幕来查看隐藏信息的一种交互方式，是 App 界面中比较常见的布局方式。这种设计来源于经典的瑞士图形设计。2006 年，微软设计团队首次在 Windows 8 的界面中引入了这种设计语言，并称之为"城市地铁标识风格（metro design）"。这种设计强调通过良好的排版、文字和卡片式的信息结构来吸引用户（图 12-20）。微软将该设计语言视为"时尚、快速和现代"的视觉规范，并逐渐被苹果 iOS 7 和安卓系统所采用。使用这些设计方式最大的好处就是创造色彩对比，可以让设计师通过色块、图片上的大字体或者多种颜色层次来创造视觉冲击。对于手机用户界面设计来说，由于交互方式不断优化，用户越来越追求页面信息的丰富和良好的操作体验之间的平衡，平移式布局不仅能够展示横轴的隐藏信息，而且通过手指的左右滑动，可以横向显示更多的信息，从而有效地释放了手机屏幕的容量，也使得用户的操作变得更加简便。

　　智能手机屏幕尺寸容纳信息有限，以某个华为手机为例，屏幕为 6.2 英寸，分辨率为 1440 像素 ×2960 像素。因此，如果需要同时呈现更多的信息，除了在纵向区域借助滑动或滚动来分屏浏览外，设计师采用平移式布局，可以通过横向延展手机屏幕来呈现更多的信息，有效地提高屏幕的使用效率。这种设计风格可以降低页面的层级，使得用户操作有更流畅的体验。苹果 iOS 10 和安卓系统都支持平移布局的左右滑动。在设计平移式布局时，设计师可以采用卡片平移的方式进行设计，如旅游地图的设计就可以采取左右滚动的方式进行浏览（图 12-21，左上）。

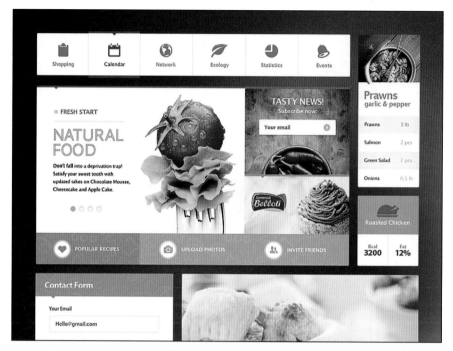

图 12-20　微软 metro design 的网页设计风格

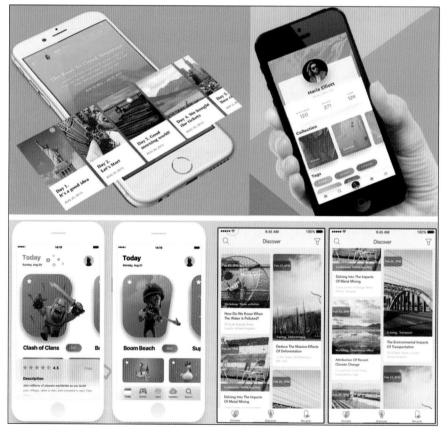

图 12-21　采取左右滚动的 App 页面设计

对于一些需要快速浏览的信息，如广告图片、分类信息图片和定制信息等，采用平移扩展的布局拓展了信息的丰富性和流畅感。平移布局一般以横向 3~4 屏的内容最为合适，这些图标或图片可以通过用户双击、点击等方式跳转到详情页，实现浏览、选择与跳转的无缝衔接。此外，设计师还可以借助圆角以及投影等效果，让用户体验更加优化（图 12-21，左下及右上）。苹果手机的图片圆角大小建议控制在 5 像素以内，安卓系统的卡片的圆角为 3 像素。

12.6　电商通栏广告设计

电商通栏设计是手机 UI 中必不可少的环节，也是手机电商最为重视的产品或服务的促销手段（图 12-22）。电子商务涉及的对象有货物（实物或虚拟的）、商家、物流、交易与消费者。拿上网购物这个场景来说，消费者的购买行为一部分是通过主动搜索来完成的，另一部分则是被动浏览，无意间被产品广告所吸引而实现的。作为线上交易的一个环节，设计师应该准确地把信息传达给用户，也就是通过文字、图形的处理让消费者大饱眼福，从而产生点击购买的欲望，通栏广告的受欢迎程度直接关系到图片的点击率和购买转化率。

图 12-22　通栏广告是 UI 设计的重要元素

无论是活动广告还是商品广告，通栏广告通常的组成要素包含 4 个方面：文案（标题与信息文字）、商品 / 模特、背景（颜色或图案）和装饰点缀物（花边或植物），其中无论是排版还是图文处理都有一定的规律性。阿里智能设计实验室在 2016 年推出的电商广告自动创意平台"鹿班"就是参考了通栏广告设计的套路，然后通过计算机资源搜索与配色，来自动生成各类广告。通栏广告设计有 3 个问题非常重要：整体画面的气氛是否对路，各设计元素之间的层级关系是否准确和清晰，是否考虑了通栏广告所投放的环境。例如，在"双十一"淘宝节或者周年庆 / 节假日促销等商家活动期间，为了表现热闹红火的喜庆气氛，除了画面形式比较活泼或者动感以外，通栏广告经常采用大面积的红橙色来渲染热闹氛围，让人感觉喜庆或者热闹（图 12-23，左）。在夏季主题、开学主题和校园主题等彰显年轻活力的促销场合，设计师采用色彩丰富、饱和靓丽（主色调可以超过 4 种）的广告就更为合适。在这种类型气质的通栏广告设计中，除去一些图形设计使画面看起来比较有设计感以外，很重要的一点就是善用大面积的高纯度色彩搭配模特，例如，"聚划算"打出的一系列广告（图 12-23，右）就以青春靓丽的女生系列为主体，并通过动感字体、高纯度色彩背景来体现大学生的群体形象。这种 UI 设计借鉴了街头文化与混搭风格，不仅显得年轻可爱，而且又带有一点特立独行、耍酷与放荡不羁的味道。

图 12-23　年货促销通栏广告设计（左）和校园潮牌设计（右）

家庭产品（如化妆品、日用品）针对的群体属于知性的上班族群体，广告往往采用大面积留白给人素雅的感觉，模特 + 产品更强调舒心的气氛，文字与背景能够给人清新自然美的感觉。通栏广告通常以产品或模特为主，或者以活动标题（文字）为主，而背景图案和点缀物往往是配角。以春节促销为例，其界面设计将标题和相关主题图像（如"福"字、古典时尚女性等）组合成为视觉中心（图 12-24，左），同时结合鲜艳的色彩对比使标题更加醒目。而一款国庆广告则以消防员为主角，结合了天安门、黄鹤楼、武汉长江大桥，突出显示了武汉和全国人民众志成城、万众一心，共同抗"疫"的光辉形象（图 12-24，右）。该海报采用了竖版通栏的设计，色彩鲜明，造型生动，成为庆祝国庆中秋双节的最佳设计。

近年来，通栏广告的插画风格非常流行（图 12-25）。这种广告不仅更加清晰美观，而且对于手机屏幕来说，其空间利用率与视觉效果能够吸引更多的用户关注。

图 12-24　节日促销的图形设计（左）和家庭产品的通栏广告设计（右）

图 12-25　带有插画和装饰风格的主题通栏广告设计

12.7 电商H5页面设计

从前端技术的角度上，互联网的发展可以分为 3 个阶段：第一阶段是以 Web 1.0 为主的网络阶段，前端主流技术是 HTML 和 CSS；第二阶段是以 Web 2.0 为代表的 Ajax 应用阶段，热门技术是 JavaScript/DOM 异步数据请求；第三阶段是目前的 HTML5（H5）和 CSS3 阶段，这二者相辅相成，使互联网又进入了崭新的时代。在 H5 之前，由于各个浏览器之间的标准不统一，Web 浏览器之间互不兼容。而 H5 平台上的视频、音频、图像、动画以及交互都被标准化。近年来，我国移动互联网的用户、终端、网络基础设施规模在持续稳定地增长，展现出勃勃生机，为 H5 广告提供了技术驱动力。智能终端设备和 4G/5G 网络的普及，使用户的信息获取方式逐渐社交化、互动化、移动化、富媒体化。多元化社交网络平台的普及为 H5 广告传播创造了可能。手机主题页 H5 广告成为电商活动与产品营销的新媒体（图 12-26）。这些广告不仅炫目多彩，风趣幽默，还可以与用户互动。H5 + CSS3 + JavaScript 可以实现诸如 3D 动效、GIF 动图、时间轴动画、H5 弹幕、多屏现场投票、微信登录、数据查询、在线报名和微信支付等一系列功能。其中，H5 负责标记网页里面的元素（标题、段落、表格等）；CSS3 则负责网页的样式和布局；而 JavaScript 负责增加 H5 网页的交互性和动画特效。

图 12-26　手机主题页 H5 广告是电商促销活动的重要媒体

H5 的主要优势包括兼容性、合理性、高效率、可分离性、简洁性、通用性、无插件等。H5 在音频、视频、动画、应用页面效果和开发效率等方面给网页设计风格及相关理念带来了冲击。为了增强 Web 应用的实用性，H5 扩展了很多新技术并对传统 HTML 文档进行了修改，使文档结构更加清晰，容易阅读。同时，H5 增加了很多新的结构元素，减少了复杂性，这样既方便了浏览者的访问，也提高了 Web 设计人员的开发速度。H5 网页最大的特点就是更接近插画的风格，版式自由度高，色彩亮丽，为设计师发挥创意提供了更大的舞台（图 12-27）。H5 广告还具有可移植性，能够跨平台呈现为移动媒体或桌面网页。

H5 广告有活动推广、品牌推广、产品营销等几大类型，形式包括手绘、插画、视频、游戏、邀请函、贺卡和测试题等表现形式。其中，为活动推广运营而打造的 H5 页面是最常见的类型，H5 活动推广页需要有更强的互动、更高的质量、更具话题性的设计来促成用户分享传播。

图 12-27　H5 网页更接近自由版式的插画风格

例如，大众点评为"吃货节"设计的推广页（图 12-28）便深谙此道。复古拟物风格、富有质感的插画配以幽默的文字、动画与音效，该广告用夏娃、爱因斯坦、猴子和思想者等噱头，将手绘插画、故事与互动相结合，成为吸引用户关注与分享的好创意。

图 12-28　大众点评为"吃货节"设计的 H5 推广页广告

　　H5 广告设计和平面版式设计类似，字体、排版、动效、音效和适配性五大因素可谓"一个都不能少"。如何有的放矢地进行设计，需要考虑具体的应用场景和传播对象，从用户角度出发去思考什么样的页面会打动用户。对于手机广告设计来说，淘宝网设计师给出的公式：100 分（满分）＝选材（25%）＋背景（25%）＋文案设计（40%）＋营造氛围（10%）可以成为我们借鉴的指南。为了避免用户的视觉疲劳，H5 广告在设计上应该尽量"简单粗暴"，除了采用明亮的颜色和清晰的版式外，大幅诱人的照片与别具风格的标题也是必不可少的设计元素（图 12-29）。

图 12-29　色彩、图片与文字的组合是 App 吸引眼球的关键

案例研究：新拟态设计

从界面风格的发展史上，我们可以看出，人的审美是会随着时代、技术与媒介的发展而变化的，每一代人都会有自己偏爱的风格。我们很容易厌倦一成不变的审美趋势，因此，每隔几年流行趋势就会转向另一种风格，甚至可以说"喜新厌旧"是人类作为生物进化过程中隐藏在潜意识下的本能。在社交媒体时代背景下，设计行业的发展趋势要比其他任何行业发展都要快。审美趋势的多变性使得设计师必须全面掌握当下的设计趋势。新冠疫情席卷全球的 2020—2021 年，居家办公成为潮流，远程协作、云端资源共享、在线课堂、在线会议等成为当下人们的生活和工作的新常态。

UI 设计的发展趋势延续了人们对疫情之后新生活和新美学的渴望，一方面是设计师对往年风格的细化和延展。另一方面，在扁平克制的 UI 界面风格盛行后，设计师向往更自由、更突破的视觉表达（图 12-30）。根据《Behance 2021 设计趋势报告》和《腾讯 ISUX2021 设计趋势报告》，UI 设计在扁平化设计流行之后，界面对物体的拟物风格再次回归成为新拟态主义（neumorphism），但图标更为立体丰富，色彩更为鲜艳夺目，动画与交互更为流畅，而苹果 iOS 14 推出的小组件管理也影响了界面设计。用户对视觉体验的追求和产品的快速迭代对 UX 设计师的审美能力、潮流风格的判断能力以及对新一代设计工具的把握都提出了更高的要求。

图 12-30　今天的界面设计风格比以往更自由、更灵活多变

新拟态设计又称新拟物风格，是 New +Skeuomorphism（拟物）的组合词，由此也可以看出这种风格与乔布斯时代的苹果审美风格的传承关系。新拟态 UI 设计的基本原则是，与扁平化设计中的 UI 元素贴合于背景的方式相反，新拟态 UI 元素是背景本身的一部分并从背景中挤出，如同模子里翻出的石膏一样。这赋予新拟态风格一种深度感和凹凸感。CSS 代码、在线编程工具及原型设计软件均可实现这种效果。

如果我们对比一下扁平、投影与新拟态风格，就会发现扁平化风格就像是一张纸贴在墙面上，元素与背景是同为一个平面，视觉层级没有特别强烈的前后关系，对背景依赖不大。投影风格像是纸漂浮在背景平面之上。投影与扁平的 UI 元素均与背景颜色关系不大，而新拟态风格则像是墙面上直接凸起了一块，UI 元素与背景高度统一，元素与背景对比度比较弱。此外，新拟态风格还有以下特点：①左上角亮色投影而右下角深色投影（单光源照射效果）；②常常用于按钮组件和卡片之中，而且更加适合大圆角图形；③通过凹凸来隐喻按钮状态，凸出代表未选中，凹进去表示已选中，如果 UI 本身与画面整体背景有区分，通过色彩就可以划分层级关系。从外观上看，新拟态融合了扁平、投影和拟物的特征，形成了独树一帜的风格（图 12-31）。

图 12-31　新拟态风格融合了扁平化和拟物化设计的特点

新拟态设计还衍生出了无色界面风格（colorless UI）与玻璃拟态界面风格。前者是指带有细线和黑白或浅颜色插图的无色用户界面。不少潮流设计师在 Dribbble 上分享了自己独树一帜的创意设计（图 12-32）。毛玻璃拟态风格也引发了设计圈的关注，其最典型的特征是磨砂玻璃效果：层次感＋鲜艳色彩＋颗粒透明度表现了半透明质感的界面风格（图 12-33）。这种把阴影、透明度以及模糊背景相结合的 UI 风格成为当下许多科技公司的首选。玻璃拟态界面风格呈现介于玻璃和塑料板之间的质感，其表现更丰富、更立体并带有神秘感。特别重要的是，这种界面能够产生轻盈与通透的视觉感受，营造出场景的未来感，很适合传达智能科技的概念，因此成为 2021 年界面设计风潮中的新宠。

图 12-32　新拟态设计的子类一：无色界面风格的 App 设计

图 12-33　新拟态设计的子类二：毛玻璃风格的 App 设计

思考与实践

一、简答题

1. 举例说明用户体验设计与用户界面设计的联系与区别。

2. 举例说明优秀的用户界面设计风格包含哪些特点。

3. 手机用户界面的常见布局有哪几种？如何创新用户界面的界面风格？

4. 界面设计有哪些基本原则？与体验设计法则有何联系？

5. 举例说明用户界面风格发展的主要趋势并说明其原因。

6. 什么是模仿实物纹理的设计风格，其优点有哪些？

7. 扁平化设计的优势有哪些？说明其设计的主要规范。

8. 和传统手机广告相比，H5 页面广告有何优势和特点？

9. 如何从体验设计角度思考社区养老的优势及问题？

二、实践题

1. 苹果公司针对 iPhone 界面制作了一系列用户界面设计规范（图 12-34）。请通过 Photoshop 和 Adobe Illustrator 软件进行一个手机智能化家居管理 App 的导航条、菜单栏、按钮、图表和信息栏（如温度、湿度）的设计。要求风格一致，功能标志简洁、清晰、明确、美观、可用性强。

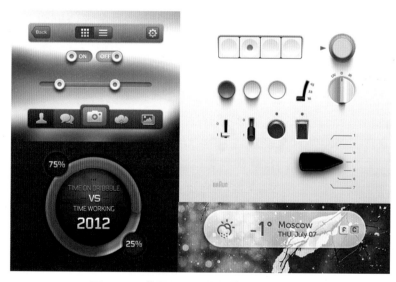

图 12-34　苹果 iPhone 界面的 UI 元素模板

2. 随着老龄化社会的到来，健康服务产品设计成为社会公共服务与体验设计的重要内容。请分组调研本地的社区医院以及养老机构。利用"互联网＋"的思维来创新健康产品的服务形式（如智能社区 App 服务），请从可用性、易用性和情感化的角度来思考产品的"线上＋线下"的体验原型。

1. 体验设计的四个维度
2. 历史与未来的碰撞

结束语

体验设计的未来

///////////

2018 年，卡内基 - 梅隆大学设计学院前院长理查德·布坎南教授在用户体验设计（IxDC）大会上做了题为《体验设计的新维度》的主旨演讲。布坎南提出了关于设计学发展的"四个维度（阶段）"理论。他认为在过去 100 年，设计学经历了从图形设计到工业设计的发展历程。随着数字时代的来临，行为的体验或者交互设计成为设计的前沿。未来的设计应该是基于社会的系统设计（整合设计、辩证设计或服务设计）。设计师需要综合思考组织、环境、系统和文化背景的设计，将虚拟与现实相融合，推动人类达到互动体验的新世界。

本课通过回顾包豪斯以来 100 年的设计发展史，将遥远的故事与今天的现实紧密联系起来。沿着大师们的踪迹，我们可以看到沿途一朵朵鲜花盛开：波普艺术、激浪派、MIT 媒体实验室、互联网、交互设计、参数化设计、生成设计和人工智能……新的体验时代即将来临，创意与分析、可视化与大数据、灵感与逻辑、右脑与左脑的结合已成为"跨界人才"的标准，交互与体验设计将成为信息时代发展的引擎。

1.体验设计的四个维度

几年前，笔者曾经在芝加哥菲尔德自然历史博物馆看到了有趣的一幕：一群小朋友正在围着博物馆的讲解员，听她讲述古代埃及人制作木乃伊的方法。在讲解员面前的桌子上，躺着一具由帆布缝制的人偶来模拟木乃伊。人偶旁边是用于存放不同人体器官的陶罐。古埃及的《亡灵书》曾经记载："肉体死亡为灵魂开启通往永生的大门。"那么，如何才能顺利到达来世的幸福世界呢？古埃及人认为最重要的一点就是要妥善地保存尸体，因此古埃及人不厌其烦地用繁缛的手段来处理尸体以求进入天堂。制作木乃伊需要先将尸体挖去内脏，在腹腔填以乳香和桂皮等香料，缝合后以干燥火碱覆盖尸体，经35天取出后再裹上麻布，填以香料并涂上树脂就做成了木乃伊。据记载，当时的祭司会用清洗过的特制刀子在法老尸体腹部左侧切开一个小口，小心翼翼地将肝、肠、胃、肺、脾五种器官切下来，把切下来的器官放入盛满食盐水的陶罐一段时间，等到将器官的水分全部吸干之后，再在器官上涂满松脂和食用油，最后再把处理过的器官分别放入装满香料的罐子内，这些罐子被放在陵墓中法老尸体的周围，以待来生复活时归位。为了帮助小学生理解这个复杂的过程，菲尔德自然历史博物馆的讲解员通过实操的方式，让小朋友亲自动手，来实际体验制作木乃伊的过程（图13-1）。图片中小姑娘从刚开始的恐惧与害怕，到主动拿起钩子从"木乃伊"嘴里取出舌头。对这个小朋友来说，这个体验恐怕是终生难忘。虽然该过程并未借助电子或数字工具，但却说明了动手实践在体验设计的重要性。

图 13-1 菲尔德自然历史博物馆的学生实践体验课

菲尔德自然历史博物馆还有一个"地下昆虫王国"，里面冷风嗖嗖，是一个由各种会动的蜘蛛、小龙虾、蜗牛或者蝎子构成的世界。这些生物被设计成巨大的尺寸，带给游客不一样的视觉体验与感悟。这个装置的设计同样是基于用户体验的最佳范例。现代博物馆如何设计才能寓教于乐、寓教于思，让游客获得更深刻的体验，这已经成为当下体验设计的重要课题。2018 年，卡内基 - 梅隆大学设计学院前院长理查德·布坎南教授在用户体验设计（IxDC）大会上做了题为《体验设计的新维度》的主旨演讲。布坎南提出了关于设计学发展的"四个维度（阶段）"的理论（图 13-2）。他指出人类早期设计主要是解决交流或者沟通的问题，因此最早出现的设计就是图形设计。100 多年前包豪斯学校就用新的视觉符号、图形及字体设计推进了信息的广泛传播。随后就是以造物（构造）为核心的设计，即工业和产品设计。20 世纪 50-60 年代，工业设计师亨利·德雷夫斯等人从理论与实践上完成了造型设计的规范，《为人而设计》成为几代工业设计师的准则。随着数字时代的来临，行为的体验或者交互设计成为设计的前沿。布坎南认为未来的设计应该是基于社会（思维）的系统设计（整合设计、辩证设计或服务设计）。除了人机关系外，设计师需要综合思考组织、环境、系统和文化背景的设计，将虚拟与现实相融合，推动人类达到互动体验与全身心的整合体验的新世界。

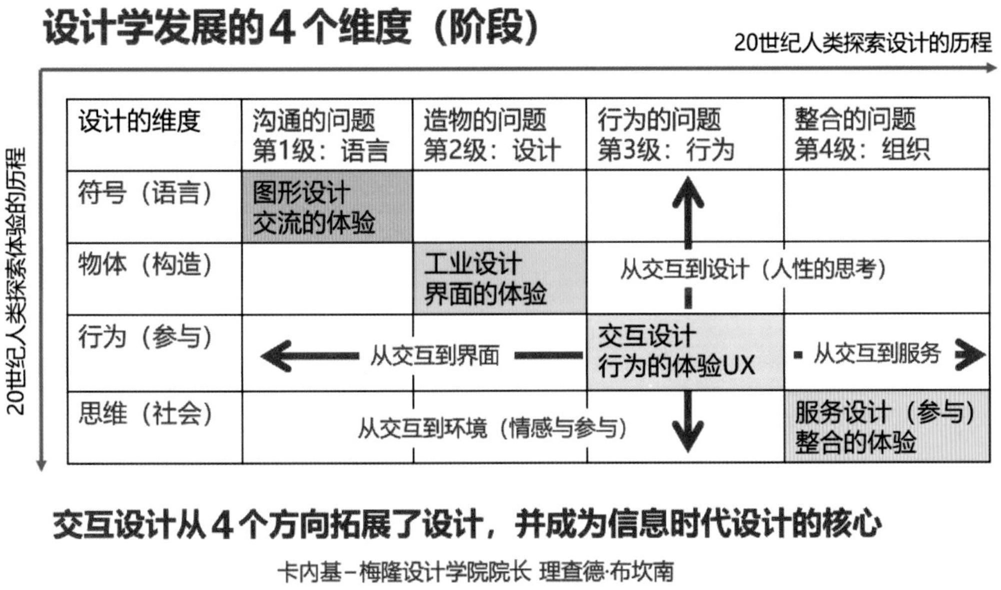

图 13-2　布坎南的 4 个维度（阶段）的设计发展理论

　　布坎南曾经说过："设计最大的优点之一就是我们不会局限于唯一的定义。"交互与体验设计通过无形和有形的媒介，从用户体验的角度创造概念与产品，是对设计学的巨大贡献。因此，布坎南认为我们现在对体验设计的意义与价值理解的还远远不够。特别是和日新月异的科技发展速度相比，我们对于用户行为、体验和情感的研究与设计是非常滞后的，需要有更新的标准、流程与方法的创新。布坎南认为体验设计具有 4 个维度：沟通设计（信息设计）、参与设计（情感设计）、交互设计（任务设计）以及界面设计（导航设计），而一件完美的体验设计应该充分考虑这 4 个方面（图 13-3），本书前面所提供的一些案例也成为这一理论的最佳注释。

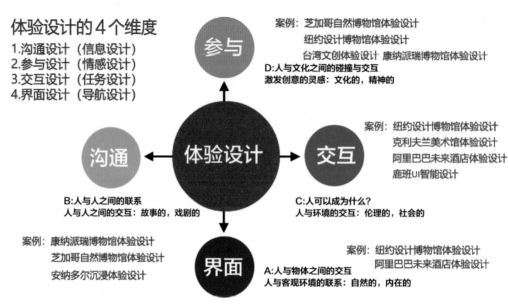

体验设计的4个维度
1.沟通设计（信息设计）
2.参与设计（情感设计）
3.交互设计（任务设计）
4.界面设计（导航设计）

图 13-3　布坎南认为体验设计具有 4 个维度或者价值

2. 历史与未来的碰撞

1995 年，麻省理工学院媒体实验室创始人尼古拉斯·尼葛洛庞帝的《数字化生存》一书轰动了世界。该书憧憬了数字信息时代人们的生活方式，如电子阅读、人脸识别、智能家庭等一系列在当时可以称为"奇谈怪论"的想法。如今，所有这一切都已从书本中变成现实。中国的智能手机上网用户数已经超过 9 亿，微信的月活跃用户数超过了 5 亿。扫码与刷脸改变了生活，而线上学习、交友与工作都成为日常。新的人际关系和社会关系已经形成，这就是用户体验设计师面对的世界。

体验设计的核心是艺术与科技的融合，而这种融合并非第一次发生。早在 1920 年，德国包豪斯学院就通过强调"艺术与技术结合，手工与艺术并重，创造与制造同盟"的先锋思想，开创了现代设计艺术教育的先河（图 13-4）。为了躲避纳粹的迫害，包豪斯的大师们跨越大西洋，通过在哈佛大学、耶鲁大学、芝加哥设计学院等地的教学，将包豪斯的火种引入新大陆，构建了美国战后的现代设计教育体系。包豪斯大师约瑟夫·阿尔伯斯当年曾经协助创办了北美第一所开放型与实验型的艺术学院——黑山学院，使得艺术与科技的理想再次生根发芽。北卡黑山学院人才济济，包括激浪派鼻祖、音乐大师约翰·凯奇，波普艺术大师罗伯特·劳申伯格，嬉皮士精神领袖巴克敏斯特·富勒等均出自该校。巧合的是，尼葛洛庞帝也在该校担任教员，因此肯定会得到包豪斯前辈们的耳提面命，这也为艺术与科技"第三次浪潮"的到来埋下伏笔。通过追踪包豪斯大师们的轨迹图（图 13-5）我们可以将遥远的故事与今天的现实紧密联系起来。沿着大师们的踪迹，我们还能看到波普艺术、激浪派、麻省理工学院媒体实验室、互联网、交互设计、参数化设计、生成设计和人工智能，等等。

图 13-4　包豪斯教师罗皮乌斯、阿尔伯斯、康定斯基和莫霍利·纳吉等人

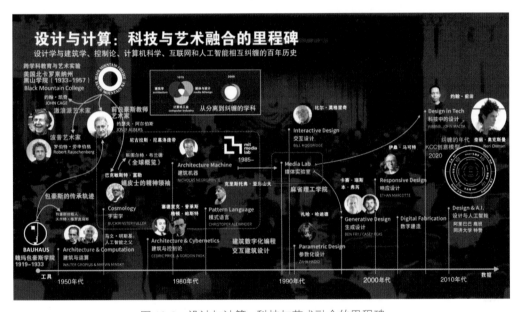

图 13-5　设计与计算：科技与艺术融合的里程碑

今天，随着智能制造和"互联网＋"等概念深入人心，体验经济、参与式合作和人工智能技术迅猛发展，艺术与科技深度融合，设计范畴的外延不断扩张。"设计＋"横跨四大领域，而体验设计则是无处不在，从创新体验、智能终端、网络媒体到数字视觉，用户体验设计已经渗透到了所有的领域（图13-6），正如大师布坎南所预言的那样：交互与体验设计已经成为信息时代发展的引擎。

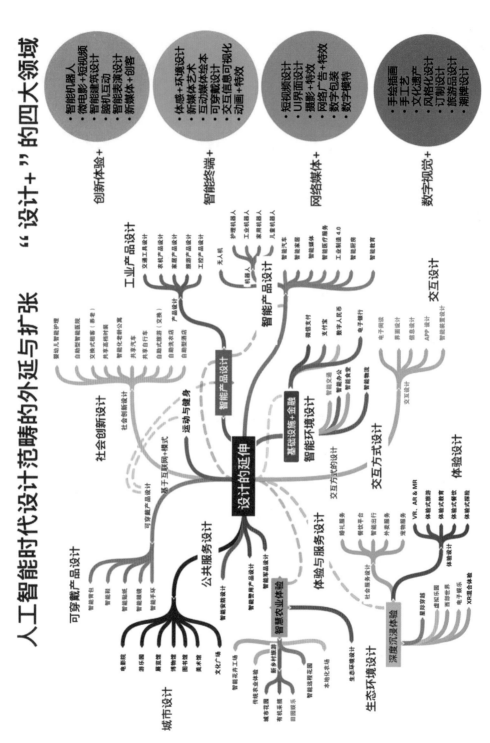

图 13-6 体验经济时代艺术与设计内涵的变迁

参 考 文 献

[1] 蔡赟，康佳美，王子娟.用户体验设计指南 [M].北京：电子工业出版社，2019.

[2] 周陟.设计的思考：用户体验设计核心问答 [M].北京：清华大学出版社，2019.

[3] 刘津，李月.破茧成蝶：用户体验设计师的成长之路 [M].北京：人民邮电出版社，2014.

[4] 王国胜.服务设计与创新 [M].北京：中国建筑工业出版社，2015.

[5] 由芳，王建民，蔡泽佳.交互设计：设计思维与实践 2.0[M].北京：电子工业出版社，2020.

[6] 胡晓.重新定义用户体验：文化·服务·价值 [M].北京：清华大学出版社，2018.

[7] 韩挺.用户研究与体验设计 [M].上海：上海交通大学出版社，2016.

[8] 腾讯 UX 体验部.在你身边为你设计：腾讯服务设计思维与实战 3[M].北京：电子工业出版社，
2020.

[9] 章剑林.互联网产品用户体验 [M].北京：清华大学出版社，2013.

[10] Benyon David.用户体验设计：HCI，UX 和交互设计指南 [M].李轩涯，卢苗苗，计湘婷，译.
4 版.北京：机械工业出版社，2020.

[11] 布朗.IDEO，设计改变一切 [M].侯婷，译.北京：万卷出版公司，2011.

[12] Anderson.怦然心动：情感化交互设计指南 [M].徐磊，译.北京：人民邮电出版社，2015.

[13] 库珂.交互设计沉思录 [M].方舟，译.北京：机械工业出版社，2012.

[14] 加瑞特.用户体验要素：以用户为中心的设计 [M].范晓燕，译.北京：机械工业出版社，
2011.

[15] Winograd.软件设计的艺术 [M].韩柯，译.北京：电子工业出版社，2005.

[16] Cooper. About Face 3.0 交互设计精髓 [M].刘松涛，译.北京：电子工业出版社，2008.

[17] 科尔伯恩.简约至上：交互式设计四策略 [M].李松峰，秦绪文，译.北京：人民邮电出版社，
2011.

[18] 诺曼.设计心理学 [M].梅琼，译.北京：中信出版社，2003.

[19] 诺曼.情感化设计 [M].付秋芳，程进三，译.北京：电子工业出版社，2004.

[20] 宝莱恩，等.服务设计与创新实践 [M].北京：清华大学出版社，2015.

[21] 雅各布·施耐德，等.服务设计思维 [M].郑军荣，译.南昌：江西美术出版社出版，2015.

[22] 曼奇尼.设计，在人人设计的时代 [M].钟芳，马瑾，译.北京：中国工信出版集团，2016.

[23] Hartson，Pyla. The UX Book：Agile UX Design for a Quality User Experience[M]. Second
Edition. Elsevier Inc & Morgan Kaufmann Publications，2019.

[24] Stickdorn，et al. This Is Service Design Doing：Applying Service Design Thinking in the Real
World[M]. Sebastopol：O'Reilly Media，2018.